Eine Arbeitsgemeinschaft der Verlage

Böhlau Verlag · Wien · Köln · Weimar
Verlag Barbara Budrich · Opladen · Toronto
facultas.wuv · Wien
Wilhelm Fink · Paderborn
A. Francke Verlag · Tübingen
Haupt Verlag · Bern
Verlag Julius Klinkhardt · Bad Heilbrunn
Mohr Siebeck · Tübingen
Nomos Verlagsgesellschaft · Baden-Baden
Ernst Reinhardt Verlag · München · Basel
Ferdinand Schöningh · Paderborn
Eugen Ulmer Verlag · Stuttgart
UVK Verlagsgesellschaft · Konstanz, mit UVK / Lucius · München
Vandenhoeck & Ruprecht · Göttingen · Bristol
vdf Hochschulverlag AG an der ETH Zürich

Grundriss Allgemeine Geographie

herausgegeben von Heinz Heineberg
begründet von Paul Busch

Bisher sind erschienen:

Geomorphologie von Harald Zepp
Klimatologie von Wilhelm Kuttler
Einführung in die Anthropogeographie / Humangeographie von Heinz Heineberg
Stadtgeographie von Heinz Heineberg
Wirtschaftsgeographie von Elmar Kulke
Globalisierung der Wirtschaft von Ernst Giese / Ivo Mossig / Heike Schröder
Verkehrsgeographie von Helmut Nuhn / Markus Hesse
Geographiedidaktik von Gisbert Rinschede

Norbert de Lange / Martin Geiger /
Vera Hanewinkel / Andreas Pott

Bevölkerungsgeographie

Ferdinand Schöningh

Die Autoren:

Prof. Dr. Norbert de Lange lehrte und forschte an den Instituten für Geographie der Universitäten Münster und Osnabrück. Seit 2006 ist er als Professor für Umweltinformatik und Kommunalplanung am Institut für Geoinformatik und Fernerkundung der Universität Osnabrück tätig. Seine aktuellen Forschungsschwerpunkte sind Geoinformationssysteme sowie deren Anwendungen in der Stadt- und Regionalplanung.

Prof. Dr. Martin Geiger beschäftigt sich an der Carleton University (Ottawa) in Forschung und Lehre mit der Transformation von Migrationspolitik und der migrationspolitischen Bedeutung von Staaten, internationalen Organisationen, NGOs und privaten Unternehmen. Er ist korrespondierendes Mitglied des Instituts für Migrationsforschung und Interkulturelle Studien (IMIS) an der Universität Osnabrück.

Vera Hanewinkel, M. A., arbeitet seit 2011 als Wissenschaftliche Mitarbeiterin am Institut für Migrationsforschung und Interkulturelle Studien (IMIS) an der Universität Osnabrück. Sie ist Redakteurin bei focus Migration und beim Newsletter Migration und Bevölkerung.

Prof. Dr. Andreas Pott lehrt und forscht seit 2007 als Sozialgeograph mit den Schwerpunkten Geographische Migrationsforschung, Bevölkerungsgeographie, Raumtheorie und Städtetourismus an der Universität Osnabrück. Seit 2010 ist er Direktor des interdisziplinären Instituts für Migrationsforschung und Interkulturelle Studien (IMIS) an der Universität Osnabrück.

Online-Angebote oder elektronische Ausgaben sind erhältlich unter **www.utb-shop.de**

Bibliografische Information der Deutschen Nationalbibliothek

Die Deutsche Nationalbibliothek verzeichnet diese Publikation in der Deutschen Nationalbibliografie; detaillierte bibliografische Daten sind im Internet über http://dnb.d-nb.de abrufbar.

Gedruckt auf umweltfreundlichem, chlorfrei gebleichtem und alterungsbeständigem Papier ⊚ ISO 9706

© 2014 Ferdinand Schöningh, Paderborn
(Verlag Ferdinand Schöningh GmbH & Co. KG, Jühenplatz 1, D-33098 Paderborn)

www.schoeningh.de

Printed in Germany.
Herstellung: Ferdinand Schöningh, Paderborn
Einbandgestaltung: Atelier Reichert, Stuttgart

UTB-Band-Nr.: 4166
ISBN 978-3-8252-4166-7

Inhalt

Vorwort

Die Bevölkerungsgeographie ist ein klassisches Teilgebiet der Humangeographie. Wenn jetzt nach mehr als zwanzig Jahren der Band Bevölkerungsgeographie neu erscheint, wird dadurch eine länger bestehende Lücke in der Lehrbuchreihe „Grundriss Allgemeine Geographie" geschlossen. Vielleicht wurde das Fehlen einer Einführung in bevölkerungsgeographische Themen auch gar nicht als Lücke empfunden. So reichen bevölkerungsgeographisch relevante Fragestellungen in fast alle Teilgebiete der Humangeographie hinein und werden daher auch in anderen Bänden dieser Lehrbuchreihe thematisiert – aus dem spezifischen Blickwinkel der jeweiligen Teildisziplin. Der (jüngere) demographische Wandel hat z.B. Auswirkungen auf die Wohnungsnachfrage in Städten, auf Sub- und Reurbanisierung oder auf die Tragfähigkeit von zentralen Versorgungseinrichtungen im ländlichen Raum. Altersaufbau und Arbeitsmigration bestimmen das Arbeitskräftepotential einer Volkswirtschaft. Und so weiter.

Der vorliegende Band hat mit der ersten Auflage von 1991 inhaltlich nicht mehr viel gemeinsam, auch wenn Aufbau und Themen weitgehend konstant blieben. Vor dem Hintergrund der vielfältigen Anwendungsbezüge gerade auch in anderen Teilgebieten der Humangeographie muss sich der vorliegende Band auf Grundlagen konzentrieren, die in aktueller und konzentrierter Form zusammenfassend dargestellt werden. Das Buch ist eine Einführung mit dem Ziel, die zentralen Teilgebiete der Bevölkerungsgeographie vorzustellen und in wichtige Untersuchungsgegenstände einzuführen.

Insgesamt wird ein Überblick über seit langem feststehende Themenfelder der Bevölkerungsgeographie gegeben. Ausgehend von grundlegenden Begriffen und der demographischen Grundgleichung werden Bevölkerungsverteilung, Bevölkerungszusammensetzung und natürliche Bevölkerungsbewegung in räumlicher Perspektive behandelt, bevor sich ein umfangreiches Kapitel dem komplexen Thema der Migration widmet. Die verschiedenen bevölkerungsgeographischen Aspekte werden schließlich in der Darstellung demographischer Transformationsprozesse zusammengeführt. Die Inhalte aller Kapitel werden zunächst aus einer räumlich globalen und dann aus einer lokalen Perspektive behandelt. Abbildungen, in denen ein Merkmal weltweit dargestellt wird, stehen somit Abbildungen zu Deutschland gegenüber.

Besonderer Wert wurde auf klare Definitionen, inhaltliche Aktualität und aussagekräftige Abbildungen, Diagramme und Tabellen gelegt. Wie kein zweiter Band dieser Lehrbuchreihe sind die Ausführungen von statistischem Zahlenmaterial abhängig. Dabei besteht das grundsätzliche Problem, einerseits aktuell zu sein und andererseits gesichertes Lehrbuchwissen zu präsentieren, das gerade nicht auf aktuelle Zahlen angewiesen sein muss. Zwar haben sich die Autoren zum Ziel gesetzt, stets das jüngst verfügbare Zahlenmaterial zu verarbeiten. Allerdings ist dieser Wettlauf nicht zu gewinnen. Schon beim Schreiben dieses Vorworts sind die erst im Sommer 2013 verwendeten Zahlen nicht mehr aktuell. Wir hoffen dennoch, auch gegenwärtige Entwicklungen angemessen abgebildet zu haben.

Dieser Band stützt sich, und dadurch zeichnet er sich ebenfalls gegenüber vielen Lehrbüchern aus, v.a. auf Internetquellen. Aktuelle bevölkerungsstatistische Daten können fast ausnahmslos über Quellen im World Wide Web bezogen werden. Somit sind die Zahlen recht leicht und schnell zu aktualisieren. Leider haben manche URLs nur kurze Halbwertzeiten. Daher wurden nach Möglichkeit nur solche Internetadressen verwendet, die über hoffentlich lange gültige Einstiegsseiten (z.B. beim Statistischen Bundesamt: www.destatis.de) oder über Suchmaschinen zu finden sind.

Die ersten Arbeiten an dieser Neuerscheinung gehen auf das Jahr 2009 zurück. Schnell zeigte sich, dass ein größeres Autorenteam gefunden werden musste, um die neuen bzw. modernen Ansätze aus der Sozialgeographie oder der geographischen Migrationsforschung aufzugreifen und für ein Lehrbuch in konzentrierter Form aufzubereiten. Vielfältige Vorarbeiten wie Text- und Kartenentwürfe entstanden, bis ab 2012 das Projekt Fahrt aufnahm. In regelmäßigen Redaktionssitzungen wurden die Inhalte, Texte und Abbildungen erarbeitet, redigiert und korrigiert. Das Manuskript einschließlich fast aller Abbildungen konnte im Herbst 2013 fertig gestellt werden.

Die Autoren sind Herrn cand. Geoinformatiker André Trittin, der bis auf wenige Ausnahmen sämtliche Abbildungen erstellte, zu großem Dank verpflichtet. Dem Ferdinand Schöningh Verlag sei für die Aufnahme in die Reihe „Grundriss Allgemeine Geographie" und Frau Nadine Albert für die begleitende Unterstützung beim Zustandekommen des Buches gedankt.

Osnabrück, im Juli 2014
Norbert de Lange, Martin Geiger,
Vera Hanewinkel und Andreas Pott

1 Bevölkerung und Bevölkerungsgeographie

Abb. 1.01: Bevölkerung (Lizensiert unter Wikimedia Commons, Clémence Delmas, Akahige, Azoreg, Jorge Hernández Valiñani, Gveret Tered, Harald Kreutzer)

Die Bevölkerung einzelner Länder, die Weltgesamtbevölkerung und viele bevölkerungsbezogene Prozesse stellen höchst interessante und zukunftsrelevante Themenfelder dar. Dazu zählen z.B. die Bevölkerungszunahme in einzelnen Regionen der Erde, lokale und zugleich globale Herausforderungen wie die gestiegene Lebenserwartung oder die zunehmende Überalterung sowie generell bevölkerungsgeographische Transformationsprozesse (v.a. Veränderungen von Lebensformen oder Geburtenrückgänge), der Bedeutungszuwachs internationaler Migrationen oder auch die bevölkerungsbezogenen Auswirkungen von Krankheiten wie HIV/AIDS.

Das Buch ist als Einführung geschrieben. Es setzt sich zum Ziel, die zentralen Teilgebiete der Bevölkerungsgeographie vorzustellen und in wichtige Untersuchungsgegenstände einzuführen: Bevölkerungsverteilung, Bevölkerungszusammensetzung, natürliche Bevölkerungsbewegung, Migration sowie demographische Transformationsprozesse.

1.1 Aktuelle Themen und Problemstellungen

Ende des zwanzigsten Jahrhunderts hatte die Weltbevölkerung die 6-Milliarden-grenze überschritten, im Jahr 2011 wurde bereits der siebenmilliardste Mensch geboren. Aktuelle Prognosen besagen, dass im Jahre 2050 voraussichtlich 9,3 Milliarden Menschen auf der Erde leben (vgl. STIFTUNG WELTBEVÖLKERUNG 2011, S. 1). Der größte Zuwachs wird sich dabei aller Voraussicht nach in den Ländern des globalen Südens vollziehen, während die meisten Industrienationen im globalen Norden schon jetzt durch einen Rückgang und eine Überalterung ihrer Bevölkerung gekennzeichnet sind.

Der Begriff „**Länder des globalen Nordens**" bezeichnet Länder oder Regionen, die traditionell zu statistischen Zwecken als „entwickelt" klassifiziert wurden, während der Begriff „**Länder des globalen Südens**" sich auf solche bezieht, die lange

auch als „Entwicklungsländer" bezeichnet wurden. Die „entwickelten" Regionen (zumeist gleichgesetzt mit „Industrieländern") umfassen Europa, Nordamerika sowie Australien, Neuseeland und Japan. Diese Kennzeichnungen werden hier in einer vereinfachten statistischen Ausweisung benutzt, ohne dadurch den Entwicklungsprozess eines Landes beurteilen zu wollen.

In globaler Perspektive betrachtet hat sich das **Wachstum der Weltbevölkerung** allerdings verlangsamt. Während Mitte der 1990er Jahre der jährliche Zuwachs etwa 82 Millionen Menschen betrug, kann man ab Beginn des zweiten Jahrzehnts im 21. Jahrhundert von nur noch 78 Millionen jährlich ausgehen. Die Bevölkerungszahl in den Industrieländern wird in den kommenden Jahren in etwa konstant bleiben, wohingegen die Bevölkerung der ärmsten Länder der Welt bis zum Jahr 2050 um etwa 2,3 Milliarden Menschen zunehmen könnte (vgl. STIFTUNG WELTBEVÖLKERUNG 2011, S. 2).

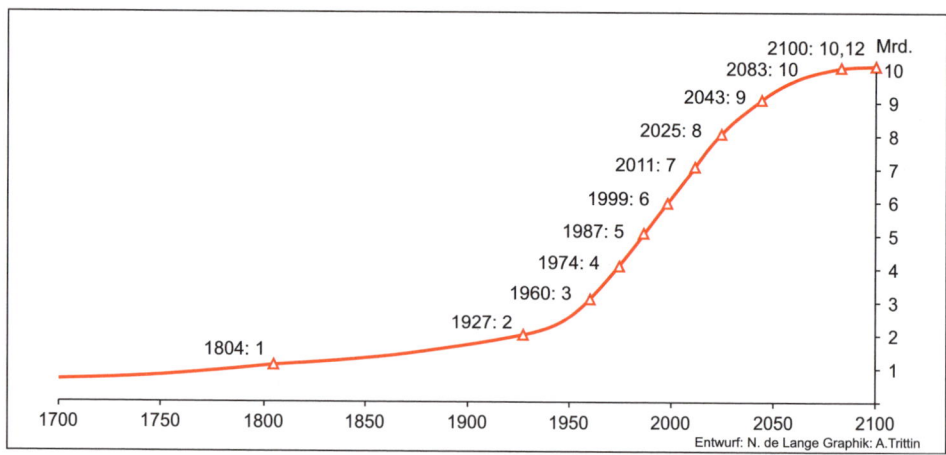

Abb. 1.02: Historische Entwicklung der Weltbevölkerung (Datenquelle: STIFTUNG WELTBEVÖLKERUNG 2011, S. 1)

Die Länder des globalen Südens und Nordens (bzw. die Entwicklungs- und Industrieländer, vgl. Abb. 1.03) besitzen einen sehr unterschiedlichen **Altersaufbau** ihrer Bevölkerungen. So machen Kinder und Jugendliche in Entwicklungsländern etwa ein Drittel der Bevölkerung aus, was v.a. auf eine immer noch hohe Fertilität zurückzuführen ist. Diese heutigen Strukturen haben langfristige Auswirkungen: So hängt die **zukünftige Entwicklung der Weltbevölkerung** primär von der derzeit jungen Altersstruktur und der Entwicklung der Fertilität in den Ländern des globalen Südens ab. Stark vertretene Altersklassen zwischen 20 und 30 Jahren führen naturgemäß zu hohen Geburtenzahlen, selbst bei abnehmender Fertilität verändert sich die Altersstruktur nur allmählich (zur so genannten demographischen Trägheit vgl. Kap. 4.2.1). Einflussfaktoren auf die Fertilität wie bessere Bildungschancen für Mädchen sowie bessere Beschäftigungsmöglichkeiten für Frauen, gezielte Sexualaufklärung oder der Zugang zu adäquater Familienplanung und zu Verhütungsmitteln wirken sich nur langsam aus und verändern nur allmählich die Größe der nachwachsenden Generationen und den Altersaufbau.

Wohlhabende und weniger wohlhabende Länder und ihre Regierungen stehen somit vor sehr unterschiedlichen, nicht nur **demographischen Herausforderungen**:

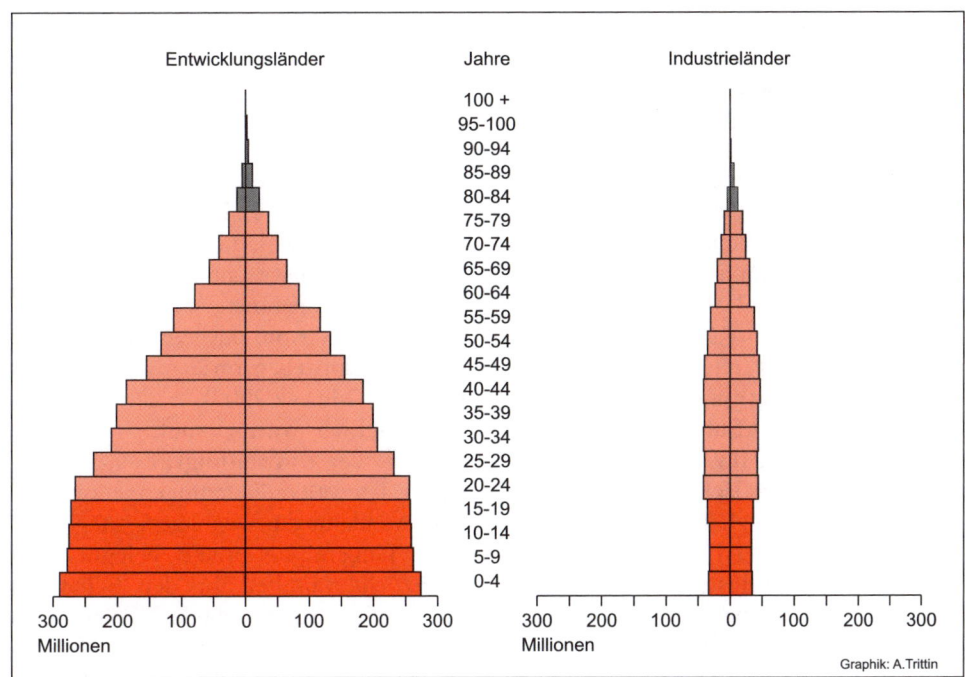

Abb. 1.03: Bevölkerung nach Alter und Geschlecht in Entwicklungs- und Industrieländern (Datenquelle: STIFTUNG WELTBEVÖLKERUNG 2011, S. 3)

Viele bisher prosperierende Länder sind zukünftig auf erhöhte Zuwanderung angewiesen, um Funktionsweise und Umfang ihrer Volkswirtschaften beizubehalten. Länder des globalen Südens stehen vor der nicht minder großen Herausforderung, die gesundheitliche Versorgung, Ausbildung und Beschäftigung einer weiter wachsenden und sich mittlerweile ebenfalls stark auf städtische Räume konzentrierenden Bevölkerung zu sichern, um innergesellschaftlichen Konflikten und massiver Auswanderung (u.a. „brain drain" durch abwandernde hochqualifizierte Arbeitskräfte und junge Bevölkerungsgruppen) entgegenzuwirken.

Auch Krankheiten wie HIV/AIDS (vgl. Tabelle 1.01) beeinflussen die Entwicklung der Weltbevölkerung. Weltweit hatten 2012 geschätzt 35,3 Millionen Menschen mit der Diagnose und Krankheit HIV/AIDS zu leben (vgl. UNAIDS 2013, S. 4). Allein 2012 wurde die Zahl an Neuansteckungen auf 2,3 Millionen geschätzt, was zwar einen Rückgang um 33% gegenüber dem Jahr 2001 bedeutet, aber immer noch eine hohe Zahl darstellt. Im Jahr 2012 starben etwa 1,6 Millionen Menschen an den Folgen der Immunschwächekrankheit (UNAIDS 2013, S. 4). Die weltweite Ausbreitung von HIV ist gegenüber früheren Schätzungen heute allerdings vermutlich geringer. Insgesamt ging die Zahl der Neuinfektionen allein in Subsahara-Afrika, der am stärksten von HIV/AIDS betroffenen Region der Welt, zwischen 2001 und 2012 um 34% zurück (vgl. UNAIDS 2013, S. 12). Dennoch bleibt AIDS weiterhin unangefochten die häufigste Todesursache in dieser Region. Neben anderen gesundheitsbedrohlichen, in manchen Ländern teilweise schon überwunden geglaubten Krankheiten wie Malaria stellt die Versorgung mit Nahrungsmitteln und sauberem Trinkwasser bis heute eine besondere und unmittelbar gesundheitsrelevante Herausforderung für die Weltbevölkerung dar. Weltweit leiden 23% aller Kinder unter 5 Jahren an Untergewicht, wobei sich dieses Problem fast ausschließlich auf die weniger entwickelten Länder konzentriert (vgl. Tabelle 1.01).

Zu den immer wieder aktuellen bevölkerungsrelevanten Themen und Problemstellungen gehören ferner die verschiedenen Formen der Wanderung. **Räumliche Bevölkerungsbewegungen** beeinflussen seit jeher die Zusammensetzung von Bevölkerungen und damit die Entwicklung von Arbeitsmärkten und anderen gesellschaftlichen Bereichen. Viel diskutiert und folgenreich für die Veränderung von Bevölkerungen sind insbesondere **internationale Migrationen**, z.B. Arbeits- und Siedlungswanderungen. Große mediale Aufmerksamkeit erlangen außerdem die oft dramatischen **Flüchtlingsbewegungen**. Laut Flüchtlingshilfswerk der Vereinten Nationen waren im Jahr 2012 weltweit 45,2 Millionen Menschen auf der Flucht (vgl. UNHCR 2012). Da insgesamt Dynamik, Vielfalt und Umfang des internationalen Migrationsgeschehens in der Gegenwart weiter zunehmen, sprechen Migrationsforscher davon, dass wir im Zeitalter der Migration leben, im „age of migration" (CASTLES/MILLER 2009).

Vermutlich wird zukünftig auch das Ausmaß der **Umweltmigration**, d.h. der durch Umweltveränderungen erzwungenen Wanderungsbewegungen, zunehmen. Eine jüngere UN-Studie belegt, „dass Viehzüchterfamilien in der Sahelzone durch verminderte Niederschläge, eine wachsende Zahl lang anhaltender Dürreperioden, heftige Flutkatastrophen und zunehmende Wasserknappheit dazu gezwungen werden, traditionelle saisonale Wan-

Tab. 1.01: Kenndaten zur Bevölkerung ausgewählter Länder 2012 (Datenquelle: POP. REFERENCE BUREAU, 2012 WORLD POPULATION DATA SHEET)

	Welt	more	less	less*	least	Deutsch-land	USA	Äthio-pien
			developed countries					
Bevölkerung Mitte 2012 geschätzt in Mio.	7.058	1.243	5.814	4.464	876	81.8	313.9	87.0
Bevölkerung 2025 geschätzt in Mio.	8.082	1.292	6.789	5.387	1.185	79.2	351.4	115.0
Bevölkerung 2050 geschätzt in Mio.	9.624	1.338	8.286	6.975	1.899	71.5	422.6	166.5
Lebendgeburten pro 1000 der Bevölkerung	20	11	22	25	35	8	13	34
Bevölkerungsanteil unter 15 Jahre in %	26	16	29	32	41	13	20	41
Bevölkerungsanteil über 65 Jahre in %	8	16	6	5	3	21	13	3
Lebenserwartung bei Geburt in Jahren	70	78	68	66	59	80	79	59
Kindersterblichkeit pro 1000 Geburten	41	5	45	49	72	3.9	6.0	59
Männer 15-49 2009/2011 mit HIV/AIDS in %	0.7	0.5	–	1.1	1.8	0.2	0.8	1.0
Frauen 15-49 2009/2011 mit HIV/AIDS in %	0.9	0.3	–	1.4	2.7	0.1	0.3	1.9
Anteil verheirateter Frauen zwischen 15 und 49 „using contraception" All methods	62	72	59	52	33	70	79	29
Anteil verheirateter Frauen zwischen 15 und 49 „using contraception" Modern methods	56	63	54	44	27	66	73	27
Anteil Kinder <5 Jahre mit Untergewicht in % 2006/2010	–	– –	22	25	27	–	–	33

* ohne China
Für das Population Data Sheet wurden die jeweils aktuell verfügbaren Datenquellen herangezogen. Die Daten zur Lebendstatistik beziehen sich für die meisten entwickelten Länder auf 2010/11.

derbewegungen mit ihrem Vieh aufzugeben, weiter nach Süden zu ziehen und sich dort dauerhaft niederzulassen. Diese neuen Migrationsbewegungen verschärfen die Konflikte zwischen Ackerbauern und Viehzüchtern um die verbliebenen knappen Ressourcen wie Wasser und Land" (UNEP 2011).

Klassische **Einwanderungsländer**, deren Bevölkerung zum großen Teil von Ein-

wanderern abstammt, sind die USA, Kanada und Australien sowie viele Länder in Südamerika. Aber auch Deutschland war schon in der Vergangenheit vielfach Ziel von Einwanderern (z.B. Glaubensflüchtlinge im 17. Jahrhundert oder Arbeitsmigranten aus Polen, die während der Hochindustrialisierung u.a. ins Ruhrgebiet wanderten). Von größerer Bedeutung in der jüngeren Vergangenheit war die so genannte Gastar-

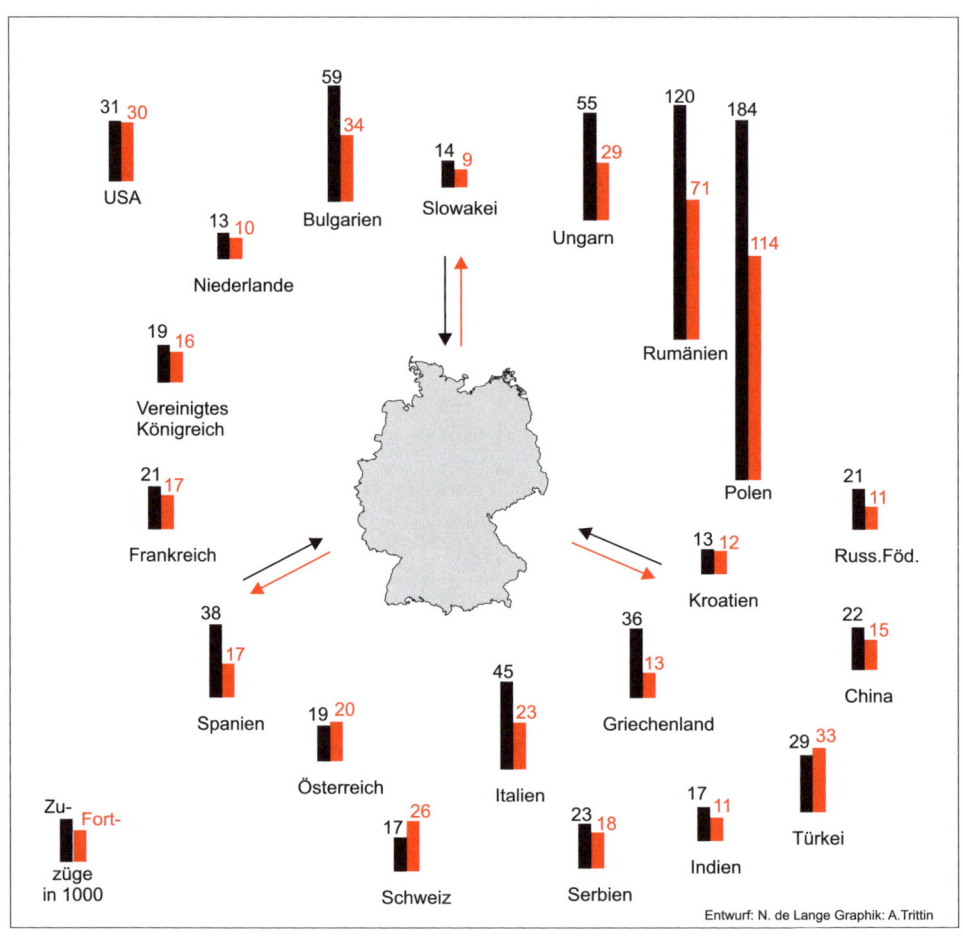

Abb. 1.04: Zuzüge und Fortzüge nach und aus Deutschland 2012 (Datenquelle: STAT. BUNDESAMT 2013B)

beiterwanderung aus dem Mittelmeerraum in den 1960/70er Jahren. In ihrer Folge, zu der sowohl weitere Zuwanderungen im Rahmen der Familienzusammenführung nach dem offiziellen Anwerbestopp 1973 als auch umfangreiche Rückwanderungen in die Herkunftsländer gehörten, nahm einerseits die Größe der Migrantengruppen in Deutschland zu; die in vielen Debatten zu Migration genannte Wohnbevölkerung mit türkischer Nationalität umfasste 2011 – ohne die mittlerweile Eingebürgerten – 1,6 Millionen Menschen (STAT. BUNDESAMT, STAT. JAHRBUCH 2012, S. 42). Andererseits wuchs die internationale Verflechtung, indem sich länderübergreifende soziale Netzwerke ausbildeten, die nachfolgende Migrationsbewegungen vorstrukturieren und weitere Austauschbeziehungen stabilisieren. War die internationale Wohnbevölkerung in Deutschland lange deutlich durch die Ära der Gastarbeitermigration (und die migrantische Bevölkerung aus den Anwerbeländern) geprägt, lässt sich in den letzten Jahren eine zunehmende Heterogenisierung der Bevölkerung mit Migrationshintergrund ausmachen (vgl. Kap. 7.4.4).

Im Jahre 2012 sind mit 1,081 Millionen die meisten Zuwanderer seit 1995 nach Deutschland gekommen, der Wanderungsüberschuss von 369.000 Personen ist für 2012 ebenfalls der höchste Wert seit 1995 (vgl. STAT. BUNDESAMT 2013A). Die Abbildung 1.04 belegt für das Jahr 2012 eine hohe Mobilität innerhalb des EU-Raums, was u.a. auf die Freizügigkeit für Arbeitnehmerinnen und Arbeitnehmer aus EU-Staaten zurückzuführen ist.

1.2 Bevölkerungsgeographie

Die Bevölkerungsgeographie ist eine von mehreren Teildisziplinen der Bevölkerungswissenschaften, zu denen auch die Bevölkerungsstatistik, Demographie, Bevölkerungssoziologie und Bevölkerungsgeschichte zählen. Jede dieser Teildisziplinen hat ihren eigenen und für sie charakteristischen Blickwinkel, aus dem heraus sie bevölkerungsbezogene Fragen betrachtet und untersucht. So beschreibt die **Demographie** mit Zahlen und Kennziffern, wie sich Bevölkerungen in ihrer Zahl und in ihren Strukturen (u.a. Alter, Geschlecht, Familienstand, Lebensform, Nationalität, Kinderzahl, Religion, Gesundheitszustand) durch demographische Verhaltensmuster oder Ereignisse (z.B. Kinder haben, sterben, heiraten, umziehen) verändern. Die **Bevölkerungsstatistik** als wissenschaftliche Disziplin kann als der empirische bzw. quantitativ ausgerichtete Teil der Demographie bezeichnet werden.

Im Vergleich zur Demographie zeichnet sich die Bevölkerungsgeographie durch ihren raumbezogenen Blick und ihre Analyse von Bevölkerung im Hinblick auf raumbezogene Fragestellungen (z.B. Überalterung als raumplanerische Herausforderung) aus. Eine umfassende und gängige **Definition der Bevölkerungsgeographie** lautet:

„Die Bevölkerungsgeographie analysiert auf verschiedenen Maßstabebenen die räumliche Differenzierung und die raumzeitlichen Veränderungen der Bevölkerung nach ihrer Zahl, ihrer Zusammensetzung und ihrer Bewegung; sie versucht, die beobachteten Strukturen und Prozesse zu erklären und zu bewerten sowie ihre Auswirkungen und räumlichen Konsequenzen in Gegenwart und Zukunft zu erfassen" (BÄHR 1988, S. 8).

Bislang zählten zu den **Forschungsschwerpunkten von Bevölkerungsgeographen** v.a.:

• die unterschiedliche **Verteilung von Bevölkerung** (insbesondere Bevölkerungsdichte) auf bestimmte Raumein-heiten und die Ursachen und Konse-quenzen dieser Verteilung,

- die natürliche und gesellschaftlich-ökonomische **Struktur von Bevölkerung** in ihrer räumlichen Differenzierung,
- die Dynamiken der so genannten **natürlichen Bevölkerungsbewegung** (charakterisiert durch Geburten und Todesfälle) in ihrer räumlichen Differenzierung,
- internationale, interregionale und intraregionale **Wanderungen** und die Ursachen und Auswirkungen dieser Wanderungsvorgänge auf bestimmte Auswanderungs- und Einwanderungsregionen.

Während die Bevölkerungsgeographie in Frankreich und in den USA seit langem etabliert ist, hat sich die Bevölkerungsgeographie in Deutschland erst seit Ende der 1960er Jahre zu einer inhaltsreichen und methodisch anspruchsvollen geographischen Teildisziplin entwickelt (zum Abriss der Disziplingeschichte siehe BÄHR ET AL. 1992, S. 1-11). „In den vergangenen drei Jahrzehnten hat die Bevölkerungsgeographie eine deutliche Ausweitung ihrer thematischen Schwerpunkte und methodischen Grundlagen erlebt. Während die Fragen der Bevölkerungsverteilung und Bevölkerungsdichte sowie der Tragfähigkeit eher in den Hintergrund getreten sind, haben räumliche Mobilitätsprozesse und Probleme der natürlichen Bevölkerungsbewegung deutlich an Gewicht gewonnen. Was die methodischen Standards betrifft, so kann die von WOODS (1979, S. 3) in seinem innovativen Lehrbuch aufgestellte Forderung, ‚population geography should

become more demographic', für die gegenwärtige Bevölkerungsgeographie als weitgehend erfüllt gelten" (LAUX 2005, S. 88). Hat sich die Bevölkerungsgeographie in ihrer Weiterentwicklung insgesamt eher an der Demographie als an den Wirtschafts- und Sozialwissenschaften orientiert, so gilt dies nicht in gleichem Maße für die bevölkerungsgeographische Erforschung der Ursachen, Formen und Folgen räumlicher Mobilität. Die sozialwissenschaftliche Erweiterung des bevölkerungsgeographischen Blicks auf Migration findet in Kapitel 6 entsprechende Berücksichtigung.

1.3 Zur Konzeption des Buches

Diese Einführung gibt einen Überblick über seit langem feststehende Themenfelder der Bevölkerungsgeographie. Ausgehend von zentralen Begriffen und der demographischen Grundgleichung werden Bevölkerungsverteilung, Bevölkerungszusammensetzung und natürliche Bevölkerungsbewegung in räumlicher Perspektive behandelt, bevor sich ein umfangreiches Kapitel dem komplexen Thema der Migration widmet. Im letzten Kapitel zu demographischen Transformationsprozessen werden verschiedene Aspekte der vorangegangenen Kapitel zusammengeführt.

Wert wurde auf klare Definitionen, inhaltliche Aktualität und aussagekräftige Abbildungen, Diagramme und Tabellen gelegt. Da Zahlenangaben naturgemäß schnell veralten können, ermöglichen Hinweise auf Statistiken, d.h. v.a. Links zu Datenquellen im World Wide Web, eine rasche Aktualisierung.

Abb. 2.01: Datenportal des Statistischen Bundesamtes (STAT. BUNDESAMT 2013C)

Grundlegend für das Verständnis von Bevölkerungsgeographie ist zunächst der Begriff der Bevölkerung. Er ist mehrdeutig und muss für den jeweiligen Verwendungszusammenhang exakt definiert werden. Zentral ist außerdem die demographische Grundgleichung, mit deren Hilfe der Bevölkerungsstand errechnet werden kann. An ihr orientiert sich der formale Aufbau der vorliegenden Einführung.

Die Bevölkerungsgeographie greift wie kaum eine andere Teildisziplin der Geographie auf statistische Daten wie z.B. Einwohnerzahlen, Altersangaben oder Zuwanderungsdaten zurück. Dabei beruhen diese Daten auf sehr unterschiedlichen Erhebungsverfahren. Die für die Bevölkerungsgeographie relevanten Datensammlungen werden in der Regel von Behörden zur Verfügung gestellt, in Deutschland v.a. vom Statistischen Bundesamt oder von den Statistischen Landesämtern. Wesentlich ist die Angabe einer eindeutigen Referenz (d.h. Quellenangabe sowie Zeit- und Ortsbezug), da sonst Aussagen wie „Einwohnerzahl in Deutschland beträgt 81 Millionen" wertlos sind.

2.1 Bevölkerungsstand und der Begriff der Bevölkerung in der amtlichen Statistik der Bundesrepublik Deutschland

Der **Begriff Bevölkerung** verlangt eine differenzierte Definition: In Deutschland und in anderen Ländern wird u.a. zwischen der ortsanwesenden Bevölkerung (oder de-facto-Bevölkerung) und der Wohnbevölkerung (oder de-jure-Bevölkerung) unterschieden. Unter der ortsanwesenden Bevölkerung werden dabei alle an einem Stichtag in einem bestimmten Gebiet tatsächlich anwesenden Personen verstanden, also auch diejenigen Personen, die sich dort nur vorübergehend aufhalten wie Reisende oder Montagearbeiter.

Der **Bevölkerungsstand** oder **Bevölkerungsbestand** umfasst die Anzahl der Personen, die zu einem bestimmten Zeitpunkt (Tag der Erhebung oder Fortschreibung) innerhalb einer administrativ festgelegten Raumeinheit registriert werden. Der Bevölkerungsstand wird durch eine Volkszählung (vgl. Kap. 2.3.1) oder mit Hilfe der Bevölkerungsfortschreibung (vgl. Kap. 2.3.2) bestimmt. Er ergibt sich aus dem Saldo der natürlichen Bevölkerungsbewegung (Geburten und Sterbefälle) und der räumlichen Bevölkerungsbewegung (Zu- und Abwanderungen). Zu den weiteren Bestandsgrößen gehören u.a. die Zahlen zur Anwesenheit von a) Einzelpersonen (unterschieden nach Geschlecht, Alter und Familienstand, b) Haushalten oder c) ökonomisch Beschäftigten (differenziert beispielsweise nach einzelnen Berufsgruppen).

Der Begriff der **Wohnbevölkerung** war bis 1983 Grundlage der Bevölkerungsstatistik in der Bundesrepublik Deutschland. Seit 1983 haben die Statistischen Landesämter infolge der Einführung neuer Melde-

gesetze die Fortschreibung der Einwohnerzahlen auf das Konzept der „Bevölkerung am Ort der alleinigen bzw. Hauptwohnung" umgestellt. Es findet auch in den neuen Bundesländern und Ost-Berlin Anwendung. Der Begriff der Hauptwohnung wird in Meldegesetzen geregelt, wobei in Deutschland lange Zeit 16 Meldegesetze der Länder nebeneinander existierten. Die dem Bund nach der Föderalismusreform im Jahr 2006 zugewiesene ausschließliche Gesetzgebungskompetenz für das Meldewesen hat zu einem neuen Bundesmeldegesetz geführt, das am 01.05.2015 in Kraft treten wird. Dann gilt (nach §22): „Hauptwohnung eines verheirateten oder eine Lebenspartnerschaft führenden Einwohners, der nicht dauernd getrennt von seiner Familie oder seinem Lebenspartner lebt, ist die vorwiegend benutzte Wohnung der Familie oder der Lebenspartner. Hauptwohnung eines minderjährigen Einwohners ist die vorwiegend benutzte Wohnung der Personensorgeberechtigten; leben diese getrennt, ist Hauptwohnung die Wohnung des Sorgeberechtigten, die von dem minderjährigen Einwohner vorwiegend benutzt wird. In Zweifelsfällen ist die vorwiegend benutzte Wohnung dort, wo der Schwerpunkt der Lebensbeziehungen des Einwohners liegt."

Diese neue Definition trägt der höheren Arbeits- und Ausbildungsmobilität Rechnung. Der Ort, von dem aus der Arbeit oder der Ausbildung nachgegangen wird, ist nicht mehr zwangsläufig der räumliche Bezugspunkt der Bevölkerungsdefinition. Das neue Bundesmeldegesetz reagiert auch auf andere jüngere Entwicklungen. So bildet die Familie nicht mehr den alleinigen Ausgangs- und Bezugspunkt der Definition, ferner sind Gleichstellungsforderungen umgesetzt.

Zur Bevölkerung zählen auch die im Bundesgebiet gemeldeten **Ausländer** (einschließlich der Staatenlosen). Nicht zur Bevölkerung gehören hingegen die Angehörigen der ausländischen Stationierungsstreitkräfte sowie der ausländischen diplomatischen und konsularischen Vertretungen mit ihren Familienangehörigen.

Die **Bevölkerungszahl** wird im Normalfall zu einem Stichtag wie z.B. zum 31.12. eines Jahres angegeben. Daneben wird häufig auch der Begriff der durchschnittlichen Bevölkerung benutzt, für den die sprachlich nicht ganz präzise Bezeichnung mittlere Bevölkerung gebräuchlich ist. Die durchschnittliche Bevölkerung eines Jahres wird als arithmetisches Mittel aus 12 Monatsdurchschnitten berechnet, die sich aus dem Bevölkerungsstand am Anfang und Ende der Monate ergeben (z.B. Bestimmung der mittleren Jahresbevölkerung in NRW, vgl. INFORMATION UND TECHNIK NORDRHEIN-WESTFALEN 2013).

Die hier wiedergegebenen Begriffsbestimmungen sollen zum einen die statistischen bzw. rechtlichen Definitionsfragen der amtlichen Statistik verdeutlichen. Zum anderen soll unterstrichen werden, dass im allgemeinen Sprachgebrauch geläufige Begriffe in der Bevölkerungsstatistik eine spezifische Bedeutung besitzen. Somit sind z.B. stets die Anmerkungen oder die Begriffsdefinitionen im Anhang eines statistischen Quellenwerkes heranzuziehen.

2.2 Die Demographische Grundgleichung

Die **demographische Grundgleichung** summiert die Teilprozesse der natürlichen und räumlichen Bevölkerungsbewegung (vgl. Kap. 5 und 6) und zählt zu den wichtigsten Instrumentarien der Bevölkerungsstatistik. Die demographische Grundgleichung lautet:

$$P_{t+n} = P_t + B_{t,t+n} - D_{t,t+n} + NM_{t,t+n}$$

P_t Population (Bevölkerungsstand) zum Zeitpunkt t (z.b. 2000)

$B_{t,t+n}$ Births (Lebendgeburten) innerhalb von n Jahren (z.b. zwischen 2000 und 2010)

$D_{t,t+n}$ Deaths (Todesfälle) innerhalb von n Jahren (z.b. zwischen 2000 und 2010)

$NM_{t,t+n}$ Net-Migration (Wanderungssaldo aus Zuwanderung und Abwanderung) innerhalb von n Jahren (z.b. zwischen 2000 und 2010)

Mit Hilfe dieser Grundgleichung lässt sich die Bevölkerung zu einem beliebigen Zeitpunkt errechnen, d.h. nach n Jahren, indem man zum Bevölkerungsstand eines vorherigen Basiszeitpunktes t den Wert für die natürliche Bevölkerungsbilanz (Geburten abzüglich Sterbefälle) $B_{t,t+n} - D_{t,t+n}$ zwischen den zwei betrachteten Zeitpunkten und den Wert für die Wanderungsbilanz (Zuwanderung abzüglich Abwanderung) $NM_{t,t+n}$ zwischen diesen Zeitpunkten addiert. Die demographische Grundgleichung kann man, wenn der vorherige und neue Bevölkerungsstand und die **natürliche Bevölkerungsbilanz** bekannt sind, auch dafür heranziehen, den **Wanderungssaldo** zwischen zwei Zeitpunkten zu errechnen.

2.3 Datenerhebungen

2.3.1 Die Volkszählung

Bei der **Volkszählung** handelt es sich um die wichtigste und umfassendste Erhebung der Bevölkerung eines Landes. Zu den Ansprüchen, die eine Volkszählung erfüllen muss (siehe dazu auch WITTHAUER 1969, S. 30) zählen die

- Vollständigkeit (d.h. die Zählung muss alle Personen des betreffenden Gebiets umfassen ohne Auslassungen und ohne Doppelzählungen);
- Gleichzeitigkeit (alle erhobenen Fakten müssen sich auf einen ganz bestimmten Zeitpunkt beziehen);
- Einzelpersonen (nur Einzelpersonen dienen als Einheiten der Zählung, es genügt nicht, Angaben für Gruppen von Personen, etwa für Familien, zu sammeln);
- zweifelsfreie Abgrenzung des Gebiets, auf das sich die Zählung bezieht;
- Aufarbeitung (Aufarbeitung und Veröffentlichung der Daten nach geographischen Gebieten und nach den grundlegenden demographischen Gesichtspunkten sind integrierende Bestandteile einer Volkszählung).

Die regelmäßige Wiederholung ist ebenfalls ein wesentliches Merkmal moderner Zählungen: Gemäß einer Vorgabe der Vereinten Nationen (vgl. UN DESA 2008, S. 8) sollen sie mindestens alle 10 Jahre durchgeführt werden. Vorbild sind die Vereinigten Staaten, deren Verfassung vorschreibt, dass Volkszählungen im Abstand von jeweils 10 Jahren stattfinden müssen mit der ursprünglichen Absicht, die Zahl der Abgeordneten pro Bundesstaat im Repräsentantenhaus zu bestimmen.

In wenigen Ländern wie Afghanistan, Angola, Tadschikistan und Usbekistan wurde bis heute kein Zensus durchgeführt. Insbesondere bestehen sehr häufig Probleme, für einen bestimmten Zeitpunkt überhaupt „gesicherte" Bevölkerungsdaten zu erhalten. Überdies kann die Zuverlässigkeit des jeweiligen Zensus v.a. in Abhängigkeit von der Erreichbarkeit oder der Analphabetenrate der zu Zählenden sowie auch aus politischen Gründen außerordentlich schwanken. Somit müssen die Angaben in mehreren Abbildungen dieses Buches vorsichtig interpretiert werden (vgl. z.B. Alterspyramide von Simbabwe in Abb. 4.03 oder Angaben zur Altersdifferenzierung in vielen Ländern des globalen Südens in Abb. 4.04 und 4.05).

In der BRD fanden die letzten Zählungen 1961, 1970, 1987 und 2011 statt. Eine für 1983 vorgesehene Zählung musste verschoben werden, da die Art der vorgesehenen Durchführung nach einem Urteil des Bundesverfassungsgerichts nicht den persönlichen Datenschutz sicherstellte. In der ehemaligen DDR fanden 1950, 1964, 1971 und 1981 vier Volkszählungen statt. Mit dem Zensus 2011 beteiligte sich die BRD an dem EU-weit im Jahr 2011 durchgeführten Erhebungsprogramm. Dabei fand in Deutschland der so genannte registergestützte Zensus Anwendung, ein neues Verfahren, das sich erheblich von einer traditionellen Volkszählung unterscheidet (vgl. Kap. 2.3.4). Die ersten Ergebnisse des Zensus 2011 wurden am 31. Mai 2013 veröffentlicht. Weitere folgen Anfang 2014.

Da Volkszählungen wegen ihres personellen und finanziellen Aufwands nur in größeren Zeitabständen durchgeführt werden können, müssen Bestandszahlen der dazwischen liegenden Jahre durch **Fortschreibung** oder mit Hilfe eines **Mikrozensus** ermittelt oder angenähert werden. Diese Techniken können jedoch einen Zensus nicht ersetzen.

2.3.2 Die Fortschreibung

Die **(Bevölkerungs-)Fortschreibung** geht von dem in der letzten Zählung festgestellten Bestand aus. Entsprechend der demographischen Grundgleichung wird jährlich die Anzahl der Geburten und Zuzüge hinzugezählt und die der Sterbefälle und Fortzüge abgezogen. Grundlage sind die Register der Melde- und Standesämter. Aus ihnen können auch Daten zu Geschlecht, Alter und Familienstand erfasst und prinzipiell auch fortgeschrieben werden. Allerdings können viele, gerade für Planungszwecke wichtige Merkmale nicht fortgeschrieben werden, da die eintretenden Veränderungen (z.B. Beruf, Ausbildung) nicht registriert werden oder entsprechende Informationen etwa von Finanzämtern nicht abgeglichen werden dürfen. Die Methode der Bevölkerungsfortschreibung stößt in denjenigen Ländern an ihre Grenzen, in denen keine allgemeine Meldepflicht besteht. Sie kann hier nicht angewandt werden. Darüber hinaus erweisen sich die Datensätze der Melderegister häufig als unvollständig, da nicht jede Person ihrer An- und Abmeldepflicht nachkommt, wodurch es zu Verzerrungen in der Wanderungsstatistik kommt.

Solche Ungenauigkeiten können bei der Bevölkerungsfortschreibung mit zunehmendem zeitlichem Abstand zur zugrunde liegenden Zählung zu erheblichen Abweichungen führen, die selbst in einer hoch entwickelten amtlichen Statistik wie der der BRD auftreten können. Ende Mai 2013 wurde mit der Veröffentlichung der Zensusergebnisse bekannt gegeben, dass in Deutschland statt der bis dahin angenommenen 81,8 Millionen nur etwa 80,3 Millionen Einwohner im Land lebten. Die Bevölkerungsfortschreibung hat die Bevölkerung insgesamt um 1,9% überschätzt (d.h. ca. 1,5 Millionen Menschen zu viel angenommen), die Anzahl der nichtdeutschen Personen sogar um 17,1% bzw. knapp 1,1 Millionen Menschen (nach der

Fortschreibung am 31.12.2011: 7,4098 Millionen; nach der neuen Fortschreibung aufgrund der Zensusdaten am 31.12.2011: 6,3276 Millionen; nach dem Stichtag des Zensus: 6,2043 Millionen; vgl. STAT. BUNDESAMT 2013D UND 2013E). Wie bereits in früheren Zählungen musste die Größe der ausländischen Bevölkerung stärker korrigiert werden als die der deutschen Bevölkerung. Das Statistische Bundesamt führt dies v.a. auf die schwierige Erfassung der Fortzüge von Ausländern zurück, die international mobiler sind als die deutsche Bevölkerung. So können die Fortzüge ins Ausland im Allgemeinen nicht so zuverlässig erfasst werden, wie die Zuzüge aus dem Ausland. Die Folge ist eine Unterschätzung der Abwanderung, die dann zu einem Überhang in der Bevölkerungsfortschreibung, d.h. v.a. der ausländischen Bevölkerung, führt (vgl. STAT. BUNDESAMT 2013F).

2.3.3 Der Mikrozensus

Der **Mikrozensus** (eine Stichprobe der Gesamtbevölkerung) bildet eine weitere Möglichkeit, zeitliche Abstände und mit ihnen verbundene Datenlücken zwischen einzelnen Volkszählungen zu überbrücken. Hierbei wird zu bestimmten Stichtagen nur ein kleiner Prozentsatz der Bevölkerung befragt. In der BRD erfolgt der Mikrozensus seit 1957 einmal jährlich (mit Unterbrechung in den Jahren 1983 und 1984) mit einem Auswahlsatz von einem Prozent der Gesamtbevölkerung. Aktuell nehmen insgesamt etwa 380.000 Haushalte mit 820.000 Personen an der Erhebung teil. „Als Mehrthemenumfrage konzipiert, beinhaltet der Mikrozensus wichtige Strukturdaten über die Bevölkerung (auch detaillierte Angaben zum Migrationshintergrund), Fragen zum Familien- und Haushaltszusammenhang sowie zur Erwerbstätigkeit, zum Einkommen und zur schulischen und beruflichen Ausbildung. Für den Großteil der Fragen besteht Auskunftspflicht. Daneben werden auf freiwilliger Basis in jeweils vierjährigen Abständen zusätzliche Angaben etwa zur Gesundheit, Krankenversicherung, Wohnsituation oder Altersvorsorge erhoben" (STATISTISCHE ÄMTER DES BUNDES UND DER LÄNDER 2013A). Der hohe Anteil gleich bleibender Fragen ermöglicht Untersuchungen im Zeitverlauf, mit denen sich historische Entwicklungen aufzeigen lassen.

An ihre Grenzen stößt diese Erhebungstechnik, je seltener erfragte Sachverhalte in der Grundgesamtheit vorliegen. Nicht häufig vorkommende Daten wie z.b. weniger verbreitete Berufe oder auch neue und somit zahlenmäßig gering ausgeprägte Entwicklungen fallen umso leichter durch das Netz der Stichprobenauswahl, je geringer die insgesamt erfasste Bevölkerung ist. Insbesondere ist es sehr kritisch, Werte des Mikrozensus für kleinräumige Fragestellungen (z.B. bzgl. einzelner Gemeinden) zu verwenden. Die für Teilräume noch geringere Stichprobengröße lässt zuverlässige Aussagen nicht mehr zu. Ein Rückschluss vom Gesamtraum ist v.a. dann nicht erlaubt, wenn (erhebliche) regionale Variationen bestehen. Die Ergebnisse des Mikrozensus sind deshalb nur landes- oder bundesweit sinnvoll.

2.3.4 Der registergestützte Zensus 2011 in Deutschland

Als ein neues Verfahren wurde in Deutschland im Jahre 2011 der so genannte **registergestützte Zensus** durchgeführt. Die neue Methode ermöglichte Kosteneinspa-

rungen gegenüber traditionellen Volkszählungsverfahren, da nur ein Teil der Bürgerinnen und Bürger zur Auskunft aufgefordert wurden. „Auch der Zensus 2011 ist eine Vollerhebung – das Neue daran ist, dass einzelne Daten statt wie früher in einem Fragebogen nun aus bestimmten Registern erhoben werden, wobei der Umfang der Nutzung dieser Registerdaten im Zensusgesetz festgelegt ist. Die nicht in Registern vorliegenden Informationen werden durch Befragungen gewonnen und durch statistische Verfahren generiert" (STAT. BUNDESAMT 2011A, S. 4). Die wesentliche Grundlage bilden Melderegister der Kommunen und ferner die Register bzw. Datenbanken der Bundesagentur für Arbeit zu allen sozialversicherungspflichtig Beschäftigten sowie zu allen arbeitslos oder arbeitsuchend gemeldeten Menschen. Schließlich liefern die öffentlichen Arbeitgeber Daten über Beamte, Richter und Soldaten. Allerdings enthalten diese Verwaltungsdaten noch keine verlässlichen Informationen zur Bildung, zum Migrationshintergrund oder zur Erwerbstätigkeit von z.B. Selbstständigen. Insbesondere bestehen in Deutschland für Gebäude und Wohnungen flächendeckend keine Verwaltungsregister. Somit mussten beim Zensus 2011 ergänzend eine Gebäude- und Wohnungszählung (Vollerhebung der Eigentümer), eine Haushaltebefragung (ca. Zehnprozentstichprobe) und eine Befragung in Wohnheimen und Gemeinschaftsunterkünften (Vollerhebung) durchgeführt werden (vgl. STAT. BUNDESAMT 2011A, S. 11, 16, 19).

2.4 Statistische Quellen

Die Datenrecherchen sind inzwischen standardmäßig über das Internet möglich. Auf die Angabe von Links oder Internetadressen wird hier verzichtet, da sie sich recht schnell ändern können. Über Suchmaschinen ist das Auffinden der Quellen problemlos möglich.

2.4.1 Weltweite Datenquellen

Für differenzierte internationale Vergleiche von bevölkerungsbezogenen Daten können das „Statistical Yearbook" und das „Demographic Yearbook" herangezogen werden. Beide werden jährlich von den Vereinten Nationen herausgegeben. Das **„UN Statistical Yearbook"** bietet einen breiten Umfang internationaler Wirtschafts-, Sozial- und Umweltdaten für mehr als 200 Länder an. Das Jahrbuch steht zum kostenfreien Download auf der Internetseite der United Nations Statistical Division zur Verfügung. Für Bevölkerungsfragen von größerer Bedeutung ist auch das **„UN Demographic Yearbook"**; es hält umfangreiche statistische Daten u.a. zur Bevölkerungsgröße und -zusammensetzung, zu Fertilität und Mortalität bereit. Die Tabellen der jüngeren Ausgaben können ebenfalls kostenlos von der Homepage der United Nations Statistics Division heruntergeladen werden, diese bietet darüber hinaus eine Fülle weiterer Daten u.a. zur Demographie und Sozialstatistik.

Weltweite Daten liefert auch das vom Population Reference Bureau jährlich erstellte **„World Population Data Sheet"**, das kostenfrei zum Download bereit steht. Die Ausgabe von 2012 bietet detaillierte Informationen zu 20 Indikatoren zu Bevölkerung, Gesundheit und Umwelt für mehr als 200 Länder und liefert die Grundlage vieler Abbildungen in diesem Band. Der Zeitbezug der Daten variiert. Sie werden u.a. aus offiziellen statistischen Handbüchern der Länder oder aus internationalen statistischen Jahrbüchern z.B. der UN oder des International Program Center des U.S. Census Bureau zusammengestellt. Beinahe alle Indikatoren der weiter entwickelten Länder beziehen sich auf 2010 oder 2011. Man muss davon ausgehen, dass für einige Länder des globalen Südens und für einige Indikatoren nur ältere Daten oder Schätzungen vorliegen (vgl. z.B. Abb. 5.11).

2.4.2 Nationalstatistiken und Länderinformationen

Vor dem Hintergrund eines fast unübersehbaren Angebots an Daten im Internet ist auf das umfangreiche Länderportal des Statistischen Landesamts von Belgien hinzuweisen, das Statistikquellen und Angaben zu den Volkszählungen der Welt veröffentlicht. Für die Staaten der EU sind über das Statistische Amt der Europäischen Union, kurz **Eurostat**, umfangreiche Informationen in unterschiedlichen Datenformaten abrufbar. Generell ermöglichen die statistischen Landesämter vieler Länder über ihre Internetpräsentation den Download umfangreicher Datenbestände.

Im Hinblick auf geographische Anwendungen sind besonders zwei Angebote von Eurostat zu empfehlen, die Daten räumlich visualisieren:

- Der so genannte Statistische Atlas ermöglicht eine interaktive Betrachtung von statistischen und topographischen Karten in einem Webbrowser. Eine Nutzerin kann z.B. Informationen aus statistischen Karten mit geographischen Basisdaten wie z.B. den Grenzen der NUTS-Regionen kombinieren. Die derzeitige Version des Statistischen Atlas' bietet sämtliche Karten aus dem Eurostat Jahrbuch der Regionen 2012, die nach Themen und Kapiteln sortiert sind.

- Im Anschluss an eine Datensuche in der Online-Datenbank kann man über die so genannte „Tables, Graphs and Maps"-Nutzerschnittstelle die zugehörige Datentabelle für die Mitgliedstaaten der EU und für verschiedene Zeitschnitte Diagramme sowie Karten abrufen. Die Anwender können eigene Kartendarstellungen konzipieren, da u.a. der Kartentyp, die Klasseneinteilung und die Kartensignatur frei wählbar sind. Die Karten können gespeichert und in eigene Arbeiten eingebunden werden.

Das Statistische Bundesamt Deutschland bietet auf seiner Homepage neben einer Fülle von Recherchemöglichkeiten unter anderem auch das „**Statistische Jahrbuch für die Bundesrepublik Deutschland**" zum kostenfreien Download an, sowohl vollständig als auch in Form einzelner Kapitel. Ferner besteht mit dem „Gemeinsamen Neuen Statistischen Informations-System (GENESIS)" eine Auskunftsdatenbank, welche die Möglichkeit bietet, das Datenangebot der deutschen amtlichen Statistik durch metadatengestützte Recherche zu erschließen.

Die Ergebnisse der Volkszählungen und regionale Daten der Bevölkerungsfortschreibung werden auch von den 16 statistischen Ämtern der deutschen Bundesländer und dem Statistischen Bundesamt angeboten. Beispielhaft sind zu nennen: das Landesamt für Datenverarbeitung und Statistik NRW mit dem Online-Datenabruf aus der Landesdatenbank NRW sowie der Landesbetrieb für Statistik und Kommunikationstechnologie Niedersachsen mit LSKN-Online, eine der größten regionalstatistischen Datenbanken Deutschlands. Darüber hinaus wurde zusätzlich ein gemeinsames Statistik-Portal der Länder eingerichtet, das einen zentralen Zugang zu statistischen Basisinformationen bietet

und den länderübergreifenden Vergleich zwischen diesen Informationen erleichtern soll.

Daneben ist auf das gemeinsame Informationsangebot des Forschungsdatenzentrums des Statistischen Bundesamts sowie des Forschungsdatenzentrums der Statistischen Landesämter hinzuweisen, die ausgewählte Mikrodaten der amtlichen Statistik für wissenschaftliche Forschungszwecke zur Nutzung bereitstellen.

Das Bundesinstitut für Bau-, Stadt- und Raumforschung (BBSR) gibt jährlich die CD-ROM „**INKAR: Indikatoren, Karten und Graphiken zur Raum- und Stadtentwicklung in Deutschland und in Europa**" mit einer Vielzahl von Indikatoren, Karten und Graphiken zur Raum- und Stadtentwicklung heraus, die den jeweils aktuellen Stand der räumlichen Entwicklung in Deutschland und Europa aufzeigen, wobei die zusammengestellten Indikatoren weitgehend auf den Daten der amtlichen Statistik des Bundes und der Länder beruhen. Diese Fundgrube aktueller Daten, die zudem in Karten aufbereitet werden, differenziert die Indikatoren nach administrativen (Länder, Kreise, Gemeindeverbände) und nicht-administrativen (Raumordnungsregionen oder Siedlungsstrukturtypen) Raumbezügen sowie in Europa nach den NUTS-Ebenen 0 sowie 1 und 2. Die Daten beruhen auf Fortschreibungen.

2.4.3 Nationalatlanten

Nationalatlanten bieten vielfältige und differenzierte Karteninformationen mit zugehörigen Erläuterungen an. Die digitalen Nationalatlanten stellen darüber hinaus gehende eigenständige Konzeptionen zum Informationsangebot dar und können somit auch als Quellenwerke genutzt werden. Integrierte Suchhilfen und Navigationsmöglichkeiten erleichtern die Informationsrecherche. Als richtungsweisende Beispiele gelten die (digitalen) Nationalatlanten der Schweiz und der USA sowie die Nationalatlanten von Kanada und Schweden.

Der vom Leibniz-Institut für Länderkunde herausgegebene „**Nationalatlas der Bundesrepublik Deutschland**" erscheint in insgesamt 12 Bänden und CD-ROMs, die eine interaktive Darstellung von Graphiken, Karten und Tabellen ermöglichen. Über aktuelle Entwicklungen und ihre räumlichen Auswirkungen informieren das Internetportal sowie das Projekt „Deutschland in Karten".

2.4.4 Migrationsstatistiken

Neben den statistischen Quellen zur allgemeinen Bevölkerungsentwicklung gibt es zahlreiche Möglichkeiten, speziellere, auch dezidiert migrationsbezogene Informationen online abzurufen. Zu nennen ist hier v.a. der jährlich erscheinende „**World Migration Report**" der International Organisation for Migration (IOM), der einen umfassenden Überblick über die Entwicklung des internationalen Wanderungsgeschehens gibt. Die Homepage der Organization for Economic Cooperation and Development (OECD) bietet kostenfrei umfangreiches Datenmaterial zur Einwanderung in OECD-Ländern sowie zahlreiche thematische Publikationen, die teilweise ebenfalls kostenfrei zur Verfügung stehen.

Hingewiesen sei ferner auf den jährlich erscheinenden „**International Migration Outlook**", der auf den Ergebnissen des 1973 ins Leben gerufenen Ständigen Berichtssystems über Migration – SOPEMI (franz. Système d'observation permanente des migrations) beruht und Entwicklungen internationaler Migration nachzeichnet, jedes Jahr mit einem anderen Schwerpunkt.

Einen gezielten Blick auf das weltweite Flüchtlingsgeschehen wirft das Flüchtlingshilfswerk der Vereinten Nationen (UNHCR). Auf seiner Internetseite können Statistiken und weiterführende Informationen für einzelne Länder zu den Themen Flucht und Asyl abgerufen werden. Einen kurzen Überblick über das weltweite Flüchtlingsaufkommen bietet der regelmäßig erscheinende Bericht „**Global Trends**", der online kostenfrei abgerufen werden kann.

Zur Einwanderung in den EU-Mitgliedsländern stellt das Statistische Amt der Europäischen Union (Eurostat) auf seiner Homepage kostenfrei umfangreiches statistisches Material und entsprechende thematische Publikationen zur Verfügung.

Ein detailliertes Bild des Migrationsgeschehens in Deutschland vermittelt der regelmäßig vom Bundesamt für Migration und Flüchtlinge (BAMF) im Auftrag der Bundesregierung erstellte „**Migrationsbericht**". Ihm können aufgrund des umfangreichen statistischen Materials und der ergänzenden Analysen fundierte aktuelle Informationen über Zu- und Abwanderungen entnommen werden.

Weiterführende Literatur

STATISTISCHES BUNDESAMT (2013F): Zahlen und Fakten. https://www.destatis.de/DE/ZahlenFakten/GesellschaftStaat/Bevoelkerung/Bevoelkerung.html (2.9.2013)
STATISTISCHES BUNDESAMT (2013G): Glossar. https://www.destatis.de/DE/Service/Glossar/Glossar.html (2.9.2013)
BEHR, A. U. G. ROHWER (2012): Wirtschafts- und Bevölkerungsstatistik. Konstanz; UVK: Lucius
FEICHTINGER, G. (1973): Bevölkerungsstatistik. Berlin: de Gruyter
GERSS, W. (Hg.) (2010): Bevölkerungsentwicklung in Zeit und Raum. Datenquellen und Methoden zur quantitativen Analyse. Wiesbaden: VS Verlag für Sozialwissenschaften

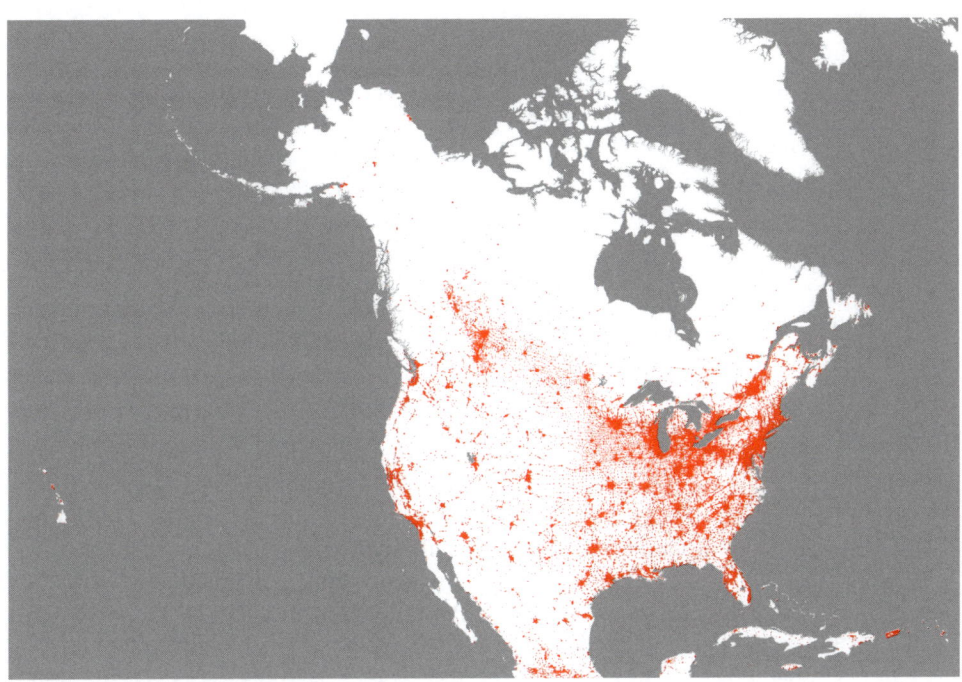

Abb. 3.01: Nordamerika bei Nacht (Negativdarstellung: helle Bereiche hier rot dargestellt, Quelle: überarbeitete Darstellung nach NATIONALATLAS.GOV™ 2008)

Die Bevölkerungsgeographie betrachtet Bevölkerung im Hinblick auf bestimmte räumliche, in aller Regel politisch-administrativ festgelegte Bezugseinheiten oder Territorien. Zu ihren wesentlichen Aufgaben zählen die Beschreibung und Erklärung der räumlichen Bevölkerungsverteilung und -dichte. Die räumliche Bevölkerungsverteilung bezieht sich auf die Erfassung und Analyse des Verteilungsmusters der Bevölkerung im Raum hinsichtlich der absoluten Bevölkerungszahl oder nach einzelnen Wohnstandorten. Es handelt sich dabei „im Grundsatz um eine horizontale Betrachtung des Distanzmomentes der Streuung von Individuum zu Individuum, des Abstands von Siedlung zu Siedlung etc." (BOUSTEDT 1975, S. 73). Die Bevölkerungsdichte drückt hingegen ein Verhältnis von Bevölkerung zur Fläche aus und ist somit eine Relativzahl, die sich auf eine vertikale Beziehung, die „Besetzung" des Raums durch die in ihm wohnenden Menschen, bezieht (vgl. BOUSTEDT 1975, S. 74).

3.1 Bevölkerungsverteilung: kartographische Darstellungsweisen und Kennziffern

Die räumliche Verteilung von Bevölkerung kann kartographisch in absoluter Darstellung wiedergegeben werden. Dazu wird die Bevölkerung eines Gebiets beispielsweise mit Hilfe der **Punktmethode** lagerichtig in eine Karte eingetragen, wobei ein Punkt oder ein sonstiges Symbol eine bestimmte Anzahl von Menschen repräsentiert. Da Karten nicht für die einzelnen Individuen einer Gesamtbevölkerung erstellt werden können, werden in aller Regel die absoluten Einwohnerzahlen als gestufte Kreissymbole auf der Basis der kleinsten kommunalen Gebietseinheiten dargestellt (vgl. Karte der Bevölkerung der deutschen Gemeinden 1998 in LAUX 2001, S. 33). Als Annäherung an die räumliche Verteilung einer Gesamtbevölkerung werden auch Satellitenaufnahmen verwendet, die die Verteilung der bei Nacht aufgenommenen Lichtquellen zeigen (vgl. Abb. 3.01). Bei einem großen Maßstab oder bei kleineren Ausschnitten der Erdoberfläche mit einer größeren Auflösung ist die Interpretation zuweilen aber nicht eindeutig, da helle Industriebereiche ohne Wohnbevölkerung ähnlich erscheinen wie Wohngebiete. In der Abbildung 3.01 treten deutlich die Bevölkerungsagglomerationen an der Nordostküste der USA, weiter westwärts im Binnenland (Großraum Pittsburgh, Pennsylvania und Cincinnati, Ohio) und entlang der großen Seen und des St. Lorenz Stroms hervor. Ferner sind die Metropolen in den Südstaaten (vgl. z.B. Atlanta, Georgia) und entlang der Golfküste sowie in Kalifornien die Großräume Los Angeles und San Francisco/Oakland zu erkennen. Im westlichen Kanada sticht Edmonton

hervor. Demgegenüber erscheinen z.B. die intramontanen Becken, die Great Plains im Westen der USA sowie der Norden Kanadas als fast „leere Räume".

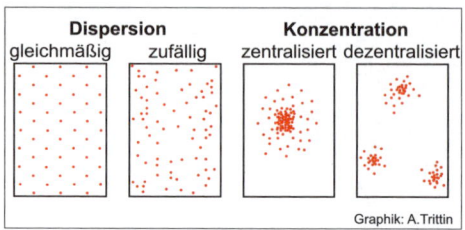

Abb. 3.02: Grundformen räumlicher Bevölkerungsverteilungen (nach BOUSTEDT 1975, S. 76)

Wie aus Abbildung 3.02 ersichtlich, lässt sich die räumliche Bevölkerungsverteilung anhand der folgenden **Ordnungsprinzipen** differenzieren: Dispersion vs. Konzentration, gleichmäßige vs. zufällige Verteilung, zentralisierte vs. dezentralisierte Verteilung. Eine gleichmäßige oder zufällige Verteilung (Dispersion) unterscheidet sich von einer konzentrierten Bevölkerungsverteilung durch die Häufung von Bevölkerung (bzw. von Wohnstandorten) auf relativ engem Raum. Als Varianten der Bevölkerungskonzentration lassen sich dann zusätzlich noch zentralisierte und dezentralisierte Konzentrationsmuster unterscheiden.

Über diese einfache Beschreibung der Verteilung von Bevölkerung hinaus finden bei quantitativ vergleichenden Analysen von Bevölkerungsverteilungen spezielle Kennziffern Verwendung. So kann die räumliche Verteilung einer Bevölkerung mit Hilfe zweidimensionaler Lage- und Dispersionsmaße beschrieben werden (vgl. BAHRENBERG ET AL. 1985, S. 70-76, ARMSTRONG 1998 und WACKERNA-

GEL 2001). Die statistische **Nearest-Neighbour-Analysis** grenzt eine konkret beobachtete oder gemessene Verteilung von zufälligen oder regelmäßigen Verteilungsmustern ab (vgl. EBDON 1977, S. 106-141 und HAGGETT ET AL. 1977, S. 415-447). Der so genannte Nearest-Neighbour Index R_n kann dabei Werte zwischen 0 (konzentrierte Verteilung) und 2,15 (gleichmäßige Verteilung) annehmen, wobei der Wert 1 eine zufällige Verteilung beschreibt. Bei einer gleichmäßigen Verteilung bilden die Objekte (analog zur Verteilung zentraler Orte einer Zentralitätsstufe) die Ecken gleichseitiger Dreiecke.

$$R_n = \frac{E_{beobachtet}}{E_{erwartet}}$$

$E_{beobachtet}$ = beobachtete durchschnittliche Entfernung zwischen den nächsten Nachbarn

$E_{erwartet}$ = erwartete durchschnittliche Entfernung zwischen den nächsten Nachbarn in einer Zufallsverteilung

$$E_{erwartet} = \frac{1}{2 \cdot \sqrt{Punktdichte}} = \frac{1}{2 \cdot \sqrt{\frac{n}{F}}} \quad \text{mit } n = \text{Anzahl der Punkte und F = Fläche des Untersuchungsgebietes}$$

Graphik: A.Trittin

Abb. 3.03: Nearest Neighbour Index R_n (nach EBDON 1977, S. 125)

In Analogie zum eindimensionalen arithmetischen Mittelwert bezeichnet der **Bevölkerungsschwerpunkt** das arithmetische Mittelzentrum einer Bevölkerungsverteilung. Den Bevölkerungsschwerpunkt kann man leicht verdeutlichen: Denkt man sich die Wohnstandorte aller Einwohner eines Landes als gleichschwere Gewichte auf einer Scheibe platziert, müsste der Ort des Bevölkerungsschwerpunkts mit dem Finger von unten gestützt werden, um die Scheibe insgesamt im Gleichgewicht zu halten.

Mit der Berechnung des Bevölkerungsschwerpunkts lassen sich eindrucksvoll die Veränderungen der räumlichen Bevölkerungsverteilung eines Landes veranschaulichen. Das Beispiel der USA zeigt etwa, dass sich der Bevölkerungsschwerpunkt im Zuge der Besiedlung des Kontinents ausgehend von den Neuenglandstaa-

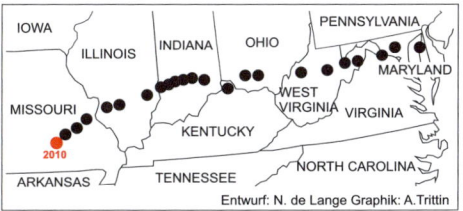

Abb. 3.04: Bevölkerungsschwerpunkt der USA zwischen 1790 und 2010 (Quelle: überarbeitete Darstellung nach NATIONALATLAS. GOV™ 2013A)

ten mit der Zeit immer weiter nach Westen verlagert hat (vgl. Abb. 3.04). Im Jahr 1790 (zu Beginn der US-amerikanischen Bevölkerungsstatistik) lag er noch im Kent County (Maryland) östlich von Baltimore. Danach verschob er sich schrittweise nach Westen, zunächst ungefähr entlang des 39. Breitenkreises. Seit 1960 ist dann eine verstärkt südwärts gerichtete Bewegung zu erkennen. Der US Zensus 2010 lokalisierte den Bevölkerungsschwerpunkt der USA schließlich im Texas County, Missouri (vgl. NATIONALATLAS.GOV™ 2013B).

Die zeitliche Veränderung des Bevölkerungsschwerpunkts verdeutlicht auch am Beispiel von Deutschland großräumige Trends. Im Jahre 1987 lag der Bevölkerungsschwerpunkt in Westdeutschland (ohne West-Berlin) noch nordwestlich von Marburg/Lahn, in Ostdeutschland in der Nähe von Zerbst/Anhalt. Nach der deutschen Wiedervereinigung wanderte der **Bevölkerungsschwerpunkt Deutschlands** schließlich in die Nähe der Stadt Homberg/Efze im Nordosten von Hessen (HEILIG/BÜTTNER 1990, S. 20). Bis 2010 hat er sich nach Berechnungen des Statis-tischen Bundesamts aufgrund der sehr unterschiedlichen Bevölkerungsentwicklungen in den östlichen und westlichen Bundesländern auf das Gebiet der Gemeinde Bad Hersfeld verschoben. Zwischen 2000 und 2010 hatte er sich lediglich um 2,7 km weiter nach Süden verlagert (HANEWINKEL 2012).

3.2 Bevölkerungsdichte

Die **Bevölkerungsdichte** stellt unter den Maßzahlen, die das Verhältnis von Bevölkerung und Raum beschreiben und quantifizieren, die am einfachsten zu berechnende Größe dar. Sie gibt die Zahl der Einwohner pro Flächeneinheit (meist pro km²) an. Manchmal wird mit der **Arealitätsziffer** auch das umgekehrte Verhältnis erfasst: Diese statistische Maßangabe drückt aus, welche Fläche einem Einwohner durchschnittlich zur Verfügung steht. Auch mit

Tab. 3.01: Bevölkerungsdichte und verwandte Kennziffern für die Bundesrepublik Deutschland (Datenquellen: STAT. BUNDESAMT, Stat. Jahrbuch 1989, Tab. 2.2; STAT. BUNDESAMT, Stat. Jahrbuch 2012, Tabellen 2.1.1 u. 2.1.4 sowie eigene Berechnungen)

	B	D	A	E
13.09.1950*	50.809	204	4,89	75,2
06.06.1961	56.185	226	4,42	71,5
27.05.1970	60.651	244	4,10	68,8
25.05.1987	61.077	246	4,07	69,3
31.12.1990	79.753	223	4,48	71,9
31.12.2000	82.260	230	4,34	70,8
31.12.2010	81.752	229	4,37	71,0

B: Wohnbevölkerung (in 1000)
D: Bevölkerungsdichte (Einw./km²)
A: Arealitätsziffer (km² je 1000 Einw.)
E: Abstandsziffer (in m); $E = 1{,}0746 \times \sqrt{\text{Fläche/B}}$

* inkl. Saarland vom 14.11.1951
Den Kennziffern für 1990, 2000 und 2010 liegt die Fläche der BRD am 31.12.2010 zugrunde.

Hilfe der so genannten **Abstandsziffer** (**Proximität**) lässt sich die Bevölkerungsdichte eines Raums quantifizieren. Bei ihrer Berechnung wird angenommen, dass sich die Bevölkerung absolut gleichmäßig über die Gesamtfläche verteilt und jeder Einwohner dabei in einem Knoten eines Netzes aus gleichseitigen Dreiecken ansässig ist. Der Abstand zwischen diesen Knotenpunkten wird durch die Abstandsziffer ausgedrückt (zur genauen Berechnung siehe beispielsweise ESENWEIN-ROTHE 1982, S. 43-45). In Tabelle 3.01 sind die Werte für die Bevölkerungsdichte, Arealitätsziffer und Abstandsziffer für Deutschland im

zeitlichen Verlauf seit 1950 zusammengefasst. Mit der sprunghaften Zunahme der Wohnbevölkerung und der Fläche Deutschlands nach der Wiedervereinigung haben sich zwangsläufig auch die Dichtwerte verändert.

Mit Hilfe der von WITTHAUER (1956 und 1969) entwickelten **Flächen-Bevölkerungsdiagramme** lassen sich unterschiedliche Bevölkerungsdichten bei gleichzeitiger Darstellung der absoluten Einwohnerzahlen und der Fläche von Ländern gut veranschaulichen. Abbildung 3.05 zeigt die verschiedenen Dichteverhältnisse für die Länder Europas.

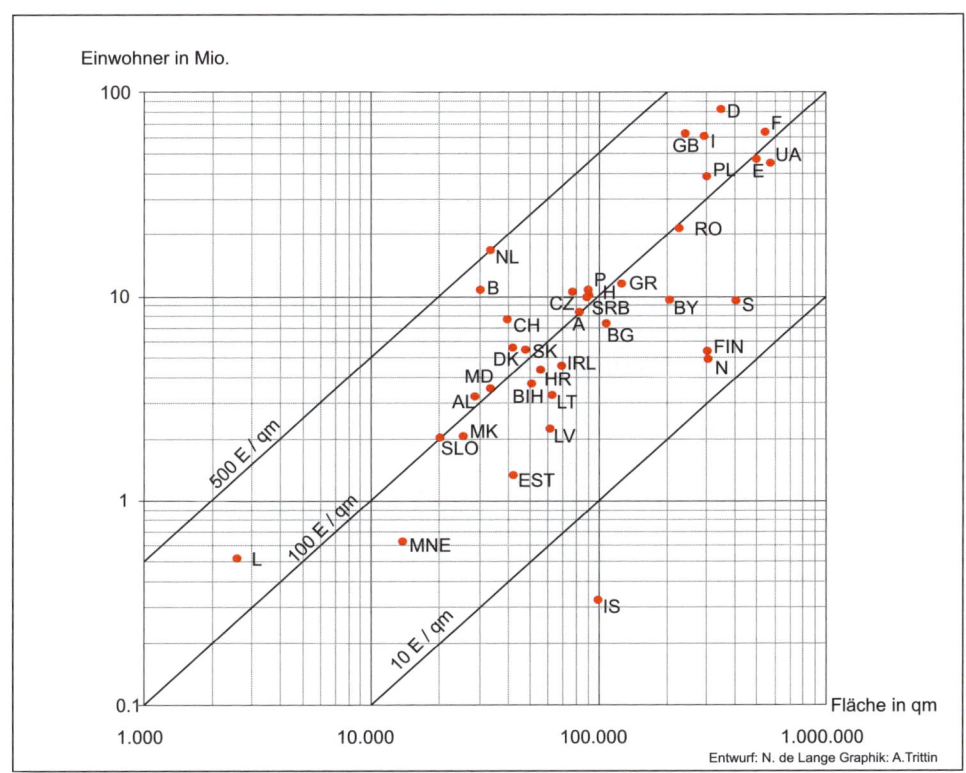

Entwurf: N. de Lange Graphik: A.Trittin

Abb. 3.05: Flächen-Bevölkerungsdiagramm europäischer Länder 2012 (Datenquelle: STAT. BUNDESAMT, Stat. Jahrbuch 2012, Tabellen A.0 u. A.1)

Neben Kleinstaaten wie Malta (316 km², Bevölkerungsdichte in 2011: 1.322 E/km²) oder Monaco (2 km² bzw. 17.714 E/km²), die in der Abbildung nicht berücksichtigt werden können, sind v.a. die Niederlande und Belgien durch eine hohe Bevölkerungsdichte gekennzeichnet. Der Vergleich der Bevölkerungsdichte von Staaten mit mehr als 50 Millionen Einwohnern zeigt, dass Deutschland an der Spitze der Tabelle rangiert, direkt hinter Großbritannien.

Allen bisher angesprochenen Dichtemaßen liegen Bevölkerungszahlen für administrative Bezugseinheiten (Gemeinden, Kreise, Länder, Staaten) zugrunde. Die Frage der räumlichen Bezugsbasis ist keineswegs unerheblich. Bei der Berechnung von Dichtemaßen macht es einen Unterschied, ob z.B. Verwaltungsgebiete oder naturräumliche Einheiten betrachtet werden. Gleiches gilt für die untersuchten (Teil-)Populationen. Zu entscheiden ist also je nach Fragestellung: Sollen bestimmte Teilflächen eines Raums unberücksichtigt bleiben, oder sollen nur einzelne Teilgruppen einer Bevölkerung in die Berechnungen eingehen?

Die **physiologische Bevölkerungsdichte** (pD), z.B., setzt die gesamte Bevölkerung eines Untersuchungsgebiets lediglich ins Verhältnis zur landwirtschaftlichen Nutzfläche. Dieser Indikator erweist sich als sehr aussagekräftig, da er die Belastung bzw. Nutzungsintensität der landwirtschaftlich nutzbaren Fläche durch die Bevölkerung ausdrückt. Dies wird besonders im Fall von Südkorea und Japan deutlich (vgl. Tab. 3.02), wo Siedlungsbänder in einem relativ schmalen Streifen parallel zur Küste verlaufen oder sich entlang von Flusstälern erstrecken, die Bergregionen im Landesinnern demgegenüber jedoch fast unbesiedelt bleiben und agrarisch kaum genutzt werden können. Im Fall Ägyptens resultiert der sehr hohe Wert der physiologischen Bevölkerungsdichte aus der weitgehenden Beschränkung der landwirtschaftlichen Nutzung auf die Niloase. Allerdings ist die in der Tabelle 3.02 ausgewiesene landwirtschaftliche Nutzfläche nur ein grober Wert, der strukturelle Unterschiede wie z.B. zwischen Neuseeland und den Philippinen mit ähnlich großer Fläche verdeckt und somit wenig über die landwirtschaftliche Produktivität aussagt.

Die **agrarische Dichte** (**Agrardichte**) drückt hingegen das Verhältnis von landwirtschaftlicher Bevölkerung zur landwirtschaftlichen Nutzfläche aus. Sinnvollerweise kann dieses Dichtemaß allerdings nur zur Charakterisierung überwiegend agrarisch ausgerichteter Gebiete eingesetzt werden.

Zur Beschreibung der Bevölkerungsdichte von überwiegend besiedelten, städtischen Räumen kommen im Städtebau und in der Stadtplanung weitere Dichtemaße zum Einsatz, die ebenfalls nur Teilflächen berücksichtigen, wie z.B. die Siedlungsdichte eines Siedlungsgebiets (Einwohner je ha besiedelter Fläche).

Tab. 3.02: Indikatoren zur Bevölkerungsdichte ausgewählter Länder 2009 (Datenquellen: FAO Statistical Yearbook 2012, UN DESA, Demographic Yearbook 2011)

	Mittl. Bevölkerung in (1000)	Fläche (in km²)	LNF (in km²)	Bev. Dichte (Einw../km²)	Arealitätsziffer (km² je 1000 Einw.)	Abstandsziffer (in m)	pD (Einw./km²)
Ägypten	76.925	995.450	36.832	77	13	122	2.089
Algerien	35.978	2.381.740	414.423	15,	66	276	87
Nigeria*	140.004	910.770	745.010	154	7	87	188
Südafrika	49.475	1.214.470	992.222	41	25	168	50
China	1.331.300	9.327.490	5.242.049	143	7	90	254
Indien	1.166.000	2.973.190	1.798.780	392	3	54	648
Indonesien	234.432	1.811.570	536.225	129	8	94	437
Iran	73.202	1.628.550	485.308	45	22	160	151
Korea, Rep.	49.182	97.100	18.546	507	2	48	2.652
Malaysia	27.895	328.550	78.852	85	12	117	354
Philippinen	92.227	298.170	119.566	309	3	61	771
Thailand	66.903	510.890	197.714	131	8	94	338
Vietnam	86.025	310.070	102.633	277	4	65	838
Syrien	20.125	183.630	139.008	110	9	103	145
Irak	32.105	434.320	87.298	74	14	125	368
Japan	128.047	364.500	45.927	351	3	57	2.788
Kanada	33.730	9.093.510	672.920	4	270	558	50
USA	307.007	9.147.420	4.034.012	34	30	185	76
Argentinien	40.134	2.736.690	1.403.922	15	68	281	29
Brasilien	191.481	8.459.420	2.647.798	23	44	226	72
Mexiko	107.551	1.943.950	1.028.350	55	18	145	105
Kolumbien	44.978	1.109.500	424.939	41	25	169	106
Norwegen	4.829	305.470	10.081	16	63	270	479
Schweiz	7.744	40.000	15.240	194	5	77	508
Australien	21.952	7.682.300	4.086.984	3	350	636	5
Neuseeland	4.316	263.310	114.803	16	61	265	38

*2006

LNF	landwirtschaftliche Nutzfläche nach FAO (km²) = arable land + permanent crops + pasture; arable land = Ackerland, permanent crop = Dauerkulturen, pasture = Dauerweideland (Daten aus dem Jahr 2009)
pD:	physiologische Dichte (Bev./km²)

3.3 Bevölkerungsverteilung und -dichte im weltweiten Vergleich

Die **Verteilung der Bevölkerung** auf der Erde (vgl. Tab. 3.03) ist bis heute durch zwei große Ungleichgewichte gekennzeichnet, die sich zukünftig noch verstärken könnten:

- Auf die fünf bevölkerungsstärksten Länder der Erde (Volksrepublik China, Indien, USA, Indonesien und Brasilien) entfallen knapp 50% der Weltgesamtbevölkerung.
- Auf der Nordhalbkugel mit etwa drei Viertel der gesamten planetarischen Festlandfläche leben rund neun Zehntel der Weltbevölkerung.

Außerdem fällt auf: Während es einerseits große räumliche Bevölkerungskonzentrationen gibt, sind andererseits weite Teile der Erde (auch außerhalb von Wüsten, der polaren Anökumene oder der unwirtlichen Hochgebirgsregionen) fast unbewohnt.

Eine besondere Darstellungsform zur Veranschaulichung der räumlichen Ungleichverteilung von Bevölkerungen stellt die **isodemographische Karte** dar. Wie die isodemographische Karte Afrikas illustriert, werden die einzelnen Länder in dieser Darstellungsweise nicht maßstabsgetreu (entsprechend ihrer Fläche), sondern im Verhältnis zu ihrer Einwohnerzahl abgebildet (vgl. Abb. 3.06). Die isodemographische Karte erlaubt somit, die bevölkerungsstärksten Staaten herauszustellen – unter weitgehender Beibehaltung der räumlichen Gestalt und der Lagebeziehungen der betrachteten Länder.

Tab. 3.03: Die Bevölkerung der Erdteile um 2010 (Datenquelle: Pop. Reference Bureau, 2012 World Population Data Sheet)

	Bevölkerung in Mio.	in %
Erde	7.058	100
Afrika	1.072	15,2
Asien*	4.260	60,4
Nordamerika	349	4,9
Lateinamerika und Karibik	599	8,5
Europa**	740	10,5
Australien/ Ozeanien	37	0,5

*einschl. Zyperns und der Türkei
** einschl. Russlands (wobei sich ca. 80% der Fläche und ca. 36% der Bevölkerung im asiatischen Teil befinden)

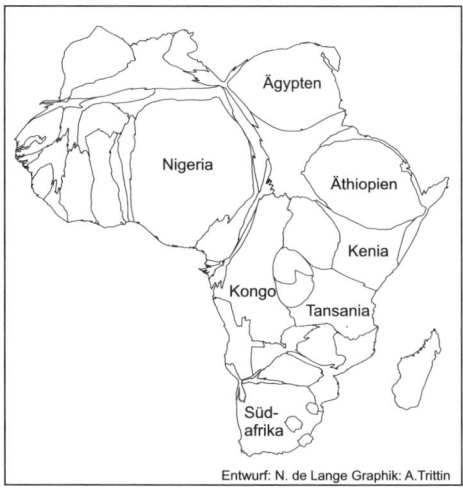

Entwurf: N. de Lange Graphik: A. Trittin

Abb. 3.06: Isodemographische Karte von Afrika (Datenquelle: Pop. Reference Bureau, 2008 World Population Data Sheet, eigene Berechnungen mit ArcGIS)

Das Modell des Idealkontinents nach HAMBLOCH

Aufgrund der heutigen technischen Möglichkeiten gibt es kaum noch einen Bereich der Erdoberfläche, wo Menschen prinzipiell nicht leben könnten. Der tatsächliche Siedlungsraum, auch Ökumene genannt, schließt aber mit den Ozeanen und weiten Bereichen des Festlandes große Teile der Erdoberfläche aus.

Trotz vieler regionaler Besonderheiten und Abweichungen weist die Verteilung der Weltbevölkerung einige Regelhaftigkeiten auf, die sich auf einzelne, typischerweise aber oft miteinander verbundene Bedingungsfaktoren zurückführen lassen. Hierzu zählen: a) der geologisch-geomorphologische Bau des Festlandes (Küstengestalt, Oberflächenformen, Höhenlage, Bodenfruchtbarkeit etc.), b) klimatische Bedingungen, c) historische (koloniale) Erschließung und Besiedlung (diese fand meist ausgehend von der Küste hin zum Zentrum statt), d) Verkehrsverhältnisse (auch die Bedeutsamkeit natürlicher Wege), e) wirtschaftliche Faktoren (u.a. Vorkommen von Bodenschätzen), f) politische Bedingungen.

Ausgehend von der Klimaklassifikation nach KÖPPEN und GEIGER und unter Betonung klimatisch-geomorphologischer Einflussgrößen hat HAMBLOCH 1982 versucht, die weltweite Bevölkerungsverteilung um 1950 mit Hilfe eines modellhaften „Idealkontinents" zu veranschaulichen (HAMBLOCH 1982). Sein **Idealkontinent** (vgl. Abb. 3.07) zeigt:

(1) Die Hauptverdichtungsräume befinden sich vornehmlich am Rande des Kontinents (bzw. der Kontinente). Die Bevölkerungsdichte fällt zum Innern des Idealkontinents sowie zum borealen Bereich hin rasch ab.

(2) Bestimmte Klimaräume werden eindeutig bevorzugt: 53% der Weltbevölkerung lebten um das Jahr 1950 in den gemäßigten Klimazonen. Nur etwa 17% der Gesamterdoberfläche sind aber durch gemäßigte Klimaverhältnisse gekennzeichnet.

(3) Die Bevölkerungsverteilung weist große Unterschiede zwischen den Ost- und Westseiten eines Kontinents auf. Dies wird besonders im Bereich der großen Tropengürtel in Höhe der Wendekreise deutlich.

Zusammengefasst veranschaulicht das Modell des Idealkontinents, dass sich die Weltbevölkerung in den tiefer gelegenen, küstennahen und klimatisch begünstigten Räumen konzentriert, während mit zunehmender Nähe zum Zentrum des Kontinents eine deutliche Abnahme der Bevölkerung auftritt. Darüber hinaus hat HAMBLOCH als weitere Regelhaftigkeit die generelle Abnahme der durchschnittlichen Bevölkerungsdichte mit der Höhe herausgearbeitet. In der Realität und nach tatsächlichen Kontinenten differenziert, treten allerdings erhebliche Unterschiede auf: V.a. die Dichtewerte in Südamerika, wo mit 17,5 E/km² in der Höhenstufe zwischen 3.000 und 4.000 m ein Maximum erreicht wird, und in Afrika (Maximum mit 15,3 E/km² in 2.000-3.000 m Höhe) weichen von seinem Modell ab.

Im Hinblick auf den Idealkontinent nach HAMBLOCH und vergleichbare Modelle, die ebenfalls klimatische und andere naturräumliche Faktoren heranziehen, muss allerdings mit Nachdruck darauf hingewiesen werden, dass diese natürlichen Faktoren das menschliche Verhalten nur teilweise beeinflussen, aber nicht determinieren können: „Entscheidend sind vielmehr die jeweiligen kulturellen, sozialen, politischen und technischen Rahmenbedingungen. Sie entscheiden, wie die natürlichen Faktoren bewertet und welche Anpassungs- und Inwertsetzungsstrategien von den verschiedenen menschlichen Gruppen und Gesellschaften verfolgt werden" (LAUX 2005, S. 121).

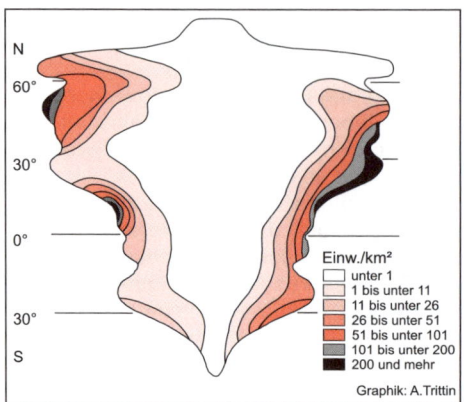

Abb. 3.07: Modell der Bevölkerungsverteilung der Erde um 1950 nach Küstenabstand und Klimaregion (nach HAMBLOCH 1982, Abb. 1a)

3.4 Bewertung von Verteilung und Dichtewerten

Der Vergleich und die Bewertung von Bevölkerungsdichten verschiedener Länder der Erde sind bei bloßer Gegenüberstellung schwierig, wenn nicht sogar aufgrund fehlender objektiver Maßstäbe unmöglich. So kann allein aus den Dichtewerten nicht auf günstige oder ungünstige Lebensbedingungen geschlossen werden. Stets sind Bevölkerungsverteilung und -dichten vor dem Hintergrund
* unterschiedlicher Wirtschaftsstrukturen,
* verschiedener politischer Systeme,
* unterschiedlicher Lebensstandards,
* differierender Landesnaturen und physiogeographischer Ausstattungen,
* abweichender sozialer und kultureller Bedingungen
zu bewerten.
Herauszustellen ist zudem, dass selten nur ein Faktor, sondern vielmehr ein Faktorenbündel eine Bevölkerungsverteilung und -dichte bestimmt. Insbesondere bestehen

vielfältige Interdependenzen zwischen den angeführten Einflussvariablen. So sind für Bevölkerungen, für die die Landwirtschaft die entscheidende Lebensgrundlage darstellt, Böden, Klima, Oberflächenform und Geländebeschaffenheit, aber auch Produktionsweisen (Marktorientierungen mit größerer Nähe zu städtischen Zentren gegenüber subsistenzwirtschaftlicher Brandrodung) die Faktoren, die gemeinsam die räumliche Verteilung steuern.

Beispiele für extrem hohe bzw. niedrige **Dichtewerte** sind neben den Stadt- bzw. Zwergstaaten Monaco (36.356), Macau (21.825), Hongkong (6.487) und Singapur (7.751) auch Bangladesch (1.062), Taiwan (646), Südkorea (491), die Niederlande (403), Indien (383), Belgien (364) oder Japan (338) sowie die Mongolei (2), Australien (3), Botswana (3), Island (3), Kanada (3), Namibia (3), Surinam (3), Guyana (4), Libyen (4), Mauretanien (4), Gabun (6), Kasachstan (6), die Zentralafrikanische Republik (7), Russland (8) oder Tschad (9). Derartige Dichtewerte sind jeweils nur im Rahmen der jeweiligen, durch sehr komplexe physio- und sozialgeographische Faktoren geprägten Kulturräume zu verstehen (jeweils fortgeschriebene bzw. geschätzte Bevölkerungsdichten, E/km^2, um 2010; POP. REFERENCE BUREAU, 2012 World Population Data Sheet). Auch aufgrund der unterschiedlichen soziokulturellen Rahmenbedingungen werden Bevölkerungsdichten verschieden wahrgenommen und bewertet.

3.5 Bevölkerungskonzentration in Agglomerationsräumen

Für die Analyse räumlicher Bevölkerungsverteilungen ist es auch wichtig, zwischen städtischer und ländlicher Bevölkerung zu unterscheiden. Insbesondere ist die **Ver-**

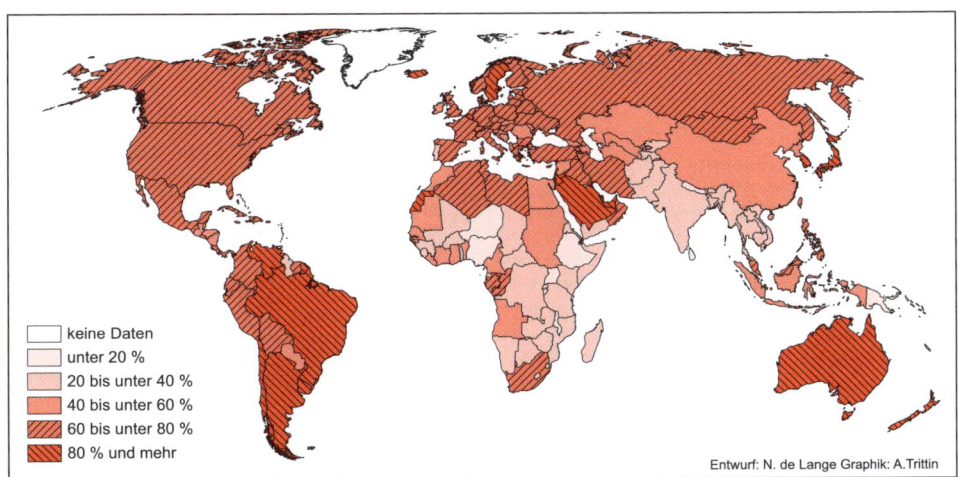

Abb. 3.08: Verstädterungsgrad in den Staaten der Erde um 2010 (Datenquelle: Pop. Reference Bureau, 2012 World Population Data Sheet)

städterung zu berücksichtigen. Die vorliegende Einführung in die Bevölkerungsgeographie beschränkt sich darauf, Verstädterung als demographischen Zustand (= Anteil der Stadtbevölkerung an der Gesamtbevölkerung) und Verstädterung als demographischen Prozess (= Zuwachs des Anteils der Stadtbevölkerung an der Gesamtbevölkerung) zu betonen. Auf weitere Dimensionen von Verstädterung und Regelhaftigkeiten in der Verteilung städtischer Bevölkerung geht HEINEBERG (2014, S. 31-54) ein.

Abbildung 3.08 gibt einen Überblick über den **Verstädterungsgrad** einzelner Staaten der Welt. Deutlich werden große Unterschiede. Auf der einen Seite des Spektrums liegen Länder wie Argentinien, Belgien, Israel oder Uruguay, in denen mehr als 90% der gesamten Staatsbevölkerung in städtischen Siedlungen leben. Auf der anderen Seite des Spektrums finden sich Länder wie Burundi, Nepal oder Uganda, die einen Verstädterungsgrad von

weniger als 20% aufweisen. So besteht ein Gegensatz zwischen den mehr und den weniger entwickelten Ländern (75% Verstädterungsgrad in der Kategorie der „more developed countries" und 46% in der der „less developed countries", nach Pop. Reference Bureau, 2012 World Population Data Sheet). Allerdings liegen auch innerhalb der Gruppe der so genannten Entwicklungsländer erhebliche Unterschiede vor (Beispiele des unterschiedlichen Verstädterungsgrads von Ländern mit mehr als 10 Millionen Einwohnern sind Burundi 10%, Malawi, Sri Lanka und Uganda 15%, Angola 59%, Mongolei 63%).

Zu beachten sind bei derartigen Vergleichen zwei Faktoren: Einerseits hängen die Werte für die einzelnen Länder vom jeweils zu Grunde liegenden „Stadtbegriff" ab – also davon, ab welcher Bevölkerungsgröße oder aufgrund welcher anderen Kriterien eine Siedlung statistisch in den jeweiligen Länderstatistiken als Stadt geführt wird (zum statistisch-administra-

Tab. 3.04: Entwicklung der städtischen Agglomerationen mit mehr als 10 Millionen Einwohnern im Jahr 2011 (Datenquelle: UN DESA 2012)

		Einwohnerzahl (in Mio.)				Durchschnittliche jährliche Wachstumsrate (in %)		
		1970	1990	2011	2025	1970-1990	1990-2011	2011-2025
Afrika	Lagos (Nigeria)	1,4	4,8	11,2	18,9	6,08	4,08	3,71
	Kairo (Ägypten)	5,6	9,1	11,2	14,7	2,42	1,00	1,98
Asien	Tokio (Japan)	23,3	32,5	37,2	38,7	1,67	0,64	0,27
	Delhi (Indien)	3,5	9,7	22,7	32,9	5,07	4,03	2,67
	Shanghai (China)	6,0	7,8	20,2	28,4	1,30	4,52	2,43
	Mumbai (Indien)	5,8	12,4	19,7	26,6	3,80	2,20	2,12
	Beijing (China)	4,4	6,8	15,6	22,6	2,14	3,96	2,66
	Dhaka (Bangladesch)	1,4	6,6	15,4	22,9	7,86	4,02	2,84
	Kalkutta (Indien)	6,9	10,9	14,4	18,7	2,26	1,33	1,87
	Karachi (Pakistan)	3,1	7,1	13,9	20,2	4,15	3,16	2,68
	Manila (Philippinen)	3,5	8,0	11,9	16,3	4,07	1,89	2,26
	Osaka – Kobe (Japan)	9,4	11,0	11,5	12,0	0,80	0,19	0,33
	Guangzhou (China)	1,5	3,1	10,8	15,5	3,45	6,01	2,54
	Shenzhen (China)	0,0	0,9	10,6	15,5	18,44	11,89	2,71
Nordamerika	New York/Newark (USA)	16,2	16,1	20,4	23,6	-0,03	1,12	1,05
	Los Angeles – Long Beach – Santa Ana (USA)	8,4	10,9	13,4	15,7	1,31	0,99	1,13
Lateinamerika	Mexiko-Stadt (Mexiko)	8,8	15,3	20,4	24,6	2,79	1,38	1,32
	São Paulo (Brasilien)	7,6	14,8	19,9	23,2	3,31	1,42	1,08
	Buenos Aires (Argentinien)	8,1	10,5	13,5	15,5	1,30	1,20	0,98
	Rio de Janeiro (Brasilien)	6,6	9,6	12,0	13,6	1,84	1,05	0,93
Europa	Moskau (Russ. Föderation)	7,1	9,0	11,6	12,6	1,17	1,22	0,56
	Istanbul (Türkei)	2,8	6,6	11,3	14,9	4,30	2,58	2,00
	Paris (Frankreich)	8,2	9,3	10,6	12,2	0,64	0,62	0,97

tivem Stadtbegriff, der auch zeitlichen Veränderungen unterliegt, und allgemein zum mehrdimensionalen Stadtbegriff vgl. HEINEBERG 2014, S. 26). Andererseits wird ein Land durch einen einzigen Zahlenwert präsentiert, der in der kartographischen Umsetzung durch eine einzige Signatur für die gesamte Fläche umgesetzt wird, die Binnendifferenzierungen nicht ermöglicht. Die hohe Verstädterung z.B. in Saudi Arabien, Libyen, Brasilien oder Australien ergibt sich aber aus einer erheblichen Bevölkerungskonzentration in wenigen Metropolen.

Insgesamt hat die **weltweite Urbanisierung** seit den 1960er Jahren rasant zugenommen: Noch 1960 wohnte weltweit nur etwa ein Drittel der Weltbevölkerung in städtischen Gebieten, wobei die meisten der knapp 1 Milliarden Städter in urbanen Räumen mit weniger als 1 Millionen Einwohnern lebten. Seitdem ist die städtische Bevölkerung international stark gewachsen, so dass derzeit etwa die Hälfte der Weltbevölkerung in Städten lebt. Während in den Ländern des globalen Nordens die absolute Zahl der städtischen Bevölkerung nur moderat gestiegen ist, hat sie sich im globalen Süden seit den 1960er Jahren mehr als verdoppelt. Darüber hinaus zeichnet sich ab, dass die Verstädterung in den Ländern des globalen Südens und mit ihr auch der Anteil der in diesen Ländern in Städten lebenden Bevölkerung weiter zunimmt. In den hochentwickelten westlichen Industriestaaten stagnierte die Verstädterung dagegen seit den 1970er Jahren. Ursachen für diese Entwicklung waren u.a. der Verlust von Arbeitsplätzen in größeren Verdichtungsräumen und eine selektive Abwanderung der Bevölkerung in die Mittel- und Kleinstädte sowie in ländliche Gemeinden in häufig peripherer Lage (zur so genannten Counterurbanisation vgl.

HEINEBERG 2014, S. 49-50). Seit Ende der 1990er Jahre lassen sich nun auch in den Ländern des globalen Nordens wieder stärkere Zuzüge in die Städte beobachten, Wanderungs- und Stadtforscher sprechen von einer Re-Urbanisierung.

Im Zusammenhang mit den auf globaler Ebene konstatierten Konzentrationen und Wachstumsdynamiken steht auch die Entstehung und Zunahme von **Megastädten**, die im Jahr 2011 mehr als 10 Millionen Einwohner aufwiesen (vgl. Tab. 3.04). Seit 1970 ist eine starke Zunahme dieser Städtegruppe zu verzeichnen: von 2 Megastädten 1970 (die in Industrieländern gelegenen Agglomerationsräume Tokio und New York/Newark) hin zu 23 Megastädten im Jahre 2011, von denen nur 5 in den Ländern des globalen Nordens lagen.

3.6 Bevölkerungsdichten in Nordrhein-Westfalen

Abbildung 3.09 zeigt am Beispiel des Bundeslandes Nordrhein-Westfalen, dass auch innerhalb einer Region große Gegensätze in der Bevölkerungsverteilung vorliegen können. Deutlich ist beispielsweise der Verdichtungsraum Rhein-Ruhr von ländlichen Räumen zu unterscheiden; eine weitere unübersehbare Differenz besteht zwischen einzelnen solitären Zentren (beispielsweise Münster, Bielefeld, Siegen und Paderborn) und ihrem jeweiligen Umland.

Die Städte in NRW mit der höchsten Bevölkerungsdichte waren 2010 die Großstädte Herne (3.205 E/km²), Oberhausen (2.762), Essen (2.732), Düsseldorf (2.710), Bochum (2.573), Köln (2.486) und Gelsenkirchen (2.458) (vgl. REGIONALSTATISTISCHER ONLINE-ATLAS NRW 2013). Zum Vergleich seien die größten Dichtewerte

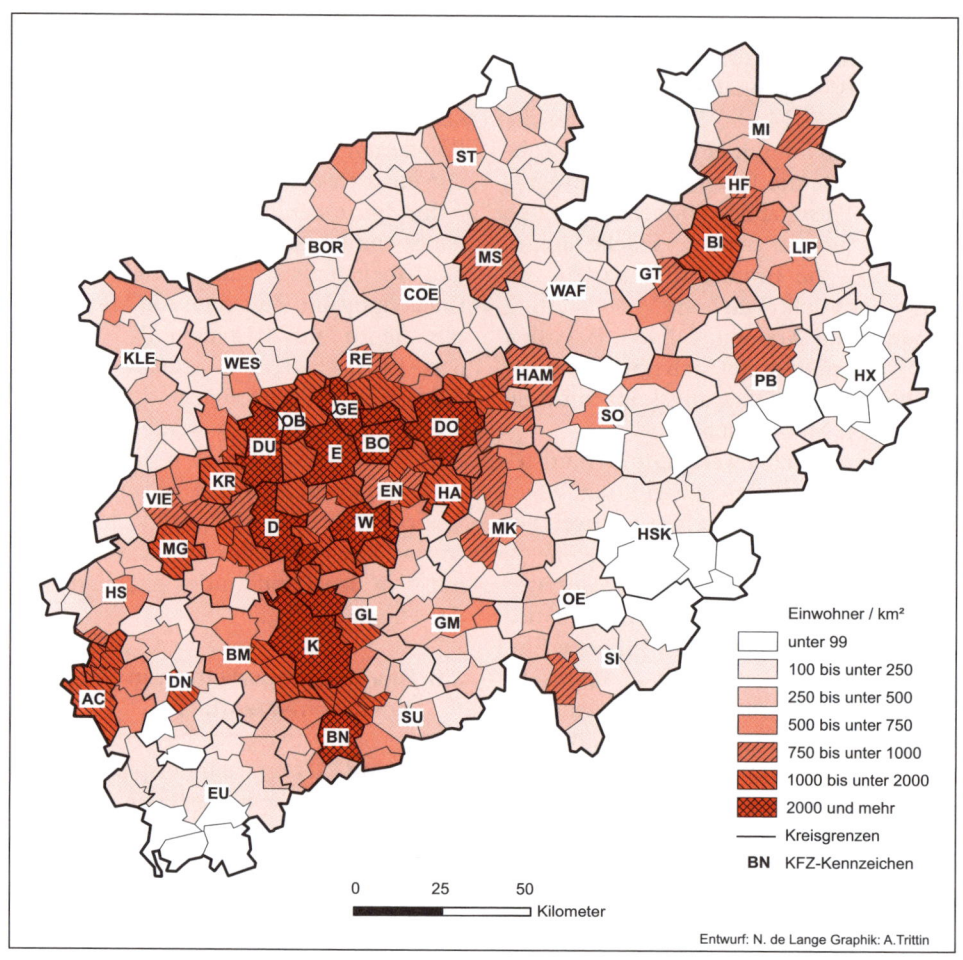

Abb. 3.09: Bevölkerungsdichte (Einw./km²) der Gemeinden Nordrhein-Westfalens Ende 2010 (Datenquelle: REGIONALSTATISTISCHER ONLINE-ATLAS NRW 2013)

für deutsche Städte genannt: Im Jahre 2010 war München mit 4.355 E/km² die am dichtesten besiedelte Großstadt in Deutschland vor Berlin mit 3.899, Herne 3.205, Stuttgart 2.925, Oberhausen 2.762 und Frankfurt a.M. 2.737. Hamburg als zweitgrößte bzw. Köln als viertgrößte deutsche Stadt besaßen nur eine Dichte von 2.366 bzw. 2.486 E/km² (Datenquelle: BUNDES-

INSTITUT FÜR BAU-, STADT- UND RAUMFORSCHUNG, INKAR 2012).

Obschon in der Abbildung 3.09 bereits große Unterschiede der Bevölkerungsdichte deutlich werden, verdeckt die räumliche Bezugsbasis die sehr starken Gegensätze auf Gemeindeebene. Tabelle 3.05 zeigt in einem Nord-Süd-Profil für die Gemeinden des mittleren Ruhrgebiets Extremwerte im

Kern des Verdichtungsraums und ein deutliches Kern-Rand-Gefälle. Ferner werden neben der Bevölkerungsdichte im Hinblick auf eine Operationalisierung von „Verdichtung" aussagekräftigere Indikatoren ausgewiesen. So benutzt die Bundesraumordnung zur Abgrenzung von Verdichtungsräumen in den alten Bundesländern die Siedlungsdichte (vgl. Kap. 3.2 u. Tab. 3.05)

und den Siedlungs- und Verkehrsflächenanteil einer Gemeinde, die Werte über 3.630 E/km² bzw. 11% aufweisen müssen (d.h. über dem Durchschnitt der alten Bundesländer liegen). Zudem muss der Verdichtungsraum in der Regel mehr als 150.000 Einwohner in einem zusammenhängenden Gebiet umfassen (vgl. BUNDESAMT FÜR BAUWESEN UND RAUMORDNUNG

Tab. 3.05: Dichtewerte für Städte im mittleren Ruhrgebiet (Nord-Süd-Profil, Stand 2010) (Datenquelle: REGIONALSTATISTISCHER ONLINE-ATLAS NRW 2013)

Kreis /Stadt	Bevölkerungs-dichte (Einw. je km²)	Siedlungs-dichte (Einw. je km²)	Siedlungs- u. Verkehrsflächenanteil in % der Gesamtfläche
Kreis Recklinghausen			
Castrop-Rauxel	1.459,5	2.771,3	52,7
Datteln	537,4	2.359,2	22,8
Dorsten	448,5	2.097,0	21,4
Gladbeck	2.095,8	3.332,9	62,9
Haltern am See	238,3	1.555,5	15,3
Herten	1.667,2	2.812,5	59,3
Marl	998,9	2.278,5	43,8
Oer-Erkenschwick	783,8	3.128,5	25,1
Recklinghausen	1.781,9	3.181,8	56,0
Waltrop	630,7	2.414,7	26,1
Bottrop	1.160,6	2.646,5	43,9
Gelsenkirchen	2.458,3	3.302,7	74,4
Herne	3.204,9	4.189,4	76,5
Bochum	2.572,6	3.644,7	70,6
Ennepe-Ruhr-Kreis			
Breckerfeld	157,9	1.841,8	8,6
Ennepetal	530,8	2.549,8	20,8
Gevelsberg	1.198,9	2.968,1	40,4
Hattingen	777,5	2.974,7	26,1
Herdecke	1.090,6	3.105,2	35,1
Schwelm	1.396,0	3.407,6	41,0
Sprockhövel	531,6	2.048,9	25,9
Wetter (Ruhr)	893,4	2.817,6	31,7
Witten	1.357,3	3.145,8	43,1

2000, S. 49 und Bundesinstitut für Bau-, Stadt- und Raumforschung 2013). Die angeführten Schwellenwerte werden in den Kernstädten des Ruhrgebiets bei weitem übertroffen. Im mittleren Ruhrgebiet wurden 2010 Spitzenwerte in den Städten Gladbeck, Gelsenkirchen, Bochum und Herne erreicht. Zwei Drittel der Gemeindefläche der Stadt Herne sind durch Siedlungs- und Verkehrsflächen versiegelt bzw. genutzt (vgl. Tab. 3.05). Vor diesem Hintergrund ist eine zentrale Aufgabe der Raumplanung, Grün-, Wasser- und Waldflächen sowie sonstige Freiflächen mit überörtlicher Bedeutung für die Erholung zu sichern und weiter zu entwickeln (vgl. insbesondere die in den 1970er Jahren realisierten Revierparks, die die Basis des Emscher Landschaftsparks bilden).

Weiterführende Literatur

Gans, P. u. A. Pott (2011): Bevölkerungsgeographie. In: Gebhardt, H. et al. (Hg.): Geographie. Physische Geographie und Humangeographie. 2. Aufl. Heidelberg: Spektrum Akademischer Verlag, S. 715-743

King, R. et al. (Hg.) (2010): The Atlas of Human Migration: Global Patterns of People on the Move. London: Earthscan

Institut für Länderkunde (Hg.) (2001): Nationalatlas der Bundesrepublik Deutschland. Bd. 4: Bevölkerung. Heidelberg/Berlin: Spektrum Akademischer Verlag, darin Abschnitt Bevölkerungsverteilung

4 Bevölkerungszusammensetzung

Abb. 4.01: Geburtstagsfeier auf einem Hof in Herzfeld (Kreis Soest, NRW) um 1928 (Foto privat de Lange)

Die Bevölkerung eines Landes oder einer Region ist nie homogen. Die Bevölkerungsgeographie untersucht daher unter einer raumbezogenen Perspektive die demographische Struktur einer Bevölkerung, d.h. ihre Zusammensetzung oder Differenzierung nach verschiedenen demographischen Merkmalen. Dazu werden üblicherweise unterschieden: Geschlecht, Alter, Familienstand und Haushaltszusammensetzung sowie weitere sozio-ökonomische Merkmale wie (Aus-)Bildung, Erwerbstätigkeit, Einkommen oder Religionszugehörigkeit. Während es für manche Länder sinnvoll erscheint, autochthone, also eingesessene ethnische Minderheiten von allochthonen, d.h. eingewanderten Minderheiten zu unterscheiden, gewinnen in Zeiten zunehmender internationaler Migrationsbewegungen für andere Länder Unterscheidungen wie Staatsangehörigkeit oder Migrationshintergrund an Bedeutung. Wenn nachfolgend ausgewählte demographische Merkmale einzeln vorgestellt werden, so ist zu beachten, dass zwischen diesen Merkmalen oft vielfältige Zusammenhänge und Abhängigkeiten bestehen.

4.1 Geschlecht

Das Verhältnis von weiblicher zu männlicher Bevölkerung wird als **Sexualproportion** bezeichnet. Als Maßzahl drückt die Sexualproportion das Verhältnis von Frauen zu Männern aus; quantifiziert wird die Anzahl weiblicher Personen auf je 100 bzw. 1000 Männer. Beträgt die Sexualproportion mehr als 100 (bzw. mehr als 1000), bedeutet dies einen Frauenüberschuss. Bei der Betrachtung der Sexualproportion verschiedener Staaten, einzelner Bevölkerungsteile eines Landes zu einem fixen Zeitpunkt oder auch über mehrere Jahre hinweg zeigen sich starke Unterschiede, die im Wesentlichen auf drei Faktoren zurückgeführt werden können:
- das Geschlechterverhältnis der Neugeborenen,
- die unterschiedlichen Sterblichkeitsraten der Geschlechter,
- die unterschiedlich stark ausgeprägte Wanderungsaktivität der Geschlechter.

Das Verhältnis von männlichen zu weiblichen Neugeborenen ist mit 1050-1080 Jungen- zu 1000 Mädchengeburten weltweit überall annähernd gleich.

Abweichungen resultieren z.B. aus der in Ostasien verbreiteten Präferenz männlicher Nachkommen (Sohnespräferenz, vorgeburtliche Geschlechtsdiagnose und Abtreibung von Mädchen). In der Volksrepublik China wurde dieser Effekt durch die staatliche Geburtsbeschränkung (Ein-Kind-Politik) noch verstärkt: 2011 wurden in China pro 1.000 Mädchen 1.177 Jungen geboren (NATIONAL BUREAU OF STATISTICS OF CHINA 2012; vgl. auch Kap. 7.3). „Die Auswirkungen einer ungleichen Sexualproportion sind vielfältig, spielen aber v.a. bei der Partnerwahl eine Rolle, wenn für mehr Männer weniger Frauen als potenzielle Partnerinnen auch im Hinblick auf eine Familiengründung in Frage kommen. Die chinesische Regierung hat dieses Problem der Geschlechterpräferenz erkannt und reagiert nun wieder mit öffentlichen Plakataktionen, die den Paaren nahe legen, ihren Kinderwunsch nicht nur auf männliche Nachkommen auszurichten" (ÖSTERREICHISCHES INSTITUT FÜR FAMILIENFORSCHUNG 2005).

Tab. 4.01: Sexualproportion verschiedener Bevölkerungsteile in der Bundesrepublik Deutschland (Stand 31.12.2010; außer Ausländer: 31.12.2011) (Datenquellen: STAT. BUNDESAMT, Stat. Jahrbuch 2012, Tabellen 2.1.1, 2.1.12 u. 2.3.2 sowie eigene Berechnungen)

Gesamtbevölkerung	1037
Ausländer gesamt	954
darunter aus	
Türkei	916
Italien	697
Griechenland	836
Polen	991
Kroatien	1055
Russ. Föderation	1647
ehem. Serbien u. Montenegro	907
Geburtsjahrgang 2010	1050
Sexualprop. der unter 15-Jährigen	950
Sexualprop. der über 65-Jährigen	1339
Sexualprop. der über 80-Jährigen	2035

In den meisten Ländern steigt die Sexualproportion bei den Jahrgängen zunehmenden Alters stark an, so auch in Deutschland (vgl. Tab. 4.01). Dieser Anstieg ist auf die im Allgemeinen höhere Mortalität von Männern zurückzuführen. Aufgrund der sehr niedrigen Lebenserwartung von Männern im Vergleich zu Frauen besteht z.B. in den Ländern der ehemaligen Sowjetunion ein gravierender Frauenüberschuss. In manchen Ländern des globalen Südens bringt die höhere Frauensterblichkeit (aufgrund körperlicher Überbeanspruchung und hoher Geburtenzahlen) dagegen einen deutlichen Rückgang des Frauenanteils und damit eine Sexualproportion von unter 1000 mit sich (vgl. Tab. 4.02). Die Sexualproportion eines Landes kann auch durch ein unterschiedliches Wanderungsverhalten beeinflusst werden: Saudi-Arabien, z.B., hat seit den 1970er Jahren mit seinen Arbeitsplätzen in der Industrie v.a. männliche Zuwanderer angezogen.

Im zeitlichen Verlauf weist die Sexualproportion häufig deutliche Schwankungen auf. Diese können beispielsweise auf Kriege und damit einhergehend auf einen überproportionalen Anteil gefallener Männer oder auf erhebliche Veränderungen der Sterblichkeit zurückzuführen sein. So ist das in Tabelle 4.03 zu erkennende Absinken der Sexualproportion in den Jahren vor 1910 primär auf einen stärkeren Rückgang der männlichen Säuglingssterblichkeit im Deutschen Reich zurückzuführen. Nach den Weltkriegen bestand in Deutschland dagegen ein deutlicher Frauenüberschuss (vgl. auch Abb. 4.05).

Tab. 4.02: Sexualproportion (Anzahl Frauen auf 1000 Männer) ausgewählter Länder (Datenquelle : UN DESA, Demographic Yearbook 2011, Tabelle 3 und eigene Berechnungen)

Land (letzter Zensus)			
Saudi-Arabien (2010)	755	Senegal (2002)	1.045
Somalia (1987)	901	Mexiko (2010)	1.048
Bhutan (2005)	903	Ghana (2010).	1.053
Pakistan (1998)	925	Argentinien (2010)	1.055
Indien (2011)	940	Japan (2010)	1.055
China (2010)	951	Kambodscha (2008)	1.056
Ägypten (2006)	956	Dem. Rep. Kongo (1984)	1.057
Syrien (2004)	956	Vereinigt. Königreich (2001)	1.057
Algerien (2008)	977	Simbabwe (2002)	1.064
Äthiopien (2007)	982	Österreich (2001)	1.065
Dominikanische Republik (2010)	993	Polen (2002)	1.065
Bangladesch (2011)	997	Botswana (2001)	1.066
Niger (2001)	1.005	Frankreich (2006)	1.066
Zentralafrikanische Republik (2003)	1.008	Uruguay (2004)	1.070
Südkorea (2010)	1.010	Burkina Faso (2006).	1.075
Ecuador (2010)	1.018	Kasachstan (2009)	1.076
Niederlande (2002)	1.020	Mosambik (2007)	1.078
USA (2010)	1.034	Puerto Rico (2010)	1.087
Finnland (2010)	1.037	Portugal (2011)	1.092
Thailand (2010)	1.039	Ruanda (2002)	1.095
Sambia (2010)	1.040	El Salvador (2007)	1.112
Spanien (2001)	1.041	Georgien (2002)	1.125
Brasilien (2010)	1.042	Weißrussland (2009)	1.150
Belgien (2001)	1.045	Ukraine (2001)	1.162

Tab. 4.03: Veränderung der Sexualproportion der Gesamtbevölkerung in Deutschland seit 1871 (Datenquelle: FLASKÄMPER 1962, S. 149; STAT. BUNDESAMT, Stat. Jahrbuch 1987, S. 62; 2007, S. 42; 2012 Tabelle 2.12)

Deutsches Reich	
Jahr	**Sexualproportion**
1871	1037
1880	1039
1890	1040
1900	1032
1910	1028
1919	1093
1925	1071
1933	1058
1939	1044
BRD (nur alte Bundesländer)	
Jahr	**Sexualproportion**
1939	1034
1946	1229
1950	1142
1956	1133
1961	1127
1966	1105
1970	1101
1985	1090
BRD (alte und neue Bundesländer)	
Jahr	**Sexualproportion**
2000	1048
2005	1044
2010	1037

Auch regional schwank die Sexualproportion: „In Deutschland sind bei jungen Erwachsenen regional auffällige Frauen- bzw. Männerüberschüsse zu beobachten. Diese beruhen im Wesentlichen auf geschlechtsspezifischen Unterschieden im Wanderungsverhalten. Insbesondere im ländlichen Raum der neuen Länder ist ein erheblicher Frauenmangel bei den 20- bis 34-Jährigen erkennbar, der auf die starke Ab- und geringe Zuwanderung junger Frauen zurückzuführen ist" (LEIBERT/ WIEST 2011).

4.2 Alter

Der **Altersaufbau einer Bevölkerung** zu einem bestimmten Zeitpunkt spiegelt vergangene demographische Prozesse (Geburten, Sterbefälle, Wanderungen) wider. Aus dem Altersaufbau einer Bevölkerung können aber auch Konsequenzen für die zukünftige Bevölkerungsentwicklung abgelesen werden: So beeinflusst die Zusammensetzung der Bevölkerung nach dem Alter die zukünftigen Geburten- und Sterberaten und bestimmt somit das Ausmaß des zukünftigen Bevölkerungswachstums. Am anschaulichsten wird die Altersstruktur in Form einer so genannten **Alterspyramide** dargestellt. In dieser Darstellungsform lässt sich neben dem Altersaufbau einer Bevölkerung auch die Aufteilung einzelner Altersgruppen nach Geschlechtern graphisch ausdrücken.

4.2.1 Typen von Alterspyramiden

Es lassen sich sechs **Grundtypen der Alterspyramide** unterscheiden, die jeweils andere demographische Prozesse veranschaulichen (vgl. Abb. 4.02):
• Typ A **Dreiecksform** (gleichschenkliges Dreieck): Resultat von über längere Zeit konstant hohen Geburtenraten und fast gleich hohen Sterberaten; Zuspitzung der Pyramide aufgrund der mit zunehmenden Alter steigenden Sterblichkeit und einer geringen Ausgangsbevölkerung der älteren Altersklassen; geringe Bevölkerungszunahme.

- Typ B **Pyramidenform** (mit verbreiterter Basis und geschwungenen Seiten): Fertilität und Mortalität prinzipiell analog zu Typ A. Stetig sinkende Säuglings- und Kindersterblichkeit sowie niedrige Sterblichkeit der gebärfähigen Frauen bei gleich bleibender Fruchtbarkeit bedingen, dass jeder neue Geburtsjahrgang größer ist als der vorhergehende; hohe Geburtenüberschüsse und rasches Bevölkerungswachstum (Verbreitern der Pyramide).
- Typ C **Bienenkorbform**: lange Zeit gleich bleibende niedrige Geburten- und Sterberaten sowie hohe Lebenserwartung; schnelle Zunahme der Sterblichkeit erst bei den Jahrgängen höheren Alters und somit relativ späte Zuspitzung; annäherndes Gleichbleiben der Bevölkerung (stationäre Bevölkerung).
- Typ D **Glockenform**: stationäre Bevölkerung beginnt wieder zu wachsen; Ansteigen der Geburtenzahlen bei gleich bleibend niedriger Sterblichkeit.
- Typ E **Urnenform**: über lange Zeit schrumpfende Bevölkerung; bei hoher Lebenserwartung laufend abnehmende Geburtenzahlen.
- Typ F **Tropfenform**: abrupt einsetzender Rückgang der Geburten.

Der Altersaufbau der Bevölkerung einiger Länder lässt sich eindeutig einer dieser **idealtypischen Grundformen** zuordnen. So entspricht der Altersaufbau der Bevölkerung der Länder Ghana und Niger beispielsweise recht eindeutig dem Typ B (Pyramidenform). Für die Industrieländer ist allgemein ein Übergang von der Bienenkorb- zur Urnenform charakteristisch. Allerdings gibt es durchaus auch Länder, deren Bevölkerung eine Altersstruktur aufweist, die deutlich von den beschriebenen Grundtypen der Alterspyramiden abweicht. Insbesondere können sich gravierende politische oder

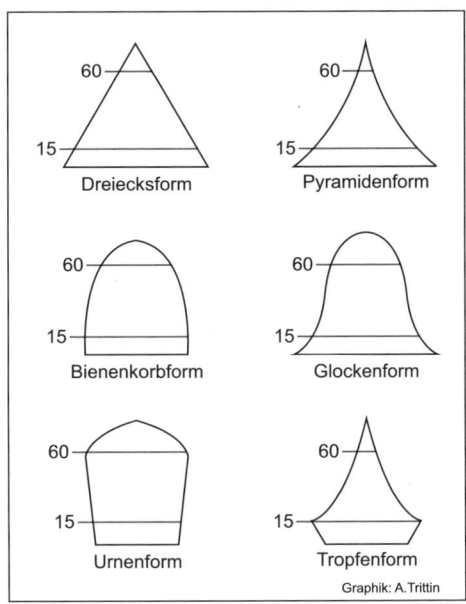

Abb. 4.02: Typen von Alterspyramiden (nach KULS/KEMPER 1993, S. 64)

sozio-ökonomische Einschnitte sowie generell Krisen deutlich im Altersaufbau abbilden und daher zu ausgeprägten Unterschieden zu den Grundtypen führen. So weicht beispielsweise der Altersaufbau von Simbabwe (vgl. Abb. 4.03) erheblich von den beschriebenen Grundtypen ab. Die hohe AIDS-Sterblichkeit führt in diesem Land zu einem starken Rückgang der mittleren, insbesondere männlichen Altersgruppen. Ebenso kann der heutige Altersaufbau der BRD aufgrund der Weltkriege kaum einem der angeführten Grundtypen zugeordnet werden (vgl. Abb. 4.06).

Generell sind altersstrukturelle Veränderungen in aller Regel auf langsamere, längerfristig wirksame demographische Prozesse zurückzuführen (v.a. Veränderung von Fertilität und Mortalität, vgl. Kap. 5.2 u. 5.3). Abgesehen von schnell

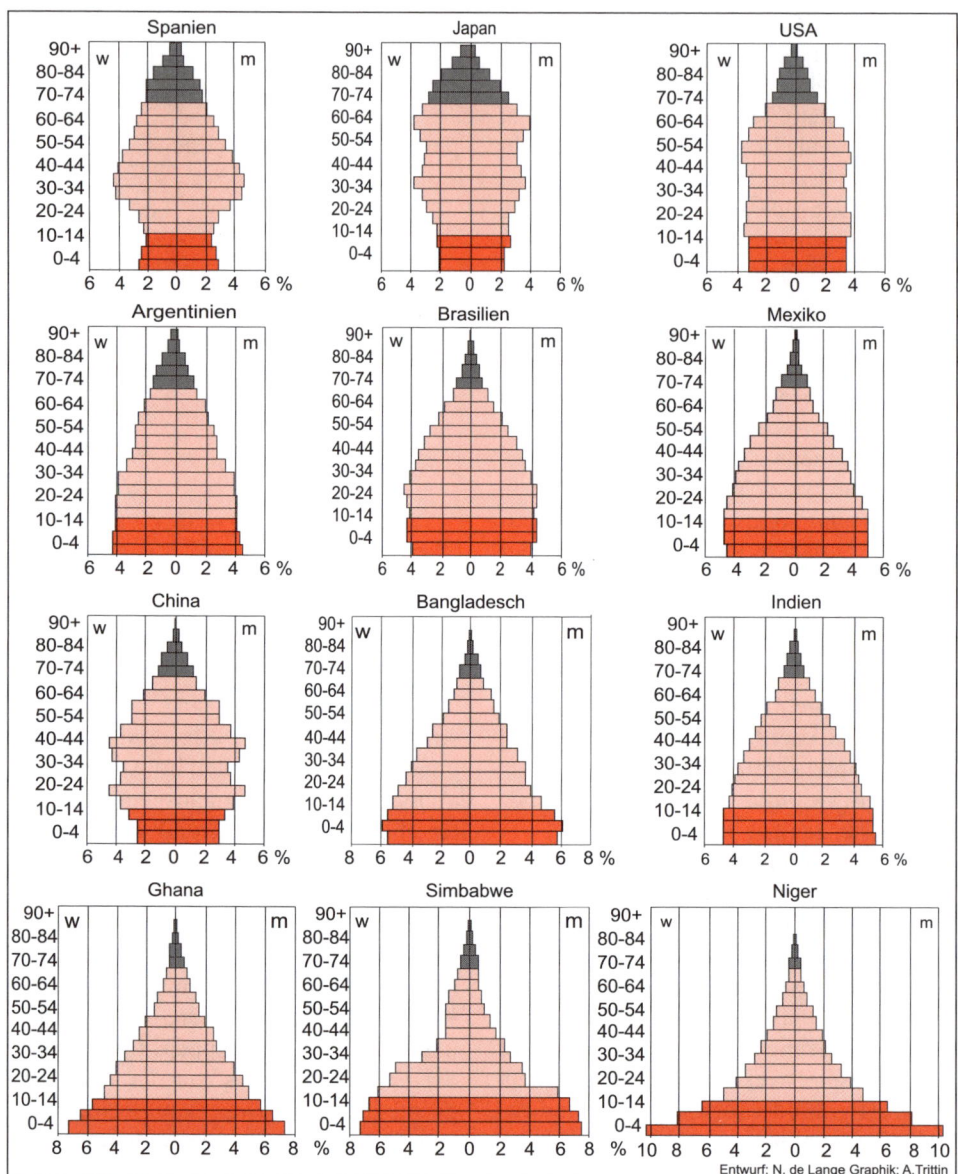

Abb. 4.03: Alterspyramiden ausgewählter Länder 2010 (Datenquelle: US Census Bureau 2013)

und abrupt einsetzenden Ereignissen mit erheblichen Auswirkungen wie z.B. Kriege, Vertreibungen oder Agrarkrisen verändert sich die Altersstruktur nur allmählich. Derzeitige Veränderungen der Fertilität oder der Mortalität wirken sich nur langsam aus und verändern nur verzögert die Größe der nachwachsenden Generationen und das Aussehen der zukünftigen Alterspyramide. Der Altersaufbau einer Bevölkerung besitzt eine so genannte **demographische Trägheit**. Insbesondere können an Alterspyramiden häufig so genannte **Echoeffekte** abgelesen werden. Sobald bevölkerungsstarke Jahrgänge, d.h. eine so genannte Babyboom-Generation, in ein reproduktionsfähiges Alter kommen, führt dies zu bevölkerungsstarken Nachfolgegenerationen – ein Effekt, der seinerseits durch Fertilitätsrückgänge überlagert sein kann. Beispiele finden sich im Altersaufbau von Japan 2010 (vgl. die 60- bis 64-Jähringen und die 30- bis 34-Jährigen) und sehr abgeschwächt in dem von Spanien (vgl. Abb. 4.03). Entsprechend resultieren Geburtentiefs ca. 25 bis 30 Jahre später in vergleichsweise schmalen Altersgruppen (vgl. Altersaufbau der Bevölkerung Deutschlands in Abb. 4.06).

Veränderungen und Abweichungen von den Grundtypen können sich auch in Folge von internationalen Wanderungsvorgängen ergeben. Während Einwanderer oft jünger als die aufnehmende Bevölkerung sind und die entsprechenden Kohorten im Zielland der Migration vergrößern, weisen Auswanderungsgebiete oft eine merkliche Schrumpfung in den Auswanderer-Jahrgängen auf. Geschlechtsspezifische Wanderungsformen schlagen sich in den entsprechenden Altersgruppen in einer Veränderung der Bevölkerungsverteilung nach Geschlechtern nieder. Außerdem resultieren aus Wanderungsprozessen junger Be-

völkerungsgruppen häufig gewisse **Geburtenausfälle im Auswanderungsland** sowie **Geburtenzuwächse im Einwanderungsland**, in dem die Kinder der Aus-/ Einwanderer geboren werden oder aufwachsen.

4.2.2 Kennziffern zum Altersaufbau

Um den Altersaufbau einer Bevölkerung möglichst treffend charakterisieren zu können, wurden spezifische Kennziffern entwickelt. Dabei werden u.a. die Jahrgangsgruppen der Jungen (J), Erwerbstätigen (E) und Alten (A) zueinander oder in Bezug auf die Gesamtbevölkerung ins Verhältnis gesetzt.

Schwierigkeiten ergeben sich bei der **Abgrenzung dieser Altersgruppen**, da Beginn und Ende der Erwerbstätigkeit nicht in allen Gesellschaften gleich liegen. Während z.B. die Ausbildungszeit in den Industrieländern weit über die Altersgrenze von 14 Jahren hinausreicht, liegt sie in den Entwicklungsländern nicht selten darunter. Das de facto-Renteneintrittsalter wäre in Deutschland heute im Mittel schon bei etwa 63 Jahren anzusetzen, wobei die gesetzliche Altersgrenze für die Regelaltersrente (bei Männern 65 und bei Frauen 63 Jahre) seit 2012 schrittweise auf 67 Jahre angehoben wird. Für internationale Vergleiche besteht jedoch wegen der statistischen Datenlage vielfach nur die Möglichkeit, die Gruppen 0-14 oder 0-18 Jahre (J), 15-64 oder 19-64 Jahre (E) sowie 65 Jahre und älter (A) abzugrenzen.

Die **Erwerbsbevölkerungsquote** $(\frac{E}{B})$ erfasst den Anteil der Jahrgänge an der Gesamtbevölkerung (B), aus denen die Erwerbstätigen im Allgemeinen kommen (also nicht den Anteil der tatsächlich Erwerbstätigen an der Gesamtbevölkerung).

Der **Abhängigkeitsindex** $[\frac{J+A}{E} \times 100]$ drückt annäherungsweise das Verhältnis zwischen der nicht erwerbstätigen Bevölkerung und der Bevölkerung im erwerbsfähigen Alter aus. Dieser **demographische Lastenquotient** deutet zwar die Herausforderungen der erwerbsfähigen Generation an, er kann sie aber letztlich nicht exakt quantifizieren, da wichtige Faktoren wie Arbeitslosigkeit oder Erwerbs- und Einkommensstrukturen nicht einfließen. Dieser Index kann zur genaueren Charakterisierung zweier Teilgruppen in zwei Indizes zerlegt werden:

Der **Altenquotient** $[\frac{A}{E} \times 100]$ bezeichnet das statistische Verhältnis von Personen im Renten- bzw. nicht mehr erwerbsfähigen Alter zu jenen im erwerbsfähigen Alter – also z.B. das Verhältnis der über 65-Jährigen zu den 19- bis unter 65-Jährigen.

Im **Jugendquotient** (bzw. eigentlich Kinder- und Jugendquotient) $[\frac{J}{E} \times 100]$ drückt sich das statistische Verhältnis der jüngeren, noch nicht erwerbsfähigen Bevölkerung zur Bevölkerung im erwerbsfähigen Alter aus.

Der **Altersindex** $[\frac{A}{J} \times 100]$ setzt die Zahl der alten zu derjenigen junger Menschen in Beziehung.

Das **Medianalter** ist ein Mittelwert und gibt dasjenige Alter an, das die Gesamtbevölkerung in zwei gleich große Gruppen trennt, d.h. 50% der Bevölkerung sind jünger und 50% sind älter als das Medianalter. Das Medianalter darf aber nicht mit dem Durchschnittsalter einer Bevölkerung, dem arithmetischen Mittel, verwechselt werden. So ist der Median generell zur Beschreibung dann besser geeignet, wenn eine sehr schiefe Häufigkeitsverteilung vorliegt bzw. die (Alters-)Klassen sehr ungleichmäßig besetzt sind (vgl. auch Abb. 4.06).

Die angeführten Kennziffern (vgl. Tab. 4.04) können Auskunft über einen bestimmten Zustand der Altersstruktur einer Bevölkerung geben. Allerdings müssen zur Beschreibung der Altersstruktur eines Landes in der Regel mehrere Indizes herangezogen werden. So kann ein Altenquotient von 38 sowohl das Verhältnis von 19 zu 50 als auch das Verhältnis von 15 zu 40 ausdrücken, also trotz unterschiedlich strukturierter Bevölkerung gleich groß sein.

Neben dem Anteil der über 60-Jährigen und dem Durchschnittsalter wird auch der Altersindex benutzt, um die so genannte Überalterung einer Bevölkerung aufzuzeigen. Nach dem Vorschlag von VEYRET-VERNER gilt eine Bevölkerung dann als „überaltert", wenn der Anteil der über 60-Jährigen über 15%, das Durchschnittsalter über 35 Jahre oder der Altersindex (hier: Quotient der über 60-Jährigen und der unter 20-Jährigen) über 0,4 liegt (vgl. VEYRET-VERNER 1971, insbesondere zur Kritik hinsichtlich der Aussagekraft von Indizes). Allerdings ist die Angabe von Schwellenwerten auch kritisch zu sehen, da die Bedeutung von Altersgrenzen vom sozio-kulturellen Kontext abhängt. So galten vielleicht Ende der 1960er Jahre in einem Industrieland wie Frankreich Personen über 60 Jahre als „alt", vor dem Hintergrund der gestiegenen Lebenserwartung ist dies inzwischen aber wohl kaum noch der Fall.

Die Indizes erlauben aber kaum Aussagen über die Ursachen, die zum Altersaufbau eines Landes führen. So reichen diese Indizes z.B. nicht zur genauen Analyse einer Überalterung aus, die durch einen Rückgang der Fruchtbarkeit, durch Zunahme der Lebenserwartung oder durch Abwanderung der mittleren Altersklassen (oder durch Kombination dieser Prozesse) ausgelöst sein kann. Auch die implizierte negative Wertung der Überalterung einer Bevölkerung bedarf jeweils vor dem Hin-

Tab. 4.04: Kennziffern zum Altersaufbau ausgewählter Länder um 2010 (Datenquelle: POP. REFERENCE BUREAU, 2012 World Population Data Sheet)

	J	E	A	L	AQ
Afrika					
Ägypten	32	64	4	56	6
Libyen	31	65	4	54	6
Marokko	28	66	6	52	9
Sudan	41	56	3	79	5
Ghana	39	57	4	75	7
Liberia	43	54	3	85	6
Nigeria	44	53	3	89	6
Äthiopien	41	56	3	79	5
Burundi	46	52	2	92	4
Sambia	46	51	3	96	6
Mosambik	45	52	3	92	6
Uganda	48	49	3	104	6
Simbabwe	43	53	4	89	8
Kamerun	43	53	4	89	8
Gabun	36	60	4	67	7
Namibia	36	60	4	67	7
Südafrika	31	64	5	56	8
Asien					
Georgien	17	69	14	45	20
Jordanien	37	60	3	67	5
Saudi Arab.	30	67	3	49	4
Syrien	36	60	4	67	7
Türkei	26	67	7	49	10
Afghanistan	46	52	2	92	4
Bangladesch	31	64	5	56	8
Indien	31	64	5	56	8
Iran	24	71	5	41	7
Kasachstan	25	68	7	47	10
Nepal	36	60	4	67	7
Pakistan	35	61	4	64	7
Sri Lanka	25	67	8	49	12
Myanmar	28	67	5	49	7
Indonesien	27	67	6	49	9
Malaysia	27	68	5	47	7
Philippinen	35	61	4	64	7
Thailand	21	70	9	43	13
Vietnam	24	69	7	45	10
China	16	75	9	33	12
Japan	13	63	24	59	38
Südkorea	16	73	11	37	15

	J	E	A	L	AQ
Amerika					
Kanada	16	70	14	43	20
USA	20	67	13	49	19
Mexiko	29	65	6	54	9
Kuba	17	70	13	43	19
Brasilien	24	69	7	45	10
Kolumbien	29	65	6	54	9
Ecuador	30	64	6	56	9
Peru	30	64	6	56	9
Venezuela	29	65	6	54	9
Argentinien	25	65	10	54	15
Chile	23	68	9	47	13
Europa					
Großbritann.	18	65	17	54	26
Frankreich	19	64	17	56	27
Deutschland	13	66	21	52	32
Niederlande	17	67	16	49	24
Tschechien	14	71	15	41	21
Slowakei	15	72	13	39	18
Ungarn	15	68	17	47	25
Polen	15	71	14	41	20
Rumänien	15	70	15	43	21
Griechenl.	14	67	19	49	28
Italien	14	65	21	54	32
Portugal	15	66	19	52	29
Spanien	15	68	17	47	25
Serbien	20	65	15	54	23
Russland	15	72	13	39	18
Australien/Ozeanien					
Australien	19	67	14	49	21
Neuseeland	20	66	14	52	21

J = Anteil der unter 15-Jährigen in % der Gesamtbevölkerung

E = Anteil der 15- bis unter 65-Jährigen in % der Gesamtbevölkerung

A = Anteil der 65-Jährigen und älteren in % der Gesamtbevölkerung

L = Abhängigkeitsindex
= [(J+A)/ E] x 100

AQ = Altenquotient = [A / E] x 100

tergrund der sozio-ökonomischen Gesell-
schaftsstruktur eines Landes einer diffe-
renzierten Analyse.

4.2.3 Grundzüge der globalen Altersdifferenzierung

Bezüglich des Altersaufbaus bestehen zwischen Industrieländern und Ländern des
globalen Südens oftmals deutliche Unterschiede. Ein Vergleich der Alterspyramiden (vgl. Abb. 4.03), eine Betrachtung der
Kennziffern in Tabelle 4.03 sowie eine
weltweit vergleichende Analyse des Anteils der unter 15-Jährigen an der Bevölkerung eines Landes (vgl. Abb. 4.04) und des
Anteils der über 65-Jährigen (vgl. Abb.
4.05) spiegeln diese Gegensätze wider:

V.a. aufgrund des Rückgangs der Fertilität (vgl. Kap. 5.2, 7.1 u. 7.2) ist der Anteil
der Kinder unter 15 Jahren in den Industrieländern relativ klein (vgl. Europa, Nordamerika, Australien, aber auch China). In
Europa waren um 2010 durchschnittlich

nur ca. 16% der Bevölkerung jünger als 15
Jahre. Im Vergleich dazu betrug der Anteil
dieser Gruppe an der Gesamtbevölkerung
in den Ländern Burundi (46%), Dem. Rep.
Kongo (46%), Malawi (46%), Sambia
(46%), Tschad (46%), Mali (47%), Angola (48%), Uganda (48%) und Niger (52%)
über 45%. Die afrikanischen Länder und
einige andere Staaten wie Guatemala oder
Afghanistan zeichnen sich durch eine sehr
junge Bevölkerung aus. Ist ein großer Teil
der Bevölkerung noch nicht oder nicht
mehr im erwerbsfähigen Alter (d.h. unter
15 bzw. über 65 Jahre), kann dies große
Herausforderungen für die jeweiligen
Volkswirtschaften bedeuten (u.a. Aufkom-
men der erwerbsfähigen Bevölkerung für
den „nicht-produktiven" Teil der Bevölkerung im Hinblick v.a. auf Ernährung, Ausbildung oder Altersversorgung). Dies
drückt sich in hohen Werten des Abhängig-
keitsindexes aus (vgl. Tab. 4.04). In Afrika
kommen derzeit (um 2010) 19 Personen
im Alter zwischen 15 und 65 Jahren auf

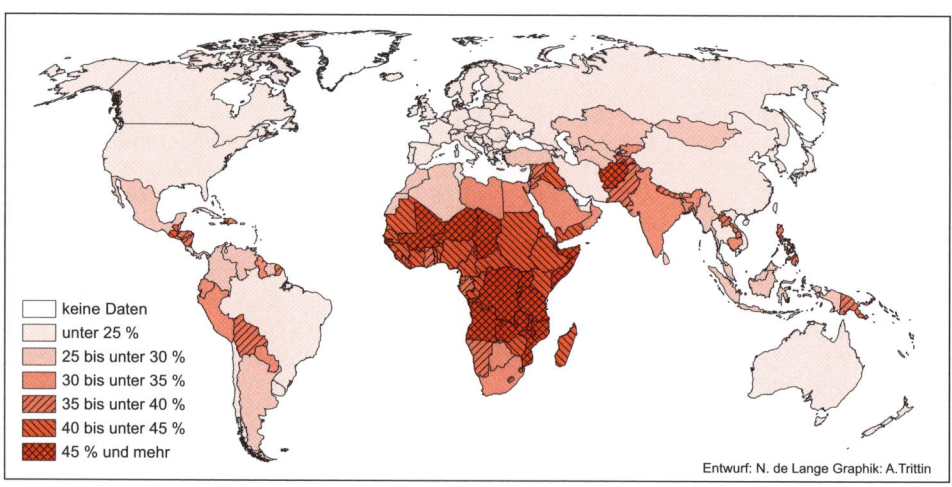

keine Daten
unter 25 %
25 bis unter 30 %
30 bis unter 35 %
35 bis unter 40 %
40 bis unter 45 %
45 % und mehr

Entwurf: N. de Lange Graphik: A.Trittin

Abb. 4.04: Anteil der Bevölkerung unter 15 Jahre in den Staaten der Erde um 2010 (Datenquelle: POP. REFERENCE BUREAU, 2012 World Population Data Sheet)

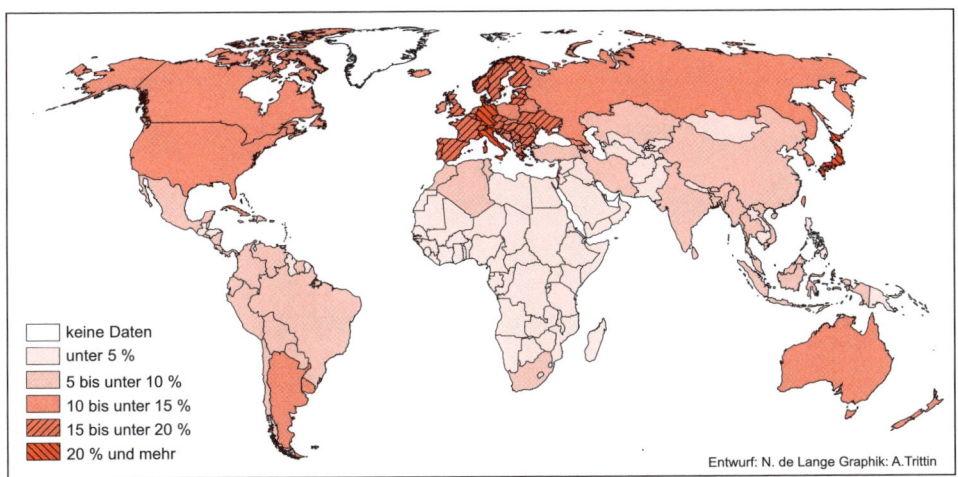

Abb. 4.05: Anteil der Bevölkerung über 65 Jahre in den Staaten der Erde um 2010 (Datenquelle: Pop. Reference Bureau, 2012 World Population Data Sheet)

einen älteren, über 65-jährigen Menschen, wohingegen es in den Industrieländern durchschnittlich nur 4 Personen im erwerbsfähigen Alter sind (Zahlenangaben nach Pop. Reference Bureau, 2012 World Population Data Sheet).

4.2.4 Altersaufbau der Bevölkerung in Deutschland

An der Alterspyramide einer Bevölkerung können beinahe sämtliche Einflüsse der demographischen Geschichte abgelesen werden, d.h. das Zusammenwirken von Mortalität und Fertilität sowie von Zu- und Abwanderung vor dem Hintergrund vergangener wirtschaftlicher und sozialer Ereignisse. Zur Veranschaulichung soll im Folgenden beispielhaft der Altersaufbau der Bevölkerung in Deutschland Ende 2010 analysiert werden (vgl. Abb. 4.06):

An der Spitze der Alterspyramide ist ein erster Einschnitt gerade noch auszumachen. Er ist das Resultat einer geringen Zahl von Geburten während der Zeit des Ersten Weltkriegs.

Einschneidende politische und wirtschaftliche Umbrüche haben sich in den Jahren nach dem Ersten Weltkrieg ebenfalls negativ auf die Fertilität ausgewirkt, beispielsweise zur Zeit der Weltwirtschaftskrise (um 1932) und dem Ende des Zweiten Weltkriegs.

Sehr deutlich ist auch ein **erster Babyboom** in der zweiten Hälfte der 1930er Jahre zu erkennen (Jahrgänge der 70- bis 75-Jährigen in 2010). Dieser lässt sich zum einen mit dem Nachholen von Geburten nach der Weltwirtschaftskrise und zum anderen mit der pronatalistischen Bevölkerungspolitik des NS-Regimes erklären. Ein **weiterer Babyboom** setzte in der zweiten Hälfte der 1950er Jahre (mit Höhepunkt Anfang der 1960er Jahre) ein: Das Wirtschaftswunder in Westdeutschland und die Aufbruchstimmung in der damaligen DDR schufen wirtschaftliche und soziale Rahmenbedingungen, die neben hohen Hei-

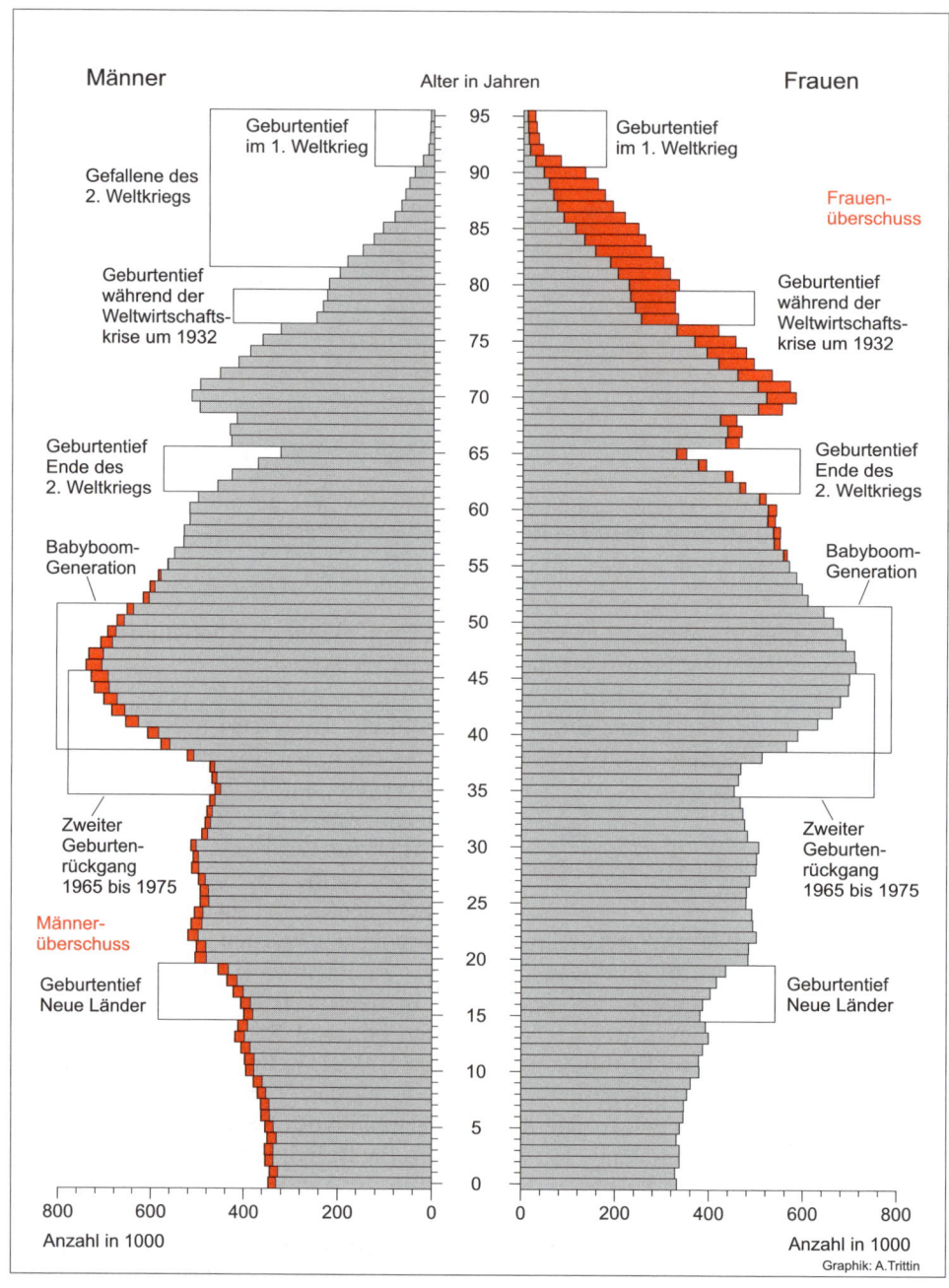

Abb. 4.06: Altersaufbau der Bevölkerung in Deutschland am 31.12.2010 (Quelle: verändert nach BUNDESINSTITUT FÜR BEVÖLKERUNGSFORSCHUNG 2013A)

ratszahlen auch eine signifikante Zunahme der Fertilität mit sich brachten (vgl. Kap. 5.2.3 u. 7.4.1).

Die deutliche Ausbuchtung der Alterspyramide zwischen dem 40. und 55. Altersjahr – in anderen Worten: der große Umfang dieser Kohorten – wird die sozialen Sicherungssysteme in den kommenden Jahren vor große Herausforderungen stellen: Ab 2020 tritt die so genannte „Babyboom-Generation" in das Rentenalter ein.

Mitte der 1960er Jahre setzte in Bezug auf die Fertilität in beiden Teilen Deutschlands ein gegenläufiger Trend ein, die Geburtenzahlen gingen nun stark zurück. Diese Entwicklung resultiert weniger aus veränderten politischen oder ökonomischen Rahmenbedingungen als aus einem gesellschaftlichen Wertewandel und der effektiveren Verhütung durch die Erfindung und Nutzung der Anti-Babypille.

Der kurzfristige Wiederanstieg der Geburten, zu erkennen an der leichten Ausbuchtung der Altersgruppen zwischen 20 und 25 Jahren, kann auf den so genannten **Echoeffekt der Babyboom-Generation nach 1955** zurückgeführt werden. Ein weiterer Auslöser im Gebiet der früheren DDR war die geburtenfördernde Familienpolitik der damaligen politischen Führung. Nach der deutschen Wiedervereinigung erreichte die Geburtenzahl in den neuen Bundesländern den bisherigen Tiefststand, der den Umfang der Altersjahrgänge 15 bis 20, d.h. die Geburtenjahrgänge 1990 bis 1996, erheblich reduzierte. Nachfolgend stiegen die Geburtenzahlen kurzfristig wieder leicht an, erreichten aber bei Weitem nicht mehr das Geburtenniveau der 1960er oder auch nur das der 1970er Jahre.

Generell lässt sich an der Alterspyramide ablesen, dass die Geburtsjahrgänge seit dem Ende der Babyboom-Zeit immer kleiner werden. Heute wird eine Elterngenera-

tion nur zu zwei Dritteln durch Nachgeborene ersetzt. Außerdem sind im Altersaufbau der leichte Männer- (etwa bis zum 50. Lebensjahr) und zum anderen der hohe Frauenüberschuss (in den Altersjahren ab etwa 65) auffällig. Der Männerüberschuss lässt sich mit dem Geburtenüberschuss der Jungen im Vergleich zu Mädchen erklären (vgl. Kap. 4.1). Die mit zunehmendem Alter ebenfalls zunehmende Sterblichkeit der männlichen Bevölkerung (niedrigere Lebenserwartung) führt generell zu einem Frauenüberschuss. Der deutlich höhere Anteil älterer Frauen in Deutschland ist aber v.a. darauf zurückzuführen, dass viele Männer während des Zweiten Weltkriegs gefallen sind.

Die skizzierten Einflüsse sind auch zu erkennen, wenn man die Alterspyramiden aus verschiedenen Jahren miteinander vergleicht (vgl. Abb. 4.07). Dieser Vergleich verdeutlicht v.a. den Prozess der **Alterung**. Die Daten für die Jahre ab 2020 entstammen der 12. koordinierten Bevölkerungsvorausberechnung (vgl. Abb. 4.07 u. 4.08, vgl. Kap. 7.4.6), die eine Ober- und Untergrenze der mittleren Bevölkerung abbildet. Die beiden Varianten grenzen einen Bereich ab, in dem sich die Bevölkerungsgröße und der Altersaufbau entwickeln werden. Ausgegangen wird von einer annähernd konstanten Geburtenzahl von durchschnittlich 1,4 Kindern je Frau und einer bis 2060 bei Jungen um 8 und bei Mädchen um 7 Jahre steigenden Lebenserwartung bei Geburt. Bei der Untergrenze der mittleren Bevölkerung wird ein Wanderungssaldo von 100.000 Personen pro Jahr ab 2014 angenommen, die Obergrenze der mittleren Bevölkerung geht von einem Wanderungssaldo von 200.000 Personen pro Jahr ab 2020 aus (vgl. STAT. BUNDESAMT 2009A, vgl. Kap. 7.4.5 u. Tab. 7.04).

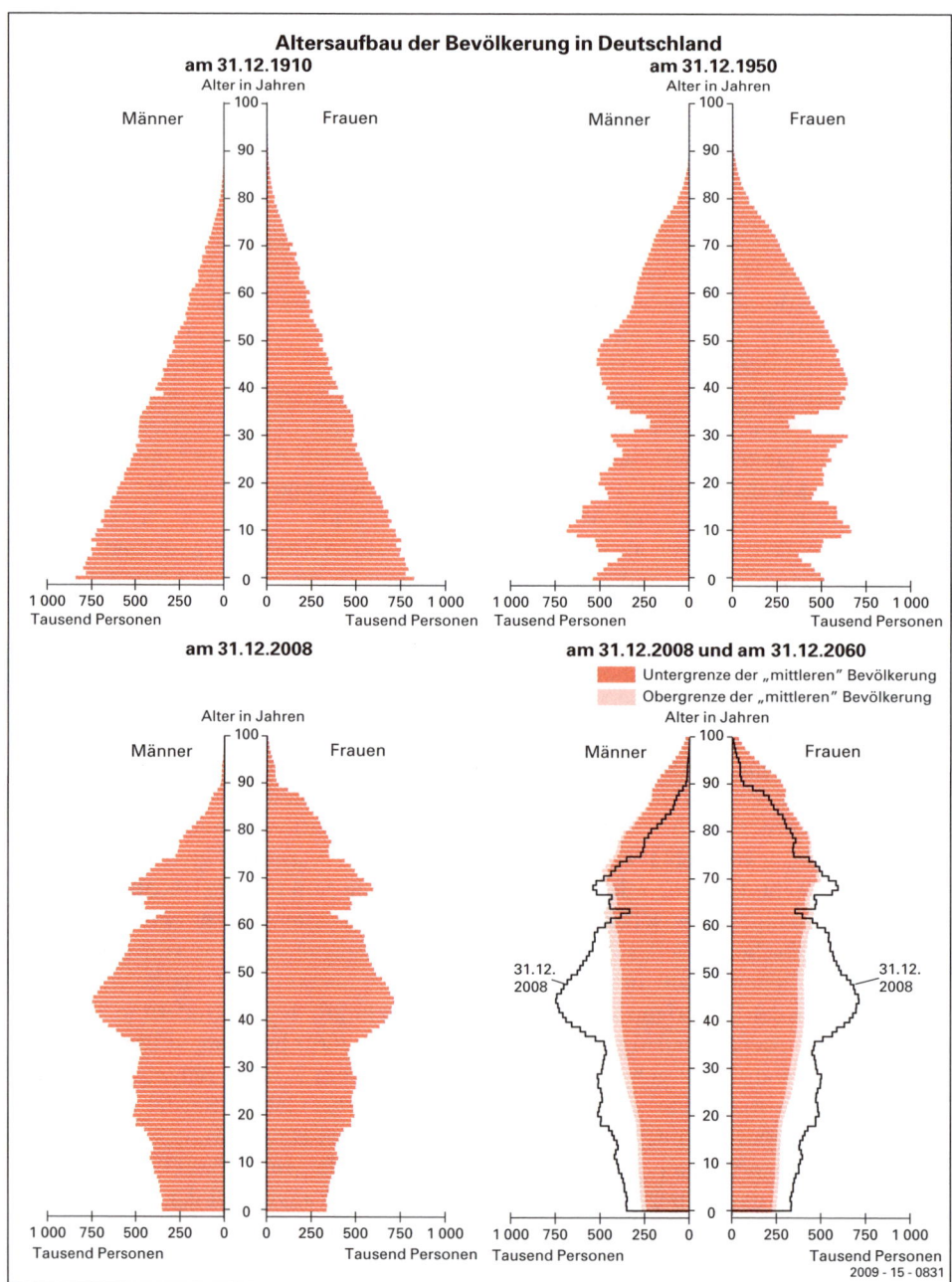

Abb. 4.07: Altersaufbau der Bevölkerung in Deutschland 1910, 1950, 2008 und 2060 (Quelle: STAT. BUNDESAMT 2009A, S. 15)

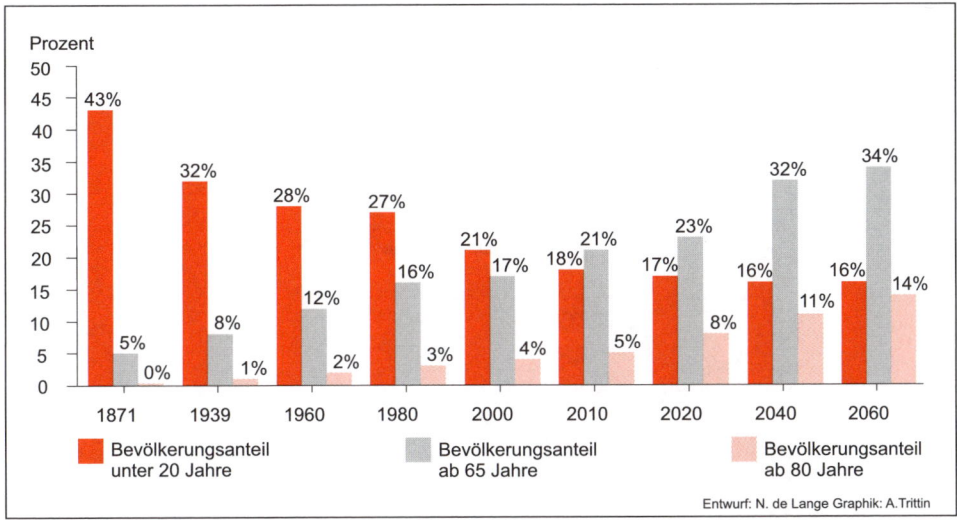

Abb. 4.08: Entwicklung der Bevölkerung unter 20, ab 65 und ab 80 Jahren 1871 bis 2060 (in %) (Datenquelle: BUNDESINSTITUT FÜR BEVÖLKERUNGSFORSCHUNG 2013B; Daten ab 2020 nach der 12. koordinierten Bevölkerungsvorausberechnung, Untergrenze der „mittleren" Bevölkerung)

In Deutschland altert die Bevölkerung tatsächlich nicht erst seit kurzem, sondern bereits seit Ende des 19. Jahrhunderts (vgl. Abb. 4.08). Allerdings wird sich der Alterungsprozess in den nächsten Jahrzehnten stark beschleunigen. Während der **Jugendanteil** (d.h. der Anteil der Bevölkerung unter 20 Jahren) im Jahr 1871 noch bei 43% lag, war er 2010 schon auf 18% abgesunken. Bis 2060 wird er sich aller Voraussicht nach weiter auf 16% verringern. Der gegenläufige Trend lässt sich für die über 65-Jährigen beobachten: Ihr Anteil an der Bevölkerung hat sich zwischen 1871 und 2010 von 5% auf 21% vervierfacht. Um 2060 wird voraussichtlich ein Drittel der Bevölkerung Deutschlands 65 Jahre und älter sein.

4.2.5 Regionale Altersdifferenzierung in Deutschland

Der **Alterungsprozess in Deutschland** vollzieht sich regional höchst unterschiedlich (vgl. LAUX 2012, S. 39): In den neuen Bundesländern hat sich der Anteil der Kinder und Jugendlichen an der Bevölkerung, der noch 1990 deutlich höher als in den alten Bundesländern lag, durch die Geburteneinbrüche in der Wende- und Nachwendezeit deutlich verringert. Demgegenüber nahm die ältere Bevölkerung zu; ihr Anteil liegt seit dem Jahr 2000 über dem der über 65-Jährigen in den alten Bundesländern.

Die Abbildung 4.09, die den Anteil der unter 18-Jährigen auf Kreisbasis darstellt, illustriert den scharfen Gegensatz zwischen den alten und neuen Bundesländern. Neben dem allgemeinen Geburtenrückgang in den 1990er Jahren ist der Anteil

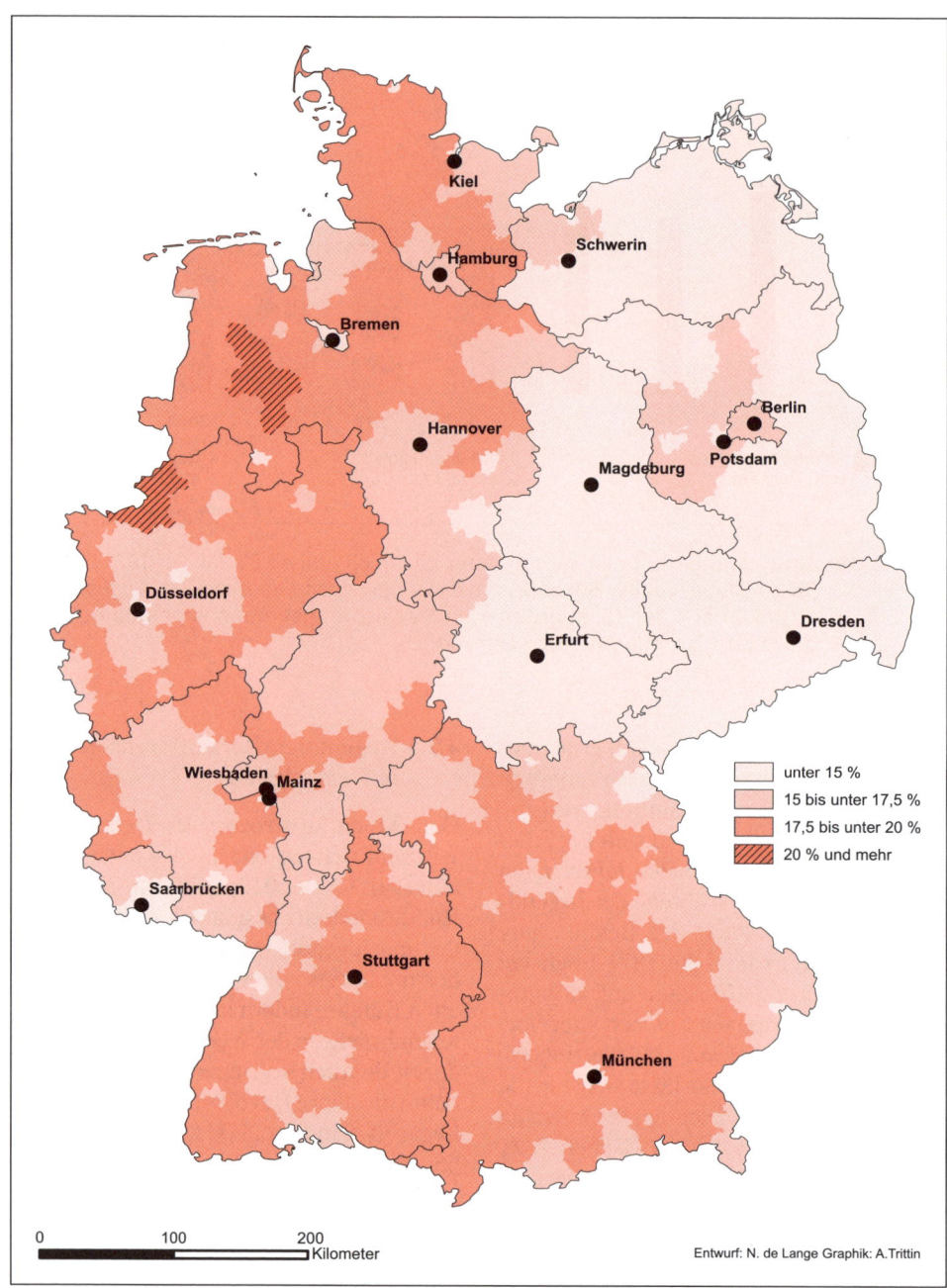

Legend:

- unter 15 %
- 15 bis unter 17,5 %
- 17,5 bis unter 20 %
- 20 % und mehr

0 100 200 Kilometer

Entwurf: N. de Lange Graphik: A.Trittin

Abb. 4.09: Anteil der Einwohner 18 Jahre und jünger in Kreisen und kreisfreien Städten der Bundesrepublik Deutschland nach dem Zensus 2011 (Datenquelle: STAT. BUNDESAMT 2013H)

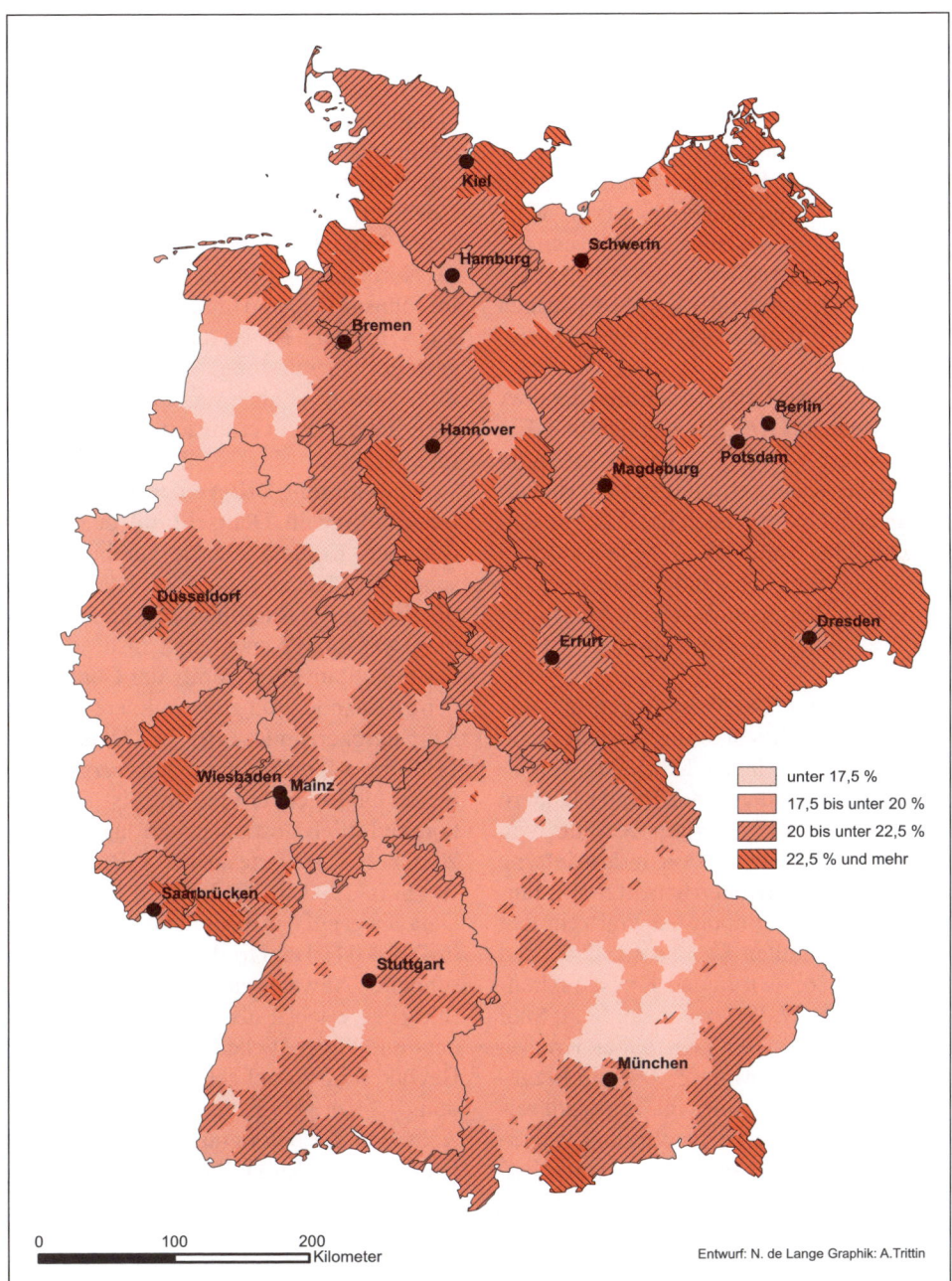

Abb. 4.10: Anteil der Einwohner 65 Jahre und älter in Kreisen und kreisfreien Städten der Bundesrepublik Deutschland nach dem Zensus 2011 (Datenquelle: STAT. BUNDESAMT 2013H)

der jungen Bevölkerung in den neuen Bundesländern auch infolge der Abwanderung der erwerbsfähigen Bevölkerung (und ihrer Kinder) in die alten Bundesländer geschrumpft. Da sich aber die Fertilität zwischen alten und neuen Bundesländern mittlerweile angeglichen hat (vgl. Kap. 5.2.4), ist davon auszugehen, dass sich der 2011 noch in den Zensusdaten belegbare Ost-West-Gegensatz der unter 18-jährigen Bevölkerung mittel- bis langfristig auflösen wird.

In Abbildung 4.10 ist der Anteil der über 65-Jährigen auf Kreisbasis ersichtlich. Ein Spitzenwert von 26,7% wurde im Jahre 2011 in der Kur- und Seniorenstadt Baden-Baden erreicht (vgl. auch Kreis Garmisch-Partenkirchen mit 24,5%). Neben solchen primär auf die Altenwanderung zurückzuführenden Werten sind in der Abbildung 4.10 v.a. zwei bzw. drei räumliche Trends auffällig:

Ein scharfer Ost-West-Gegensatz wie bei der jungen Bevölkerung besteht nicht, obschon generell in den Kreisen und kreisfreien Städten in den neuen Bundesländern eine größere Überalterung besteht. Von einer Überalterung sind v.a. industrieferne und periphere Regionen betroffen. Im Jahre 2011 lagen die höchsten Werte in den kreisfreien Städten Dessau (28,2%) und Chemnitz (26,9%), in den Kreisen Altenburger Land (27,2%) und in der Stadt Suhl (27,0%) sowie in den grenznahen Kreisen in Sachsen wie Görlitz (27,0%) im Erzgebirgskreis (24,9%) oder im Vogtlandkreis (26,8%). Eine hohe Überalterung weisen auch die Kreise im Harz sowie weiter östlich im südlichen Sachsen-Anhalt (mit z.B. einem Wert von 26,3% im Landkreis Mansfeld-Südharz oder im Kyffhäuserkreis mit 24,2%), aber auch im nordöstlichen Niedersachsen mit den Kreisen Uelzen (24,9%) oder Lüchow-Danneberg

(25,7%), in Nordbayern mit Hof (24,3%) und Wunsiedel im Fichtelgebirge (25,3%) auf. Insgesamt ist ein leichtes Süd-Nord-Gefälle erkennbar. So besteht im Süden in mehreren Gebieten mit starker Wirtschaftsdynamik, die einen Zuzug jüngerer Bevölkerungsgruppen auslöst, eine geringere Überalterung. Allerdings gibt es auch im Norden, genauer: im Nordwesten, d.h. im Münsterland und im westlichen Niedersachsen, einige Kreise mit vergleichsweise geringer Überalterung; im Gegensatz zum Süden ist diese aber v.a. auf eine höhere natürliche Bevölkerungsentwicklung zurückzuführen.

Die **regionale Differenzierung der Altersstruktur in Deutschland** deutet bereits die Komplexität des demographischen Wandels an (vgl. Kap. 7.4). Gerade für Fragen der Raumplanung sind der demographische Wandel und insbesondere das quantitative Verhältnis der Generationen zueinander von großem Interesse. Der Abhängigkeitsindex, der in Deutschland 1993 mit 44,9 noch auf einem vergleichsweise niedrigen Niveau lag, ist seitdem kontinuierlich gestiegen und lag im Jahr 2010 bei 51,5 (Werte nach Pop. Reference Bureau, 1993 u. 2012 World Population Data Sheet auf der Basis der Altersgruppen in Tab. 4.04). Der Grund dafür liegt in dem schnellen Anwachsen des Altenanteils, der schneller wächst, als der Anteil der Kinder- und Jugendlichen an der (Erwerbs-)Bevölkerung zurückgeht. Wie auch Abbildung 4.11 zeigt (vgl. auch Abb. 7.11), vollzieht sich der demographische Wandel in ländlich-peripheren Räumen weitaus intensiver als in anderen Gebietstypen (vgl. Kocks 2007, S. 24ff.).

Bevölkerungsabnahmen (insbesondere infolge von Abwanderung der jüngeren Bevölkerung in die Städte) sowie massive Verschiebungen in der Alterszusammen-

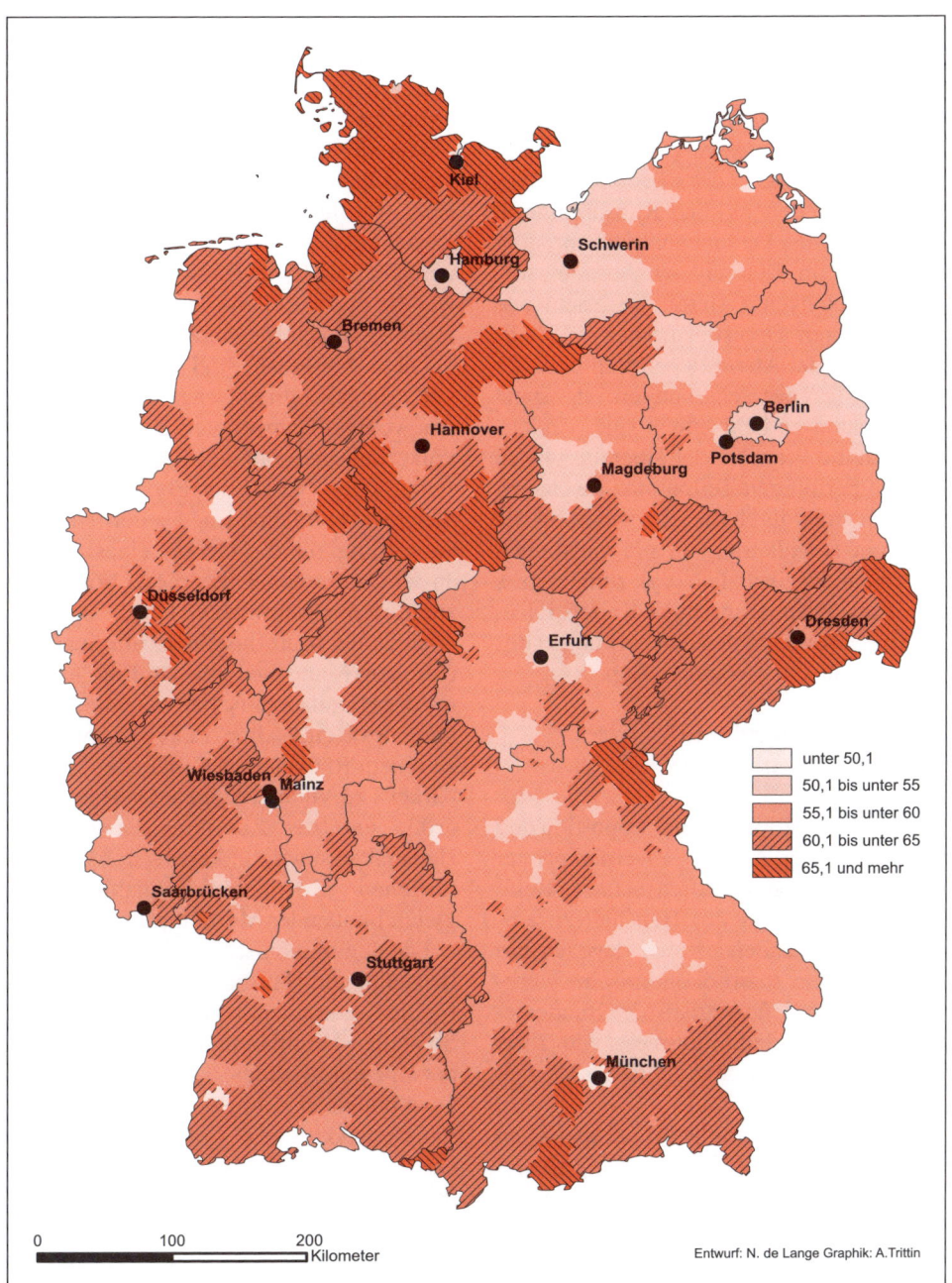

Abb. 4.11: Abhängigkeitsindex in Kreisen und kreisfreien Städten der Bundesrepublik Deutschland nach dem Zensus 2011 (Datenquelle: STAT. BUNDESAMT 2013H)

setzung mit der Folge eines Rückgangs von Nachfragegruppen von Daseinsvorsorgeleistungen führen zu erheblichen Rentabilitätsproblemen im Gesundheits-, Schul- und Bildungswesen, bezüglich des Freizeitangebots, in der allgemeinen Versorgung mit Lebens- und Konsumgütern, im öffentlichen Personennahverkehr, aber z.B. auch im Bereich der Abfallentsorgung. Gleichzeitig steigt die Nachfrage nach anderen Dienstleistungen wie z.B. im Bereich der Altenpflege. Während diese Nachfrageverschiebungen in ganz Deutschland zu beobachten sind, verstärken sich die Prozesse der Überalterung in einigen peripheren Teilräumen der neuen Bundesländer durch die Abwanderung der jüngeren Bevölkerung in die westlichen Bundesländer zusätzlich (vgl. zum Prozess der Binnenwanderung auch Kap. 6.1.1 u. Abb. 6.03 sowie zu den Auswirkungen des demographischen Wandels Kap. 7.4).

4.3 Familienstand und Haushaltsstruktur

Mit den Kennziffern Sexualproportion und Alter (vgl. Kap. 4.1 u 4.2) werden primär biologische Eigenschaften erfasst. Beim Familienstand und der Haushaltszusammensetzung handelt es sich dagegen um rechtliche und sozio-ökonomische Merkmale. Die amtliche Statistik der Bundesrepublik Deutschland definiert wie folgt (STAT. BUNDESAMT, Stat. Jahrbuch 2007, S. 32):

Familie: „Die Familie im „statistischen Sinn" umfasst im Mikrozensus – abweichend von früheren Veröffentlichungen – alle Eltern-Kind-Gemeinschaften, d.h. Ehepaare, nichteheliche (gemischtgeschlechtliche) und gleichgeschlechtliche Lebensgemeinschaften sowie allein erziehende Mütter und Väter mit ledigen Kin-

dern im Haushalt. Einbezogen sind in diesen Familienbegriff – neben leiblichen Kindern – auch Stief-, Pflege- und Adoptivkinder ohne Altersbegrenzung."

Haushalt (Privathaushalt): „Zusammenwohnende und eine wirtschaftliche Einheit bildende Personengemeinschaft sowie Personen, die allein wohnen und wirtschaften. Zum Haushalt können verwandte und familienfremde Personen gehören (z.B. Hauspersonal)."

Diese Merkmale sind von großem bevölkerungsgeographischen Interesse. Bis vor wenigen Jahrzehnten konnte die Bevölkerungsgeographie von der gesellschaftlichen Norm, die Ehe und Familie gleichsetzt und eine Ehe als normale Voraussetzung für die Geburt eines Kindes ansieht, ausgehen. Unter dieser Voraussetzung, in abgeschwächter Form aber auch noch heute, beeinflusst der Familienstand in hohem Maße die Fertilität. Eine Abnahme der Heiratsbereitschaft oder eine Erhöhung des Heiratsalters führen in der Regel zu einem Rückgang der ehelichen Fruchtbarkeit, zu Veränderungen der Haushaltsgröße und der Zusammensetzung von Haushalten sowie zur Verringerung der natürlichen Bevölkerungszunahme (bei gleich bleibender Mortalität).

Die demographischen Merkmale Familienstand und Haushaltsstruktur sind auch für die Kommunalplanung von Bedeutung. So stellen Familien und (Ein- oder Mehrpersonenhaushalte) je nach Zusammensetzung und nach Zeitpunkt im Lebens- bzw. Familienzyklus (s.u.) ganz unterschiedliche Ansprüche an die Größe einer Wohnung oder die Ausstattung des Wohnumfelds (z.B. Kindergarten- oder Schulnähe bei jungen Familien). Veränderungen der Familien- und Haushaltsstruktur induzieren daher oft auch räumliche Mobilitätsprozesse; Familien, Haushalte oder Einzelpersonen ziehen dorthin, wo sie ihre Raumansprüche am besten erfüllt sehen, was wiederum die Kommunalplanung vor spezifische Herausforderungen stellt.

4.3.1 Klassisches Konzept des Familien- und Lebenszyklus

Nach dem **klassischen Familien- und Lebenszyklus-Konzept** gelten auch Ehepaare vor der Geburt eines Kindes als Familie (so genannte Kernfamilie). Haben die Kinder den elterlichen Haushalt verlassen, verbleibt eine Restfamilie. Zur Kategorie der Restfamilie gehören auch verheiratet Getrenntlebende, Verwitwete und Geschiedene, d.h. Personen, die zu einem früheren Zeitpunkt verheiratet waren, nicht jedoch alleinstehende Ledige.

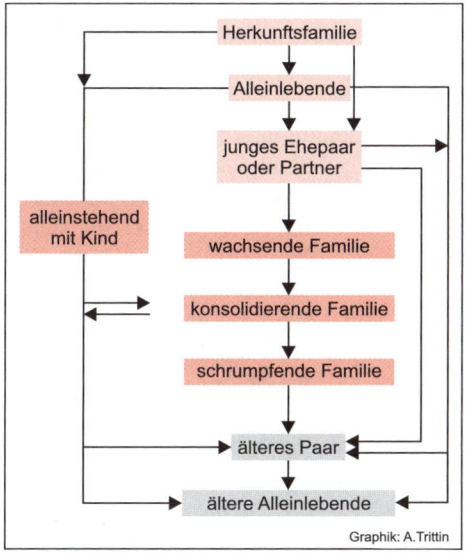

Abb. 4.12: Klassisches Lebenszyklus-Modell (Quelle: Kemper 1985, S. 191)

Das Konzept des Familien-Lebenszyklus wurde insbesondere von dem amerikani-

schen Demographen Glick entwickelt. Zur Abgrenzung typischer Zusammensetzungen der Kernfamilie legte dieser bestimmte Ereignisse und mit ihnen eine idealtypische zeitliche Phasengliederung fest, die Auskunft über die Größe und Zusammensetzung des jeweiligen Familientyps gibt:

- Heirat (genauer: Erstheirat),
- Geburt des ersten Kindes,
- Geburt des letzten Kindes,
- Heirat des ersten Kindes,
- Heirat des letzten Kindes,
- Tod des einen Ehepartners,
- Tod des anderen Ehepartners.

Gegenüber diesem Ansatz stehen im Mittelpunkt des klassischen Familienzyklus-Konzepts der Familiensoziologen Hill, Duvall und Rodgers die entwicklungspsychologische Konkretisierung einzelner Phasen sowie die Erfassung von jeweils typischen Interaktions- und Rollenmustern (vgl. Rodgers 1977). Zusätzlich wird nach dem Alter der Kinder unterschieden. Andere Autoren haben versucht, die Familienzyklen modellhaft noch weiter zu differenzieren. Alle Modelle ähneln sich jedoch in der Unterscheidung dreier Hauptphasen (vgl. Abb. 4.12):

- Stadium der expandierenden Familie mit kleinen Kindern,
- Stadium der konsolidierenden Familie oder des stagnierenden Haushalts, in dem die Kinder ihre Schulausbildung erhalten,
- Stadium der schrumpfenden Familie, in dem die Kinder den elterlichen Haushalt verlassen.

Die klassischen Modelle des Familien- und Lebenszyklus gehen von stark vereinfachten Annahmen, zu denen noch die Normalität und Stabilität von Ehe und Familie zählen, aus. Kinder wachsen nach den Modellannahmen als Kinder verheirateter Ehe-

---

Tab. 4.05: Privathaushalte nach Zahl der Personen (in 1000) in Deutschland (Datenquelle: STAT. BUNDESAMT, Stat. Jahrbuch 2007, S. 46 und 2012, S. 51)

	Privathaushalte insgesamt	Einpersonenhaushalte	
27.05.1970*	21.991	5.527	(= 25,1%)
April 1991	35.256	11.858	(= 33,6%)
April 1995	36.938	12.891	(= 34,9%)
April 2001	38.456	14.075	(= 36,6%)
2005	39.178	14.695	(= 37,5%)
2010	40.301	16.201	(= 40,2%)

*Ergebnis der Volkszählung, sonst Ergebnisse des Mikrozensus,

---

partner in Familien auf. Uneheliche Geburten, Scheidungen oder etwa Verwitwung vor der Heirat des letzten Kindes werden nicht erfasst. Da aber in allen westlichen Industrieländern in den vergangenen Jahrzehnten erhebliche Veränderungen der Familienstruktur und ein Bedeutungsverlust der Ehe als gesellschaftlicher Institution zu beobachten sind, haben die klassischen Modelle des Familien- und Lebenszyklus an Beschreibungs- und Erklärungskraft verloren (vgl. Kap. 7.4.1 u. Abb. 7.09).

4.3.2 Veränderungen des Heiratsverhaltens und moderne Lebensformen

Der langfristige Trend ist unverkennbar: Seit den 1960er Jahren sinkt die Anzahl der Eheschließungen, die der Ehescheidungen und der Einpersonenhaushalte steigt (vgl. Tab. 4.05 u. Tab. 4.06).

Die allgemeine **Heiratsziffer**, d.h. die Zahl der Eheschließungen auf 1000 Einwohner, nahm in der Bundesrepublik Deutschland zwischen 1950 und 1980 von 10,7 auf 5,9 sowie von 1990 bis 2010 von 6,5 auf 4,7 ab (ab 1990 einschl. der neuen Bundesländer, vgl. STAT. BUNDESAMT, Stat.

Jahrbuch 1987, S. 71 und 2012, S. 54). Die kurzzeitige Zunahme der Heiratsziffer nach der so genannten Wiedervereinigung ist auf die höhere Heiratsziffer bzw. auf das Heiratsverhalten in der ehemaligen DDR zurückzuführen, in der Verheiratete bei der Wohnungsvergabe bevorzugt und auch z.B. durch einen so genannten Ehekredit besonders gefördert wurden. Ein vergleichbarer Rückgang lässt sich auch für andere europäische Länder feststellen (Datenquelle: BUNDESINSTITUT FÜR BEVÖLKERUNGSFORSCHUNG 2013c): In Frankreich nahm die Heiratsziffer von 1970 bis 2011 von 7,8 auf 3,7 ab, in Spanien von 7,3 auf 3,4, in Italien von 7,4 auf 3,4 und in den Niederlanden sogar von 9,5 auf 4,3. In Schweden setzte diese Entwicklung mit einer Heiratsziffer von 7,8 im Jahre 1965 und nur noch 4,5 im Jahre 1980 schon früher ein; hier ist zum Jahre 2008 bzw. 2011 wieder ein Anstieg auf 5,5 bzw. 5,1 zu verzeichnen (Datenquelle: UN DESA, Demographic Yearbook 2011, Tab. 23). Gegenläufig nahm in vielen Ländern die Zahl der Ehescheidungen seit den 1960er Jahren zu.

In diesen Zahlen spiegeln sich **Veränderungen des Heiratsverhaltens** wider, die hauptsächlich durch eine erhebliche

Abnahme der Heiratsbereitschaft in fast allen Altersgruppen der ledigen Männer und Frauen sowie eine Verschiebung des Heiratsalters zu erklären sind (vgl. Abb. 4.13). Nur ein Teil der vor dem 25. Lebensjahr nicht geschlossenen Ehen wird um das 30. Lebensjahr oder später „nachgeholt".

Bereits im 1982 erschienenen Bericht über die demographische Lage in der BRD wurde eine Vielzahl von Gründen für den Rückgang der Bedeutung der Ehe und für die wachsende Verbreitung der nichtehelichen Lebensgemeinschaften thematisiert. Genannt wurde im Bericht auch die zunehmende wirtschaftliche Unabhängigkeit junger Frauen, die nach Abschluss ihrer Schul- und Berufsausbildung einer Erwerbstätigkeit nachgehen und somit auf die wirtschaftliche Sicherung durch eine Ehe nicht mehr angewiesen sind. Ebenso wurde schon 1982 auf eine „neue Mentalität der Gesellschaft" hingewiesen, die nichteheliche Lebensgemeinschaften zunehmend tolerierte. Auch wurden etwa in der Argumentation der so genannten 68er-Generation prinzipielle Einwände oder eine Protesthaltung gegen die Ehe angeführt, die als Relikt einer nicht mehr zeitgemäßen Gesellschaftsordnung aufgefasst wurde (vgl. SCHWARZ 1982, vgl. weiterführend Kap. 7.4.1).

Insgesamt scheint der **Trend des Bedeutungsverlusts der Ehe** in den vergangenen Jahren jedoch einen Endpunkt erreicht zu haben. Die Zahlen der Eheschließungen und -scheidungen sind gegenwärtig stabil, die durchschnittliche Ehedauer hat sogar zugenommen. In Deutschland ist die durchschnittliche Ehedauer bis zur Scheidung von 11,7 Jahren (1991) auf 14,2 Jahren (2010) angestiegen (vgl. STAT. BUNDESAMT, Stat. Jahrbuch 2012, S. 57).

Tab. 4.06: Lebensformen in Deutschland 2001 und 2011 (Datenquelle: STAT. BUNDESAMT, Stat. Jahrbuch 2012, S. 53)

		2001		2011	
		in 1000	in %	in 1000	in %
Familien mit ledigen Kindern	insgesamt	12672		11710	
	Ehepaare		76,2		69,8
	nichteheliche Lebensgemeinschaften		5,2		7,2
	Alleinerziehende		18,6		22,9
Paare ohne Kinder	insgesamt	11244		11783	
	Ehepaare		86,3		83,5
	nichteheliche Lebensgemeinschaften		13,3		16,0
	gleichgeschlechtliche Lebensgemeinschaften		0,4		0,5
Alleinstehende		14995		13598	

Der Begriff der **Familie** umfasst im Mikrozensus alle Eltern-Kind-Gemeinschaften, d.h. Ehepaare, nichteheliche (gemischtgeschlechtliche) und gleichgeschlechtliche Lebensgemeinschaften sowie allein erziehende Mütter und Väter mit ledigen Kindern im Haushalt. Einbezogen sind in diesen Familienbegriff – neben leiblichen Kindern – auch Stief-, Pflege- und Adoptivkinder ohne Altersbegrenzung.

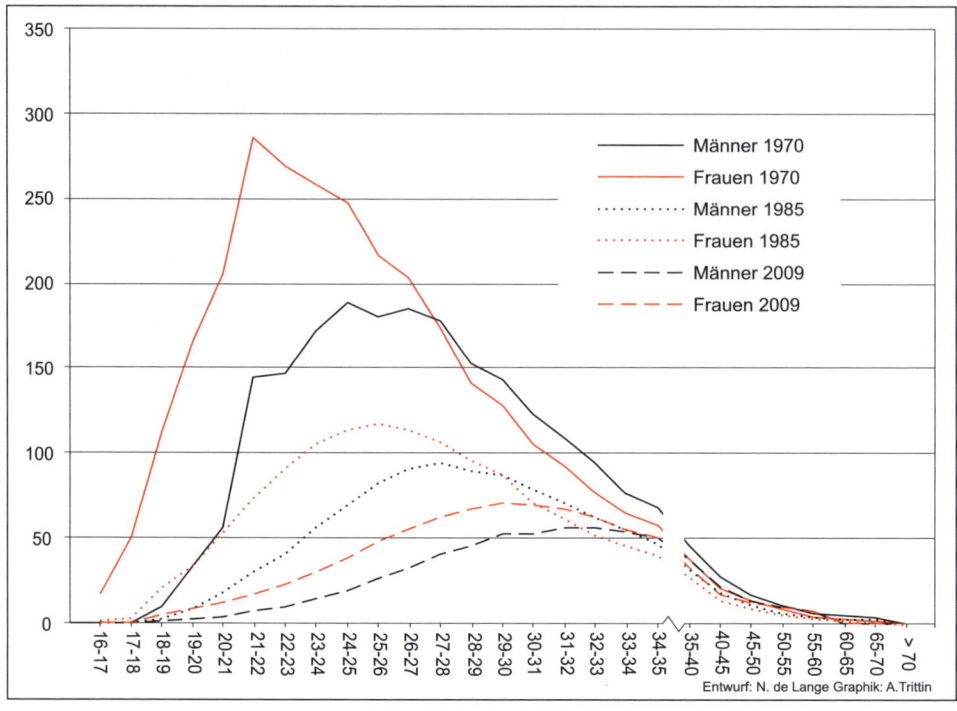

Abb. 4.13: Heiratsziffer Lediger (Eheschließende Ledige je 1000 Ledige gleichen Alters) (Datenquelle: Stat. Bundesamt, Stat. Jahrbuch 2011, S. 56)

Der Rückgang der **Heiratsbereitschaft** der Jüngeren und die Zunahme des durchschnittlichen Heiratsalters bedeuten allerdings nicht, dass alle Ledigen (länger als früher) alleine bleiben. Vielmehr hat die **Bedeutung nichtehelicher Lebensgemeinschaften** erheblich zugenommen. An die Stelle der ehelichen Familie sind neue Haushalts- und Familienformen getreten, zu denen kinderlose Paare mit und ohne Trauschein genauso wie verheiratete Paare mit Kindern, Alleinlebende sowie Alleinerziehende gehören. Trotz wachsender Bedeutung nichtehelicher Lebensgemeinschaften und Alleinerziehender machten Ehepaare mit Kindern im Jahre 2011 im-

mer noch ca. 70% der Lebensformen mit Kindern aus (vgl. Tab. 4.06).

Offensichtlich sind auch Kinderwunsch und Ehe nicht mehr eng verknüpft. Das Beispiel Frankreichs und seiner großen staatlichen Unterstützung von berufstätigen Müttern durch Krippen und Vorschuleinrichtungen zeigt eindrucksvoll, dass trotz eines ähnlich hohen Rückgangs der Heiratsziffer wie in Deutschland eine vergleichsweise hohe Geburtenzahl möglich ist: 2010 wurden in Frankreich so viele Kinder geboren wie zuletzt 1981 und davor 1974 (vgl. Pla/Beaumel 2012, S. 2). Der **Zusammenhang zwischen Ehe und Kinderwunsch** nimmt auch in

Deutschland deutlich ab: Auch hier äußert sich der mit den demographischen Veränderungen verknüpfte Wertewandel (vgl. Kap. 7.4) in einem gestiegenen Anteil der nichtehelichen Geburten an den Lebendgeburten; dieser Anteil ist von 7,2% im Jahr 1970 auf 11,9% im Jahr 1980, auf 15,3% im Jahr 1990 und auf 23,4% im Jahr 2000 angestiegen. Im Jahr 2010 waren die Eltern jedes dritten Neugeborenen nicht verheiratet (vgl. STAT. BUNDESAMT, Stat. Jahrbuch 2012, Tab. 2.2.2).

Die amtliche Statistik der BRD trägt diesen gesellschaftlichen Veränderungen mit einer modifizierten Begriffsbildung Rechnung. So wird z.B. seit dem 1.7.1998 nicht mehr von „nicht-ehelich Lebendgeborenen" gesprochen, sondern von „Lebendgeborenen von nicht miteinander verheirateten Eltern". Die veränderte Begriffsbildung der amtlichen Statistik in Deutschland ist sachlich angemessen, sie erschwert jedoch zeitliche Vergleiche. Insgesamt kann man also von einer **Diversifizierung der Haushalts- und Lebensformen** sprechen. Diese Veränderungen sind Anlass, das klassische Lebenszyklus-Konzept durch ein modernes **Lebensformen-Konzept** zu ersetzen.

Zusammenfassend lassen sich mehrere jüngere Entwicklungen herausstellen, die als Ausdruck eines umfassenden demographischen Wandels zu sehen sind (vgl. eingehender Kap. 7.4):

- Veränderungen in der Haushaltsbildung und -zusammensetzung, Zunahme von Einpersonenhaushalten (insbesondere ledige und geschiedene Personen),
- Rückgang der universalen Bedeutung und höhere Instabilität der Ehe,
- Abnehmender Zusammenhang zwischen Ehe und Kinderwunsch.

4.4 Bildungsstand

Ausbildung und erreichte Bildungsqualifikationen entscheiden heute mehr denn je über spätere berufliche Möglichkeiten und gesellschaftliche Teilnahmechancen. Bei der Betrachtung einer Bevölkerung unter sozio-ökonomischen Aspekten ist daher der Blick auf den (Aus-)Bildungsstand notwendig. Für die Bevölkerung Deutschlands unterscheidet die Abbildung 4.14 nach Geschlecht, Altersgruppen sowie dem höchsten erzielten beruflichen **Bildungsabschluss** (ohne Fachschul- und Fachhochschulabschluss). Deutlich wird, dass zwischen Männern und Frauen keine substantiellen Unterschiede mehr bestehen (abgesehen von der geringen Beteiligung der heute über 55-jährigen Frauen an der Lehr- und Anlernausbildung). 30 Jahre nach der Bildungsexpansion erwerben junge Frauen sogar häufiger einen Hochschulabschluss als gleichaltrige Männer.

Auch wenn sich ähnliche Daten für andere Industrieländer finden lassen, ist ein direkter Ländervergleich aufgrund der unterschiedlichen Bildungssysteme und -standards meist problematisch.

Für viele Länder des globalen Südens fehlen die entsprechenden Informationen über die Ausbildung und den Bildungsstand ihrer Bevölkerung, oder sie liegen nur unvollständig vor. Die **Analphabetenrate**, z.B., wird häufig nur geschätzt. Für ihren Weltbildungsbericht benutzt die UNESCO die **Alphabetenrate der über 15-Jährigen** als Indikator für den Bildungsstand eines Landes. Allerdings liegen der Alphabetenrate in einzelnen Ländern teilweise ganz unterschiedliche Definitionen zugrunde. So gilt z.B. für Angola: „Literacy is defined as the ability to read easily or with difficulty a letter or a newspaper"; für Burkina Faso: „Literates

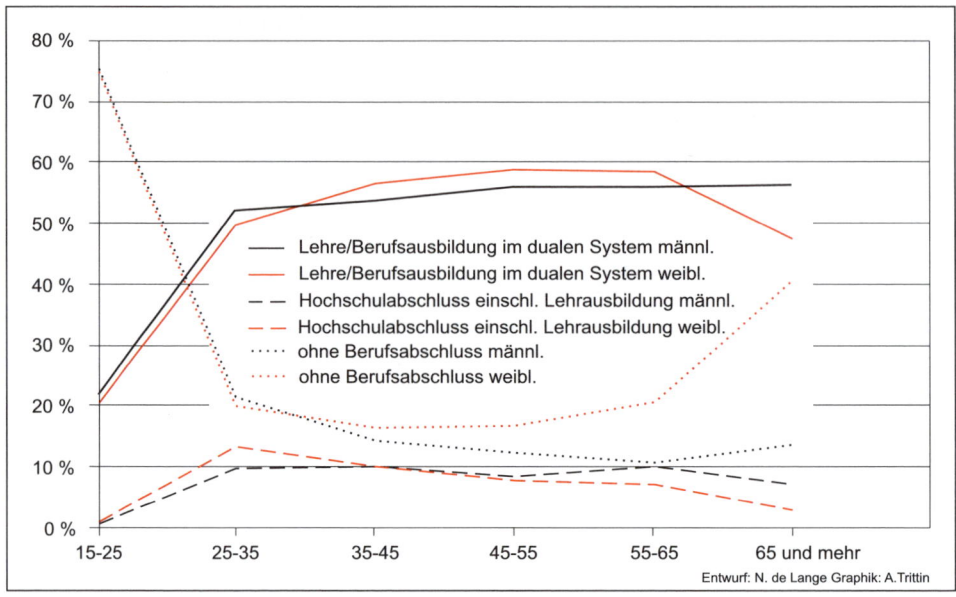

Abb. 4.14: Bevölkerung der Bundesrepublik Deutschland 2010 nach Altersgruppen und beruflichem Bildungsabschluss (Datenquelle: Stat. Bundesamt, Stat. Jahrbuch 2012, S. 80)

are persons who declare that they can read and write in any language"; für Kamerun dagegen: „Literate: Persons who are able to read and write French or English", d.h. hier werden Lese- und Schreibvermögen in den Amtssprachen betrachtet (UNESCO 2013). Der Weltbildungsbericht 2012 zeigt im Ländervergleich primär für Afrika ausgeprägte Unterschiede (vgl. Abb. 4.15). Zu den Ländern mit sehr geringen Alphabetenraten gehören Burkina Faso (29 %), Niger (29 %), Mali (31 %), Tschad (34 %), Äthiopien (39 %), Guinea (41 %), Sierra Leone (42 %) und Benin (42 %), während die höchsten Raten in Namibia (89 %), Südafrika (89 %) und Libyen (89 %) und Simbabwe (92 %) vorliegen (Datenquelle: UNESCO 2012A). Auf der Basis ihrer Untersuchungen und aufgrund

der Überzeugung, dass Bildung auch für Afrika der Schlüssel für Entwicklung ist, hat die UNESCO zahlreiche Bildungsstrategien und regionale Initiativen entworfen (vgl. UNESCO 2012B).

4.5 Erwerbsstruktur, Arbeitslosigkeit, Armut

Art und Ausmaß der **Erwerbstätigkeit**, die sich u.a. in der Erwerbsquote, der Arbeitslosenquote oder der Stellung im Beruf ausdrücken, sind wesentliche Kennzeichen einer Bevölkerung, die von vielen interdependenten Faktoren bestimmt werden:

• biologisch-soziale Faktoren (vgl. u.a. Ausscheiden aus dem Erwerbsleben während der Schwangerschaft und zum

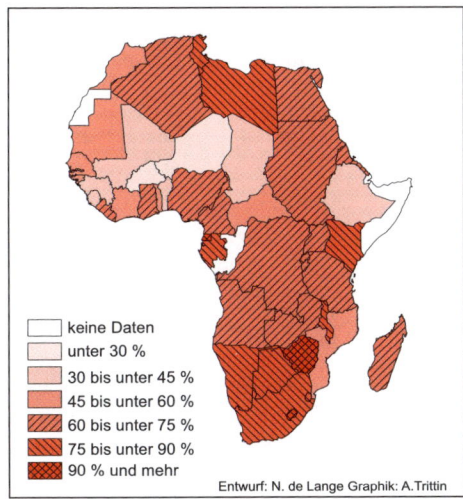

keine Daten
unter 30 %
30 bis unter 45 %
45 bis unter 60 %
60 bis unter 75 %
75 bis unter 90 %
90 % und mehr

Entwurf: N. de Lange Graphik: A.Trittin

Abb. 4.15: Alphabetenrate (in %) der über 15-Jährigen im Beobachtungszeitraum 2005-2010 in Afrika (Datenquelle: UNESCO 2012A)

Teil in der Zeit der Kindererziehung; Verbot von Frauenarbeit im Bergbau unter Tage),
- sozialstrukturelle und bildungsbezogene Faktoren (vgl. u.a. Schichtzugehörigkeit und soziale Mobilität, unterschiedlich lange schulische und fachliche Ausbildung),
- rechtliche Faktoren (vgl. u.a. Verbot der Kinderarbeit, frühest möglicher Beginn der Erwerbstätigkeit, Festlegen der Ruhestandsgrenze),
- wirtschaftliche Faktoren (vgl. u.a. Wirtschaftsstruktur und dominierende Wirtschaftszweige, Konjunkturen bzw. Krisen, technischer Fortschritt und Grad der Automatisierung).

4.5.1 Erwerbsstruktur

Interessiert man sich für die Erwerbsstruktur einer Bevölkerung, so wird der Blick üblicherweise auf die Erwerbstätigkeit und damit auf die Gruppe der Erwerbspersonen sowie deren Verhältnis zur Gesamtbevölkerung gerichtet. Einer solchen Betrachtung unterliegt stets ein spezifisches **Erwerbskonzept**, das die Wohnbevölkerung im Hinblick auf ihre Beteiligung am Erwerbsleben beobachtet. Die amtliche Statistik der BRD definiert für Deutschland Erwerbspersonen als die Bevölkerungsgruppe, die sich aus den Erwerbstätigen und den Erwerbslosen (Personen, die eine Erwerbstätigkeit suchen) zusammensetzt:

Erwerbspersonen „sind Personen mit Wohnsitz in Deutschland (Inländerkonzept), die eine unmittelbar oder mittelbar auf Erwerb gerichtete Tätigkeit ausüben oder suchen (Selbstständige, mithelfende Familienangehörige, abhängig Beschäftigte), unabhängig von der Bedeutung des Ertrages dieser Tätigkeit für ihren Lebensunterhalt und ohne Rücksicht auf den Umfang der von ihnen tatsächlich geleisteten oder vertragsmäßig zu leistenden Arbeitszeit" (STAT. BUNDESAMT, Stat. Jahrbuch 2012, S. 368-369).

Erwerbstätige „sind Personen im Alter von 15 Jahren und mehr, die im Berichtszeitraum wenigstens eine Stunde für Lohn oder sonstiges Entgelt irgendeiner beruflichen Tätigkeit nachgehen bzw. in einem Arbeitsverhältnis stehen (Arbeitnehmer einschl. Soldaten und Soldatinnen sowie mithelfende Familienangehörige), selbstständig ein Gewerbe oder eine Landwirtschaft betreiben oder einen freien Beruf ausüben" (STAT. BUNDESAMT, Stat. Jahrbuch 2012, S. 369).

Erwerbslose „sind Personen ohne Erwerbstätigkeit im Alter von 15 bis 74 Jahren, die sich in den letzten vier Wochen aktiv um eine Arbeitsstelle bemüht haben und sofort, d.h. innerhalb von zwei Wo-

Tab. 4.07: Erwerbsquote und Beschäftigtenanteile in Wirtschaftssektoren ausgewählter Länder (Datenquelle: STAT. BUNDESAMT, Stat. Jahrbuch 2012, Tabelle A 13)

Afrika	Erwerbsquote (%)	Primärer Sektor (%)	Sekundärer Sektor (%)	Tertiärer Sektor (%)
Ägypten (2008)	–	31,7	23,0	45,3
Südafrika (2009)	40,8	5,2	25,0	69,8
Asien				
Saudi-Arabien (2009)	–	4,1	20,4	75,5
Indien (2010)	–	51,1	22,4	26,5
Iran (2008)	–	21,3	32,2	46,5
Pakistan (2008)	–	44,7	20,1	35,2
Israel (2009)	60,2	2,5	20,4	77,1
Indonesien (2010)	–	38,4	19,3	42,3
Philippinen (2009)	–	35,1	14,6	50,3
Thailand (2009)	–	41,6	19,5	38,9
China (2008)	–	39,6	27,2	33,2
Japan (2010)	70,1	5,0	25,3	69,7
Südkorea (2010)	63,3	6,6	17,0	76,4
Amerika				
Kanada (2008)	71,5	2,00	21,5	76,5
USA (2010)	66,7	2,1	16,7	81,2
Mexiko (2010)	59,7	13,9	25,5	60,6
Brasilien (2009)	–	17,2	22,1	60,7
Kolumbien (2010)	–	18,0	20,0	62
Argentinien (2009)	–	1,7	23,1	75,2
Chile (2009)	59,3	11,2	23,2	65,6
Europa				
Großbritannien (2010)	69,5	2,0	19,1	78,9
Frankreich (2010)	63,8	3,3	22,2	74,5
Deutschland (2010)	71,1	1,6	28,4	70
Niederlande (2010)	74,7	12,5	15,9	71,6
Tschechien (2010)	65	3,1	38,0	58,9
Slowakei (2010)	58,8	3,3	37,1	59,6
Ungarn (2010)	55,4	4,4	30,7	64,9
Polen (2010)	59,3	12,9	30,2	56,9
Rumänien (2010)	58,8	30,1	28,7	41,2
Griechenland (2010)	59,6	12,6	19,7	67,7
Italien (2010)	56,9	3,7	28,8	67,5
Portugal (2010)	65,6	10,9	27,7	61,4
Spanien (2010)	58,6	4,3	23,1	72,6
Russland (2009)	–	9,8	27,9	62,3
Australien/Ozeanien				
Australien (2009)	72,4	3,4	21,1	75,5
Neuseeland (2009)	72,3	6,6	20,9	72,5

chen, für die Aufnahme einer Tätigkeit zur Verfügung stehen" (STAT. BUNDESAMT, Stat. Jahrbuch 2012, S. 369).

Die Erwerbslosen sind in der amtlichen Statistik der BRD nicht mit den **Arbeitslosen** gleichzusetzen. Erwerbslose müssen nicht bei einer Arbeitsagentur als arbeitslos gemeldet sein. Arbeitslose, die eine Tätigkeit von weniger als 15 Wochenstunden ausüben, zählen nicht als Erwerbslose, sondern als Erwerbstätige.

Auf Basis dieser oder ähnlicher Definitionen lassen sich Erwerbsstrukturen von Bevölkerungen analysieren und vergleichen. Dazu können Erwerbspersonen nach den drei Wirtschaftssektoren differenziert werden (Primärer Sektor/Urproduktion: Landwirtschaft, Gartenbau, Forstwirtschaft, Fischerei; Sekundärer Sektor/Industrieller Sektor: Bergbau, Industrie, Handwerk; Tertiärer Sektor/Dienstleistungssektor: Handel, Verkehr, Tourismus, Banken, Versicherungen, öffentliche Verwaltung, Medien, sonstige Dienstleistungen). Wie in anderen Ländern sind in Deutschland mit dem in den letzten 100 Jahren vollzogenen Übergang in die Dienstleistungsgesellschaft signifikante soziale Strukturverschiebungen einhergegangen.

In komparativer Perspektive ist insbesondere die **Erwerbsquote** aussagekräftig. Sie gibt den Anteil der Erwerbspersonen an der Gesamtbevölkerung (Wohnbevölkerung) in Prozent an und drückt somit die Beteiligung bzw. Nichtbeteiligung am Erwerbsleben insgesamt aus.

Beim Ländervergleich der Erwerbsstruktur fallen deutliche Unterschiede auf (vgl. Tab. 4.07). Die unterschiedlichen Erwerbsquoten hängen neben dem wirtschaftlichen Entwicklungsstand und den Anteilen an den Wirtschaftssektoren v.a. von der unterschiedlichen Beteiligung der weiblichen Bevölkerung am Erwerbsleben ab, was wiederum auf die unterschiedliche gesellschaftliche Stellung der Frau verweist. Aber auch der Altersaufbau einer Bevölkerung (z.B. der Anteil der Personen im erwerbsfähigen Alter oder der Anteil alter Menschen) beeinflusst die Höhe der Erwerbsquote.

Das Beispiel Deutschlands demonstriert die **Abhängigkeit der Erwerbsquote vom Alter** und belegt außerdem, dass die altersspezifischen Erwerbsquoten für Männer und Frauen Mitte der 1980er Jahre noch sehr verschieden waren (vgl. Abb. 4.16). Das Maximum der weiblichen Erwerbsquote wurde in der BRD 1985 bei den 20- bis 25-Jährigen erreicht. Demgegenüber zeigen die Erwerbsquoten für das Jahr 2010 ein grundlegend anderes Bild (vgl. Abb. 4.17). Die Erwerbsquoten von Frauen und Männern haben sich stark angeglichen. Bei Frauen wird der Höchststand nicht mehr bei den 20- bis 25-Jährigen erreicht. Vielmehr haben veränderte Geschlechterverhältnisse, genauer: eine längere und bessere Ausbildung von Frauen, veränderte Rollenbilder, ein späteres Heiratsalter und Veränderungen im generativen Verhalten, die höchsten Erwerbsquoten von Frauen zeitlich nach hinten verschoben und die Erwerbsbeteiligung der Frauen aller Altersgruppen anwachsen lassen (zum demographischen Wandel vgl. Kap. 7.4).

Betrachtet man Erwerbspersonen nach ihrer **Stellung im Beruf** wird deutlich, dass nur der Arbeiteranteil lange konstant blieb und erst seit 1970 einen deutlichen Rückgang zeigt. Während der Anteil der Selbstständigen stark abgenommen hat, ist der Anteil von Beamten und Angestellten stetig gewachsen.

4.5.2 Arbeitslosigkeit

Die Arbeitslosigkeit zählt außerhalb der Bevölkerungsgeographie sicherlich zu den

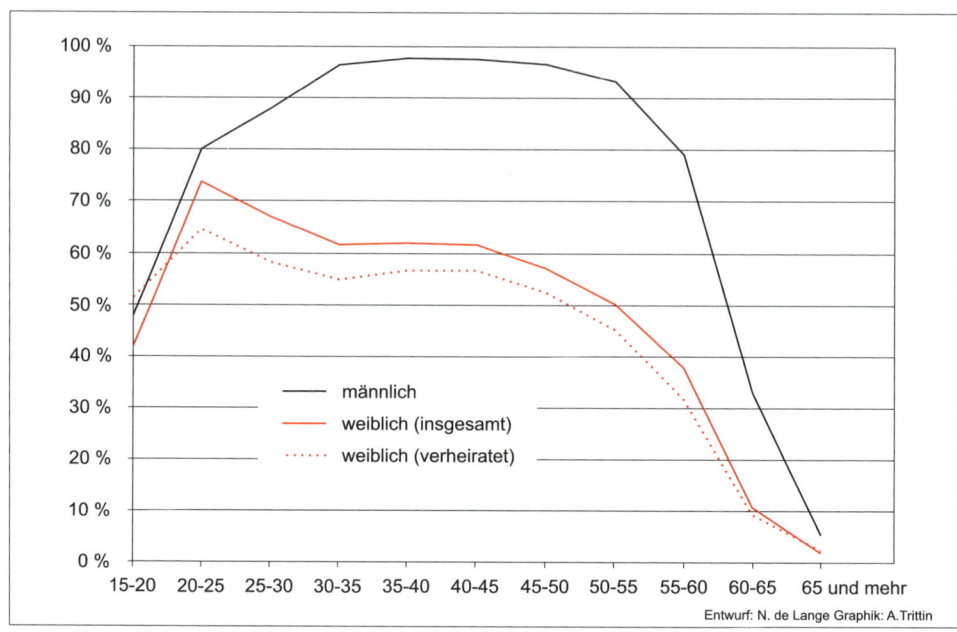

Abb. 4.16: Erwerbsquoten nach Altersgruppen in der Bundesrepublik Deutschland 1985 (Datenquelle: STAT. BUNDESAMT, Stat. Jahrbuch 1987, S. 98)

wichtigsten sozio-ökonomischen Merkmalen einer Bevölkerung. Sie ist sowohl aus Perspektive der Betroffenen als auch aus volkswirtschaftlicher Perspektive sowie aus Perspektive einzelner Regionen und ihrer regionalen Strukturpolitiken von großer Bedeutung.

Der Begriff **Arbeitslosigkeit** wird in Deutschland inzwischen im Sozialgesetzbuch Drittes Buch (SGB III) im § 16 definiert. Als arbeitslos gelten demnach Personen, „die wie beim Anspruch auf Arbeitslosengeld

1. vorübergehend nicht in einem Beschäftigungsverhältnis stehen,
2. eine versicherungspflichtige Beschäftigung suchen und dabei den Vermittlungsbemühungen der Agentur für Arbeit zur Verfügung stehen und

3. sich bei der Agentur für Arbeit arbeitslos gemeldet haben."

Nicht als arbeitslos gelten hingegen Personen, die an arbeitsmarktpolitischen Maßnahmen teilnehmen (§ 16 Abs. 2 SGB III).

An dieser Stelle zeigt sich besonders deutlich, dass genaue Definitionsmerkmale für den im allgemeinen Sprachgebrauch geläufigen Begriff „Arbeitslosigkeit" bzw. „Arbeitslosenquote" herangezogen werden müssen (vgl. zur Bedeutung präziser Begriffsverwendungen auch Kap. 2.1). So werden diejenigen Personen, die mindestens 58 Jahre alt sind und wenigstens 12 Monate Leistungen nach dem Sozialgesetzbuch Zweites Buch (SBG II, so genanntes Hartz IV) bezogen und kein Jobangebot erhalten haben, entsprechend der 2008 eingeführten Erhebungstechnik der Bundesagen-

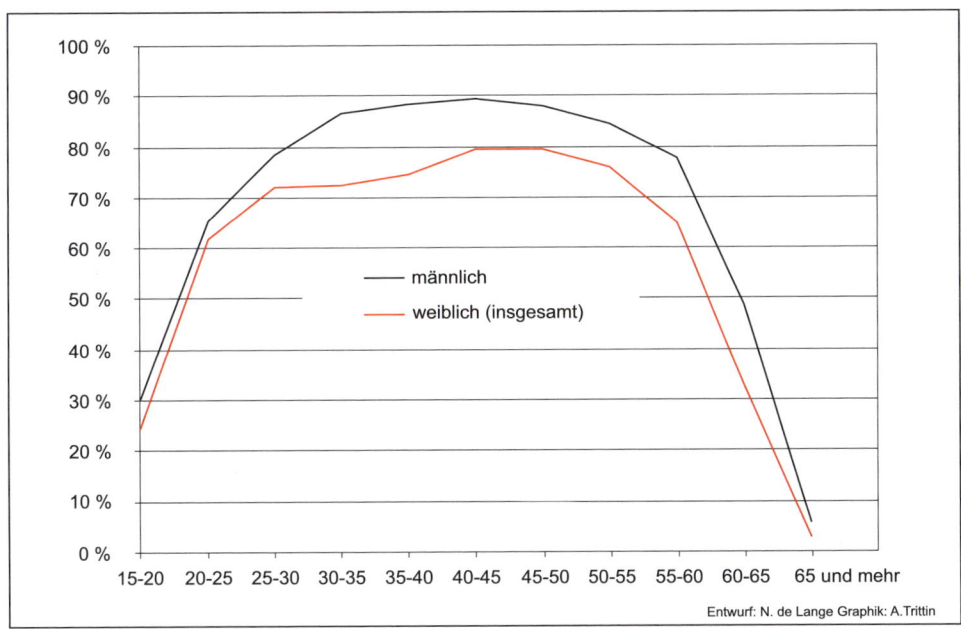

Abb. 4.17: Erwerbsquoten nach Altersgruppen in der Bundesrepublik Deutschland 2010 (Datenquelle: STAT. BUNDESAMT, Stat. Jahrbuch 2012, S. 354)

tur für Arbeit nicht als arbeitslos geführt (§53a SGB II). Zudem werden aufgrund abweichender Bezugsgrößen zwei verschiedene Arbeitslosenquoten unterschieden (vgl. BUNDESAGENTUR FÜR ARBEIT 2013):

- Arbeitslosenquote bezogen auf alle zivilen Erwerbspersonen (Summe aller abhängigen zivilen Erwerbstätigen sowie aller Selbstständigen und mithelfenden Familienangehörigen sowie aller Arbeitslosen),
- Arbeitslosenquote bezogen auf die abhängigen zivilen Erwerbspersonen (Summe aus den sozialversicherungspflichtig Beschäftigten (einschließlich der Auszubildenden), den geringfügig Beschäftigten sowie den Beamten (ohne Soldaten und Soldatinnen) sowie den Arbeitslosen).

Die zweite Berechnungsform hat in der amtlichen Statistik in Deutschland die längere Tradition. Hingegen ist die erste Berechnungsform seit 2009 Grundlage der Berichterstattung der Bundesagentur für Arbeit (und auch der Abbildung 4.19).

Die **Arbeitslosenquote** stieg in Deutschland – nach einem kurzzeitigen Rückgang nach 1975 – seit Beginn der 1980er Jahre und dann v.a. nach der Wiedervereinigung stark an (vgl. Abb. 4.18). Seit 2006 zeichnet sich nun wieder eine Abnahme der Arbeitslosenzahlen ab. Diese Abnahme kann auf die neoliberale Deregulierung, den wirtschaftlichen Aufschwung im letzten Jahrzehnt sowie auf den sich im Zuge des demographischen Wandels beschleunigenden Rückgang der Zahl erwerbsfähiger

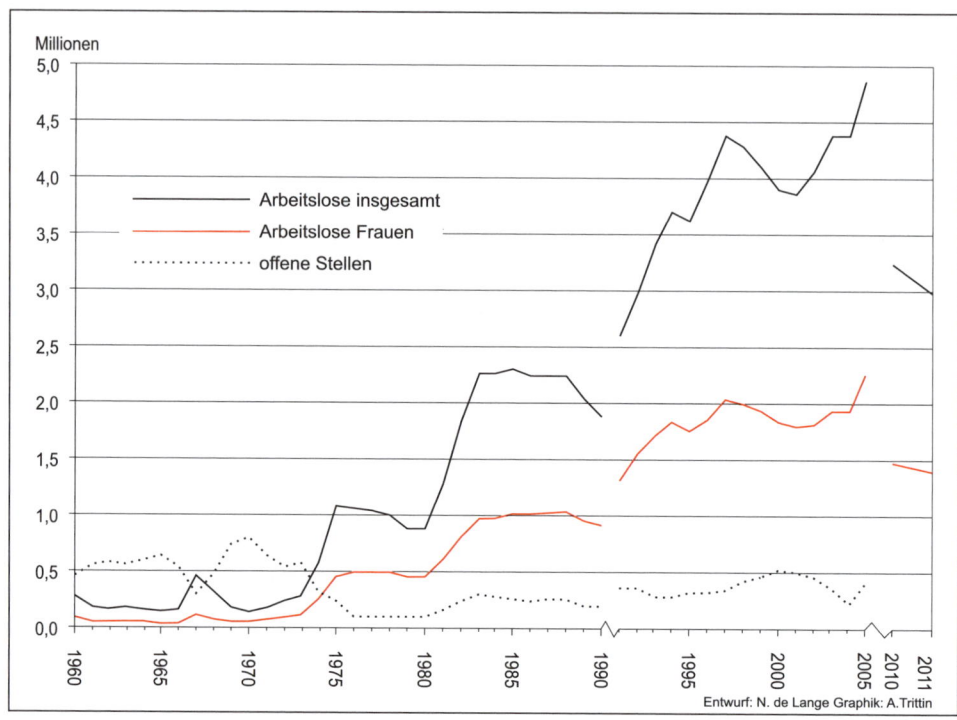

Abb. 4.18: Arbeitslose und offene Stellen in der Bundesrepublik Deutschland seit 1960
(Datenquelle: STAT. BUNDESAMT, Stat. Jahrbuch versch. Jahrgänge)

Personen zurückgeführt werden. Gleichzeitig liegt die Zahl der geringfügig Beschäftigten, hinter der sich auch prekäre Beschäftigungsverhältnisse bzw. eine Beschäftigung am Existenzminimum verbergen können, deutlich höher als noch zur Jahrtausendwende. Allerdings sind die Zahlen bzw. Datenreihen schwer vergleichbar. Ab 1991 werden die neuen Bundesländer berücksichtigt, ab 2005 wurden mit Einführung des Sozialgesetzbuches II die Grundlagen der Arbeitsmarktstatistik geändert.

Aus bevölkerungsgeographischer Sicht fällt die deutliche regionale Differenzierung sowohl der Arbeitslosenquote als auch ihre Abnahme zwischen 2005 und 2010 auf (vgl. dazu Abb. 4.19). Hinzuweisen ist hier auf die Altindustrieräume und die industriefernen Regionen in den neuen Bundesländern (vgl. den Raum Halle-Leipzig, Cottbus-Hoyerswerda-Lausitz, Vorpommern-Greifswald-Neubrandenburg, aber auch das Rhein-Ruhrgebiet). Deutlich zu erkennen sind außerdem das Ost-West- und das Nord-Süd-Gefälle sowie der größere Rückgang der Arbeitslosenquote v.a. in Gebieten, in denen allgemein eine hohe Arbeitslosigkeit verzeichnet wird.

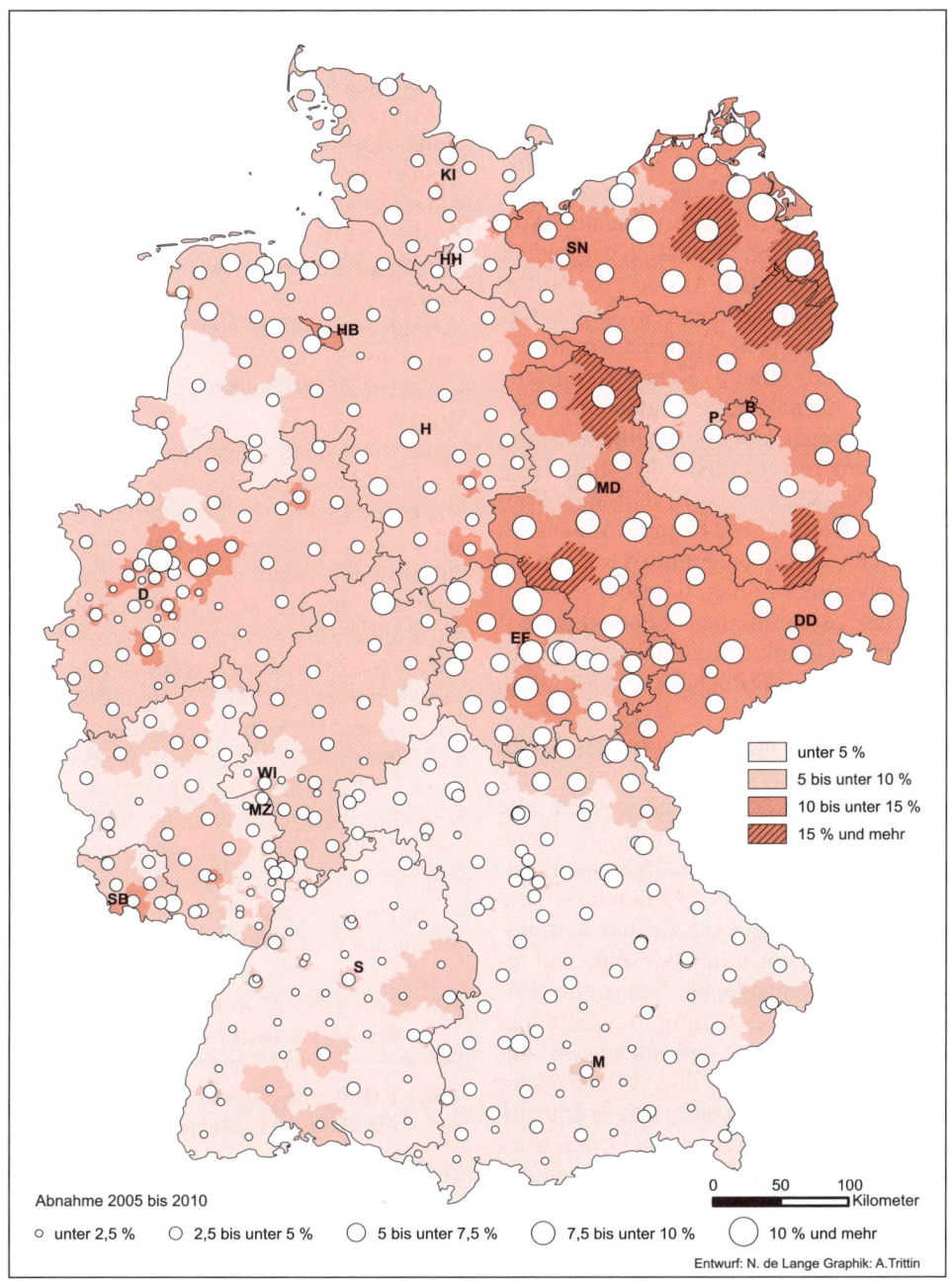

Abb. 4.19: Arbeitslosenquote 2010 und Veränderung der Arbeitslosenquote 2005-2010 in den Kreisen und kreisfreien Städten der Bundesrepublik Deutschland (Datenquelle: BUNDESINSTITUT FÜR BAU-, STADT- UND RAUMFORSCHUNG, INKAR 2012)

4.5.3 Armut

Das Armutsthema erfährt wie die Arbeitslosigkeit und die jüngeren demographischen Prozesse (zum demographischen Wandel vgl. Kap. 7) eine besondere, über die Wissenschaft und die Bevölkerungsgeographie weit hinausreichende Aufmerksamkeit. Armut kann sich ganz unterschiedlich ausprägen. Auch die **Definitionen von Armut** variieren beträchtlich, was gerade internationale Vergleiche erschwert:

„Armut in einem Entwicklungsland bedeutet oftmals eine gravierende und eventuell sogar lebensbedrohliche Unterversorgung in verschiedenen elementaren Lebensbereichen, z.B. Ernährung, Wohnen und Gesundheit. In Industrieländern geht es dagegen weniger um das schlichte Überleben als vielmehr um einen deutlich unterdurchschnittlichen Lebensstandard und eingeschränkte Möglichkeiten der gesellschaftlichen Teilhabe" (KLAGGE 2008, S. 294).

Die quantitative Erfassung von Armut gestaltet sich schwierig. Zumeist werden finanzielle Kriterien herangezogen, die aber letztlich nicht ausreichen, um Armut in allen Facetten erfassen zu können. Daher unterscheidet die Armutsforschung zwischen verschiedenen Armutsdefinitionen und -konzepten (u.a. absolute und relative Armut, mangelnde finanzielle Ressourcen, Unterversorgung mit Bildung, Wohnen, Gesundheit oder sozialen Beziehungen). Als ein vorbildliches Beispiel der Armutserfassung gilt die amtliche Statistik der USA, die auch räumliche Differenzierungen erlaubt. Die sich in den folgenden Zahlen dokumentierende Armut in den USA steht in einem deutlichen Widerspruch zum allgemeinen Vorstellungsbild der USA als „reichem" Land oder Wohlfahrtsstaat.

In den USA wird seit 1959 eine staatlich festgelegte **Armutsgrenze** („poverty level") festgelegt, die im Wesentlichen durch Einkommen und Familiengröße bestimmt wird. Dabei werden jährlich mehrere Grenzwerte berechnet, die z.B. für eine einzelne alleinstehende Person im Jahre 1980 4.190$ und im Jahre 2009 10.956$ betrugen. Für einen Mehrpersonenhaushalt mit mehr als 9 Mitgliedern lag die Armutsgrenze 1980 bei 16.896$ und 2009 bei 44.366$ (US CENSUS BUREAU, Statistical Abstract of the USA 2012, Tab. 710, S. 464).

In Deutschland kann Armut bzw. eine zentrale Facette von Armut vereinfacht über den Bezug von bestimmten Sozialleistungen operationalisiert werden (Sozialhilfe oder seit dem 1.1.2005 nach Zusammenführung von Arbeitslosenhilfe und Sozialhilfe die Grundsicherungsleistung für erwerbsfähige Hilfebedürftige: Arbeitslosengeld II oder, umgangssprachlich, „Hartz IV"). Im Hinblick auf räumliche Unterschiede zeigen sich ausgeprägte regionale Disparitäten (vgl. Abb. 4.20) sowie eine innerstädtische (Armuts-)Segregation. Gründe für diese Disparitäten liegen in unterschiedlichen regionalen Arbeitsmarktsituationen und Arbeitslosenquoten (vgl. Abb. 4.19).

4.6 Ethnische Minderheiten, Ausländer und Migranten

4.6.1 Ethnische Zugehörigkeiten und ethnische Minderheiten

Infolge internationaler Wanderungsbewegungen verändern sich die Zusammensetzungen von nationalen, regionalen oder lokalen Bevölkerungen. Neue **Mehrheiten und Minderheiten** entstehen. Bevölkerung lässt sich nicht nur nach Geschlecht,

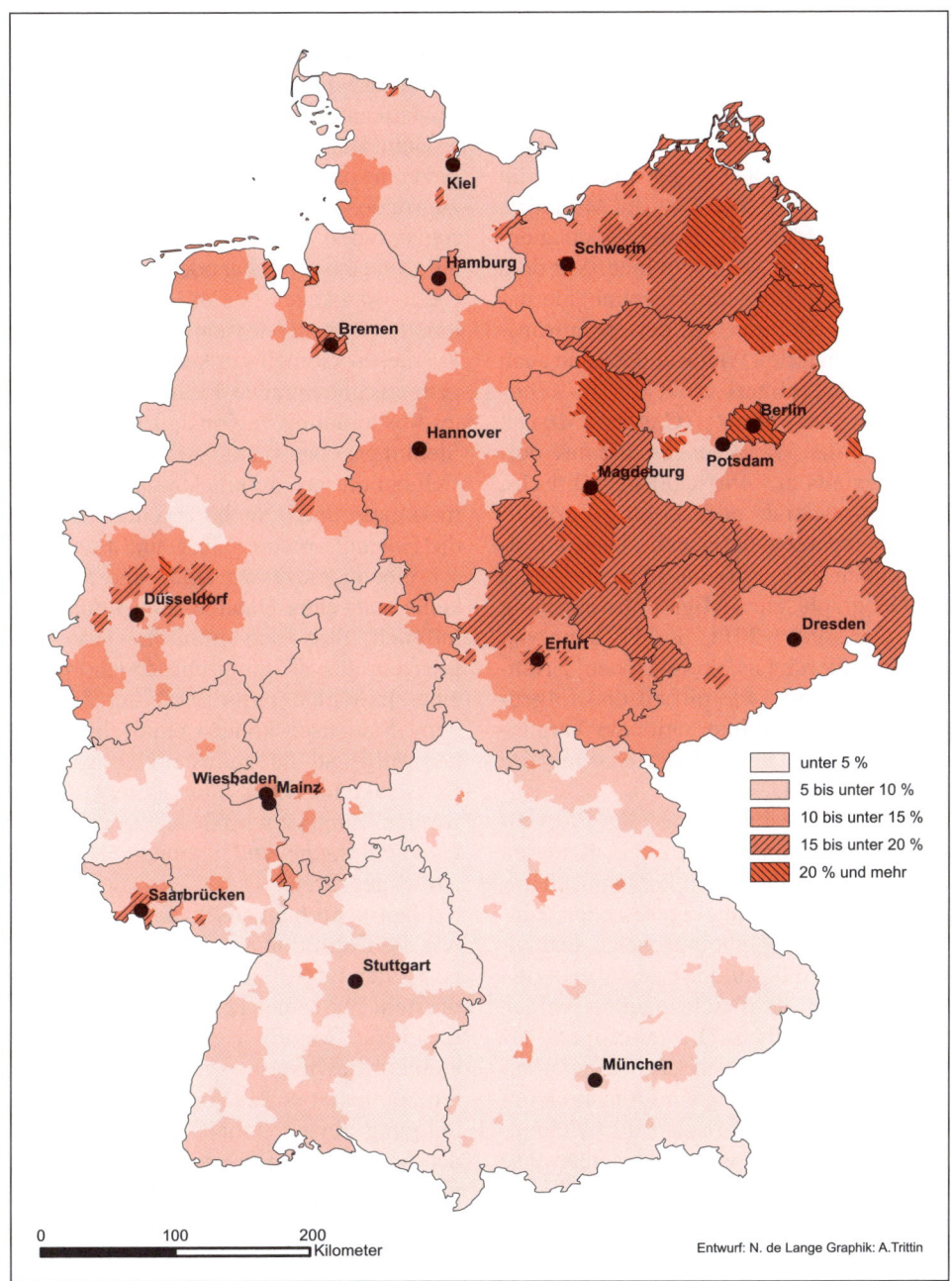

Abb. 4.20: Anteil der erwerbs- und nicht erwerbsfähigen Personen im SGB II an den unter 65-Jährigen in % in den Kreisen und kreisfr. Städten der BRD 2010 (Datenquelle: Bundesinstitut für Bau-, Stadt- und Raumforschung, INKAR 2012)

Alter, Familienstand, Bildung oder Erwerbsbeteiligung, sondern auch nach Herkunft, ethnischer Zugehörigkeit, Staatsangehörigkeit oder Migrationserfahrung differenzieren. Dieser Zusammenhang hat die Bevölkerungsgeographie schon früh interessiert. Das Interesse an Migration und ihren Folgen teilt sie mit vielen anderen Fächern und Teildisziplinen. Mit dem zunehmenden Bedeutungsgewinn internationaler Wanderungen in der gegenwärtigen, globalisierten Welt wandeln sich auch disziplinäre Aufmerksamkeiten. Im „Zeitalter der Migration" (CASTLES/MILLER 2009) werden Wanderungen und ihre Folgen ebenfalls aus wirtschafts-, politisch-, bildungs-, sozial- oder kulturgeographischer Perspektive untersucht. Dieses Teildisziplinen übergreifende Forschungsfeld der Geographischen Migrationsforschung (vgl. GANS/POTT 2011, S. 741) kann von der bevölkerungsgeographischen Erfahrung u.a. lernen, wie diffizil und folgenreich (gerade für internationale Vergleiche) schon die begriffliche Fassung des Gegenstands ist.

Verschiedene Länder und ihre Verwaltungen haben unterschiedliche Kriterien entwickelt, um ihre Bevölkerung nach **autochthonen**, also alteingesessenen Einwohnern bzw. „Einheimischen", und **allochthonen**, d.h. zumeist zugewanderten Minderheiten, statistisch zu unterscheiden und zu beschreiben. Die jeweiligen Perspektiven auf (zugewanderte) Minderheiten in der Bevölkerung sind Ausdruck unterschiedlicher historischer Entwicklungen. Einige Staaten weisen beispielsweise aufgrund einer wechselvollen Geschichte in der eigenen Nationalbevölkerung eine hohe Zahl so genannter ethnischer Minderheiten auf, die aber nicht immer auch als solche statistisch erfasst werden. Als weiteres methodisches Problem kommt hinzu,

dass viele der weltweit existierenden Minderheiten nicht von staatlicher Seite anerkannt und daher auch nicht in offiziellen Statistiken erfasst werden.

Dem Begriff der **ethnischen Gruppe** liegt ein sozialwissenschaftliches Konzept zugrunde. Demnach wird eine Bevölkerungsgruppe als **Ethnie** bezeichnet, wenn aufgrund tatsächlicher oder vermeintlicher Gemeinsamkeiten eine kollektive Gruppenidentität besteht oder markiert werden soll. Zu diesen Gemeinsamkeiten zählen eine gemeinsame Sprache, Religion, Geschichte, Abstammung, regionale Herkunft oder Siedlungsgebiete, Sitte oder Kultur. Da es sich bei diesen Merkmalen um Identitätsmerkmale und Zugehörigkeiten handelt, die Ergebnisse von Selbst- und Fremdzuschreibungsprozessen sind, sind Ethnien keine statischen Gebilde. Es ist durchaus möglich, dass sich ethnische Gruppengrenzen oder die ethnische Zugehörigkeit eines Individuums im Laufe der Zeit ändern. Statistisch können ethnische Gruppen aufgrund ihres Zuschreibungs- und Konstruktcharakters nur schwer erfasst werden. Zumeist wird daher auf Merkmale wie Sprache und nationale Herkunft zurückgegriffen.

Ebenso problematisch und ambivalent wie die Definition einer ethnischen Gruppe ist der Begriff der **(ethnischen) Minderheit**. Zum einen bezieht er sich im Vergleich zur „Mehrheit" auf eine quantitativ kleinere Bevölkerungsgruppe. Zum anderen beinhaltet er den Aspekt der Benachteiligung einer Personengruppe. So werden Minderheiten (auch **Minoritäten** genannt) häufig als Bevölkerungsgruppen beschrieben, die im Vergleich zu anderen, dominierenden Personengruppen sozialen Benachteiligungen ausgesetzt sind. Benachteiligt können jedoch auch Bevölkerungsgruppen sein, die quantitativ die

Mehrheit stellen, aber im Gegensatz zu einer kleineren elitären Personengruppe keinen oder nur einen eingeschränkten Zugang zu zentralen Ressourcen gesellschaftlicher Teilhabe (beispielsweise wirtschaftlicher Einfluss, politische Mitspracherechte, Bildung) haben.

Länder, die einst europäische Kolonien waren, weisen häufig bereits deshalb eine ethnisch heterogene Staatsbevölkerung auf, da die Grenzen ihrer Hoheitsgebiete ohne Rücksicht auf die Siedlungsgebiete dort ansässiger Völker oder ethnischer Gruppen gezogen wurden und dann nach der Unabhängigkeit unverändert blieben. So gibt es heute v.a. in Afrika viele Staaten, deren Bevölkerung durch eine große ethnische Vielfalt gekennzeichnet ist. Aber auch die Bevölkerung zahlreicher asiatischer Staaten ist ethnisch sehr heterogen. Tabelle 4.08 zeigt für ausgewählte Staaten die Anteile ethnischer Minderheiten auf, wobei darauf hinzuweisen ist, dass derartige Zahlen immer mit größeren Unsicherheiten behaftet sind, da gerade die Minoritäten statistisch schwer zu erfassen sind

bzw. gezielt von staatlicher Seite nicht erfasst werden. In den westlichen Industriestaaten haben v.a. Zuwanderungsbewegungen zu einer ethnischen Pluralisierung der Bevölkerung beigetragen.

4.6.2 Ethnische Minderheiten in den USA

Die **USA als klassisches Einwanderungsland** unterscheiden ihre Einwohner zunächst nach der Staatsangehörigkeit zum Zeitpunkt ihrer Geburt. Entsprechend kann statistisch zwischen „native" (U.S.-amerikanischer Staatsbürger durch Geburt) und „foreign-born" unterschieden werden. Zur so genannten „foreign-born population" zählen sowohl eingebürgerte Personen als auch Personen mit ausländischer Staatsangehörigkeit.

Im Jahr 2010 waren 87,6% der Bevölkerung in den USA seit ihrer Geburt U.S.-amerikanische Staatsbürger („natives"), 12,4% zählten zur Gruppe der „foreign-born". Von diesen waren wiederum 7,1% Ausländer, 5,3% hatten die U.S.-amerika-

Tab. 4.08: Staaten mit hohen Anteilen ethnischer Minderheiten (Datenquelle: Central Intelligence Agency 2013)

Indonesia	Javanese 40.6%, Sundanese 15%, Madurese 3.3%, Minangkabau 2.7%, Betawi 2.4%, Bugis 2.4%, Banten 2%, Banjar 1.7%, other or unspecified 29.9% (2000 census)
Malaysia	Malay 50.4%, Chinese 23.7%, Indigenous 11%, Indian 7.1%, others 7.8% (2004 est.)
Bosnia and Herzegowina	Bosniak 48%, Serb 37.1%, Croat 14.3%, other 0.6% (2000) *note:* Bosniak has replaced Muslim as an ethnic term in part to avoid confusion with the religious term Muslim – an adherent of Islam
Turkey	Turkish 70-75%, Kurdish 18%, other minorities 7-12% (2008 est.)
Russia	Russian 79.8%, Tatar 3.8%, Ukrainian 2%, Bashkir 1.2%, Chuvash 1.1%, other or unspecified 12.1% (2002 census)
India	Indo-Aryan 72%, Dravidian 25%, Mongoloid and other 3% (2000)

➜ **NOTE: Please answer BOTH Question 8 about Hispanic origin and
Question 9 about race. For this census, Hispanic origins are not races.**

8. **Is Person 1 of Hispanic, Latino, or Spanish origin?**

☐ **No,** not of Hispanic, Latino or Spanish origin
☐ Yes, Mexican, Mexican Am., Chicano
☐ Yes, Puerto Rican
☐ Yes, Cuban
☐ Yes, another Hispanic, Latino, or Spanish origin- *Print origin, for example
Argentinean, Colombian, Dominican, Nicaraguan, Salvadoran, Spaniard, and so on.*↗

9. **What is Person 1´s race? Mark ☒ one or more boxes.**

☐ White
☐ Black, African Am., or Negro
☐ American Indian or Alaska Native *- Print name of enrolled or principal tribe.* ↗

☐ Asian Indian	☐ Japanese	☐ Native Hawaiian
☐ Chinese	☐ Korean	☐ Guamanian or Chamorro
☐ Filipino	☐ Vietnamese	☐ Samoan

☐ Other Asian *- Print race, for
example, Hmong, Laotian, Thai,
Pakistani, Cambodian, and so on.* ↗   ☐ Other Pacific Islander- *Print
race, for example, Fijian, Tongan,
and so on.* ↗

☐ Some other race - *Print race.* ↗

Graphik: A.Trittin

Abb. 4.21: Zensusformular USA 2010 (Quelle: US CENSUS BUREAU 2010)

nische Staatsangehörigkeit durch Einbürgerung erlangt (US CENSUS BUREAU, Statistical Abstract of the USA 2012, Tab. 40).

Zudem wird die Bevölkerung der USA häufig nach „race" und „ethnic origin" differenziert, wobei letztere Kategorie v.a. einer Zuordnung nach den Kategorien „Hispanic"/„Non-Hispanic" entspricht. In den regelmäßigen Volkszählungen wird diesbezüglich um eine Selbstauskunft (so genannte self-identification) gebeten (vgl. Abb. 4.21), d.h. jede Person wird aufgefordert, sich selbst einer „Rasse" zuzuordnen und darüber Auskunft zu geben, ob sie his-

panischer Ethnizität oder Abstammung („Hispanic Origin") ist oder nicht.

„Race" und „Hispanic Origin" (ethnicity) werden als zwei unterschiedliche Konzepte aufgefasst. Die amerikanischen Behörden sind gehalten, unabhängig von der „Rasse" mindestens zwei Ethnizitäten zu unterscheiden: „Hispanic or Latino" und „not Hispanic or Latino": „,Hispanic or Latino' refers to a person of Cuban, Mexican, Puerto Rican, South or Central American, or other Spanish culture or origin regardless of race" (HUMES ET AL. 2011, S. 2).

Die Kategorie „race" wird seit dem ersten Zensus von 1790 erfasst – trotz aller wissenschaftlichen und politischen Kritik am Begriff und Konzept der „Rasse" in den vergangenen Jahrzehnten. Die Abfrage und Erfassung von „race" ist politisch stets umstritten. Sie wird von Statistikern, (Sozial-)Politikern, Planern und manchen Vertretern benachteiligter Minderheiten befürwortet, dagegen von Kritikern unter Verweis auf Rassismus und die Katastrophen vergangener „Rasse"-Politik (der Nationalsozialisten, der südafrikanischen Apartheid) abgelehnt. Seit 1997 müssen staatliche Behörden in den USA bei Volkszählungen und statistischen Erhebungen mindestens fünf Kategorien („race categories") abfragen: (1) „White", (2) „Black or African American", (3) „American Indian or Alaska Native", (4) „Asian", (5) „Native Hawaiian or other Pacific Islander". Personen, die sich mit keiner dieser Zuschreibungen identifizieren, können seit der Volkszählung im Jahr 2000 auch die Kategorie (6) „Some Other Race" ankreuzen. Neben der Zuordnung zu einer der sechs Kategorien besteht auch die Möglichkeit, dass befragte Individuen mehr als eine „Rasse" ankreuzen, der sie sich zugehörig fühlen. So ergeben sich 57 so genannte „multiple race combinations".

Zwei Beispiele für die im Zensus 2010 definierten Kategorien:

„‚White' refers to a person having origins in any of the original peoples of Europe, the Middle East, or North Africa. It includes people who indicated their race(s) as ‚White' or reported entries such as Irish, German, Italian, Lebanese, Arab, Moroccan, or Caucasian.

‚Black or African American' refers to a person having origins in any of the Black racial groups of Africa. It includes people who indicated their race(s) as ‚Black, African Am[erican], or Negro' or reported entries such as African American, Kenyan, Nigerian, or Haitian" (HUMES ET AL. 2011, S. 3).

Nach den Ergebnissen der jüngsten Volkszählung im Jahr 2010 leben aktuell 50,5 Millionen „Hispanics" in den USA, ihr Anteil an der Gesamtbevölkerung beträgt 16% (vgl. Tab. 4.09). Damit bilden sie die größte Minderheit (so genannte „minority"). Als „minority" werden in den USA im Allgemeinen diejenigen Personen bzw. Bevölkerungsgruppen bezeichnet, die sich selbst nicht als „Non-Hispanic White Alone" identifizieren. Die Mehrheit an der Gesamtbevölkerung (196,8 Millionen der insgesamt 308,7 Millionen Einwohner, 64% der Gesamtbevölkerung) stellen weiterhin Personen, die der Gruppe der „Non-Hispanic White Alone" zugeordnet werden.

In einigen Gebietskörperschaften (counties) der USA stellen „Minderheiten" aber (bereits) eine Mehrheit der Bevölkerung (z.B. Einwanderer aus Mexiko im Grenzraum zu Mexiko und in Kalifornien oder Native Americans in den Reservaten in Arizona und New Mexico). Laut Angaben der Statistikbehörde der USA (U.S. Census Bureau) bilden Minderheiten aktuell bereits die Mehrheit (50,4%) der Bevölkerungsgruppe der unter Einjährigen in den USA (Stand: Mai 2012). Prognosen des Pew Hispanic Centers besagen, dass „nicht-hispanische Weiße" (Non-Hispanic Whites) im Jahr 2050 nur noch etwas weniger als die Hälfte (47%) der Gesamtbevölkerung der Vereinigten Staaten ausmachen werden (vgl. PASSEL/LIVINGSTON/ COHN 2012, S. 2).

Tab. 4.09: Bevölkerung der USA 2000 und 2010 nach „Hispanic or Latino Origin" und „Race" (in 1000) (Datenquelle: Humes et al. 2011, S. 4)

	2000		2010		Change 2000-2010	
	number	%	number	%	Number	%
Total population	281422	100	308746	100	27324	9,7
Hispanic or Latino	38306	12,5	50478	16,3	15172	43,0
Not Hispanic or Latino	246116	87,5	258268	83,7	12152	4,9
White alone	194553	69,1	196818	63,7	2265	1,2
One race	274596	97,6	299736	97,1	25141	9,2
White	211460	75,1	223553	72,4	12093	5,7
Black or African American	34658	12,3	38929	12,6	4271	12,3
American Indian and Alaska Native	2476	0,9	2932	0,9	456	18,4
Asian	10243	3,6	14674	4,8	4431	46,3
Native Hawaiian and other Pacific Islander	399	0,1	540	0,2	141	35,4
Some other race	15359	5,5	19107	6,2	3748	24,4
Two or more races	6826	2,4	9009	2,9	2183	32,0

4.6.3 Personen mit Migrationshintergrund in Deutschland

In Deutschland wird die Bevölkerung statistisch primär nach der Staatsangehörigkeit erfasst, wobei zunächst zwischen deutschen Staatsangehörigen und **Ausländern bzw. Ausländerinnen** unterschieden wird. Seit 2005 wird darüber hinaus auch der so genannte Migrationshintergrund erhoben. Im Mikrozensus zählen zur Gruppe der **Personen mit Migrationshintergrund** solche, „die nach 1949 auf das heutige Gebiet der Bundesrepublik Deutschland zugezogen sind, sowie alle in Deutschland geborenen Ausländer/-innen und alle in Deutschland als Deutsche Geborene mit zumindest einem zugewanderten oder als Ausländer in Deutschland geborenen Elternteil" (Stat. Bundesamt, Stat. Jahrbuch 2011, S. 31). In der Volkszählung 2011 wurde eine leicht abweichende Definition des Migrationshintergrundes verwendet, zu dem alle Personen, die nach 1955 zugewandert sind, zählen. Anders als in den USA oder Großbritannien wird keine Kategorisierung nach rassischer oder ethnischer Zugehörigkeit vorgenommen. Entsprechend wird in Volksbefragungen auch keine Selbstzuordnung verlangt. Stattdessen fragte beispielsweise der so genannte registergestützte Zensus aus dem Jahr 2011 neben der Staatsangehörigkeit auch Informationen zur Zuwanderung ab (vgl. Abb. 4.22).

Zuwanderung	noch: Zuwanderung

14 Sind Sie nach 1955 in das heutige Gebiet der Bundesrepublik Deutschland zugezogen ?

Ja ☐

Nein ☐ ▶ Weiter mit Frage 17.

15 In welchem Jahr war das ?

Jahr ☐☐☐☐

16 Aus welchem Staat sind Sie zugezogen ?

ℹ Bitte geben Sie die Kurzbezeichnung für den Staat aus der Liste „Staaten/Regionen" an, in dem Ihr Herkunftsgebiet heute liegt (z. B. „Russische Föderation" statt der früheren Sowjetunion oder „Kroatien" statt des früheren Jugoslawiens). ☐☐☐

17 Ist Ihre Mutter nach 1955 in das heutige Gebiet der Bundesrepublik Deutschland zugezogen ?

Ja ☐

Nein ☐ ▶ Weiter mit Frage 20.

18 In welchem Jahr war das ?

Jahr ☐☐☐☐

19 Aus welchem Staat ist Ihre Mutter zugezogen ?

ℹ Bitte geben Sie die Kurzbezeichnung für den Staat aus der Liste „Staaten/Regionen" an, in dem Ihr Herkunftsgebiet heute liegt (z. B. „Russische Föderation" statt der früheren Sowjetunion oder „Kroatien" statt des früheren Jugoslawiens). ☐☐☐

20 Ist Ihr Vater nach 1955 in das heutige Gebiet der Bundesrepublik Deutschland zugezogen ?

Ja ☐

Nein ☐ ▶ Weiter mit Frage 23.

21 In welchem Jahr war das ?

Jahr ☐☐☐☐

22 Aus welchem Staat ist Ihr Vater zugezogen ?

ℹ Bitte geben Sie die Kurzbezeichnung für den Staat aus der Liste „Staaten/Regionen" an, in dem Ihr Herkunftsgebiet heute liegt (z. B. „Russische Föderation" statt der früheren Sowjetunion oder „Kroatien" statt des früheren Jugoslawiens). ☐☐☐

Graphik: A.Trittin

Abb. 4.22: Ausschnitt aus dem Fragebogen zur „Haushaltsbefragung auf Stichprobenbasis zum Zensus 2011 (Quelle: STATISTISCHE ÄMTER DES BUNDES UND DER LÄNDER 2013B)

Nach dem Zensus von 2011 lebten in Deutschland 6,2 Millionen **Ausländer**, was einem Anteil von 7,7 % an der Gesamtbevölkerung entspricht. Die regionale Verteilung zeigt dabei einen deutlichen Land-Stadt- sowie einen Ost-West-Gegensatz (vgl. Abb. 4.23).

So waren 2011 in den Neuen Bundesländern (ohne Berlin) nur 219.410 Ausländer ansässig. Der Ausländeranteil betrug weniger als 2 %. Demgegenüber wohnten allein in Berlin 372.280 Ausländer (Anteil 11,3 %). Abbildung 4.23 zeigt vergleichsweise höhere Ausländeranteile zum einen in den grenznahen Kreisen zu den Niederlanden (vgl. Grafschaft Bentheim und

Kreis Kleve), zur Schweiz (vgl. Kreise Lörrach, Waldshut, Konstanz) oder zu Österreich (vgl. Landkreis Berchtesgadener Land) und zum anderen in den (westlichen) Großstädten und Metropolregionen. Die 10 Städte mit dem größten Ausländeranteil 2011 waren: Frankfurt a.M. (24,1 %, 161.000), München (20,9 %, 281.000), Stuttgart (20,8 %, 122.000), Köln (16,4 %, 165.000), Nürnberg (16,3 %, 79.000), Düsseldorf (16,2 %, 94.000), Hamburg (12,4 %, 211.000), Berlin (11,3 %, 372.000) und die Region Hannover (9,2 %, 101.000). Die Verteilung spiegelt in hohem Maße die Zuwanderung ausländischer Arbeitnehmer in die Industrieregionen Westdeutschlands

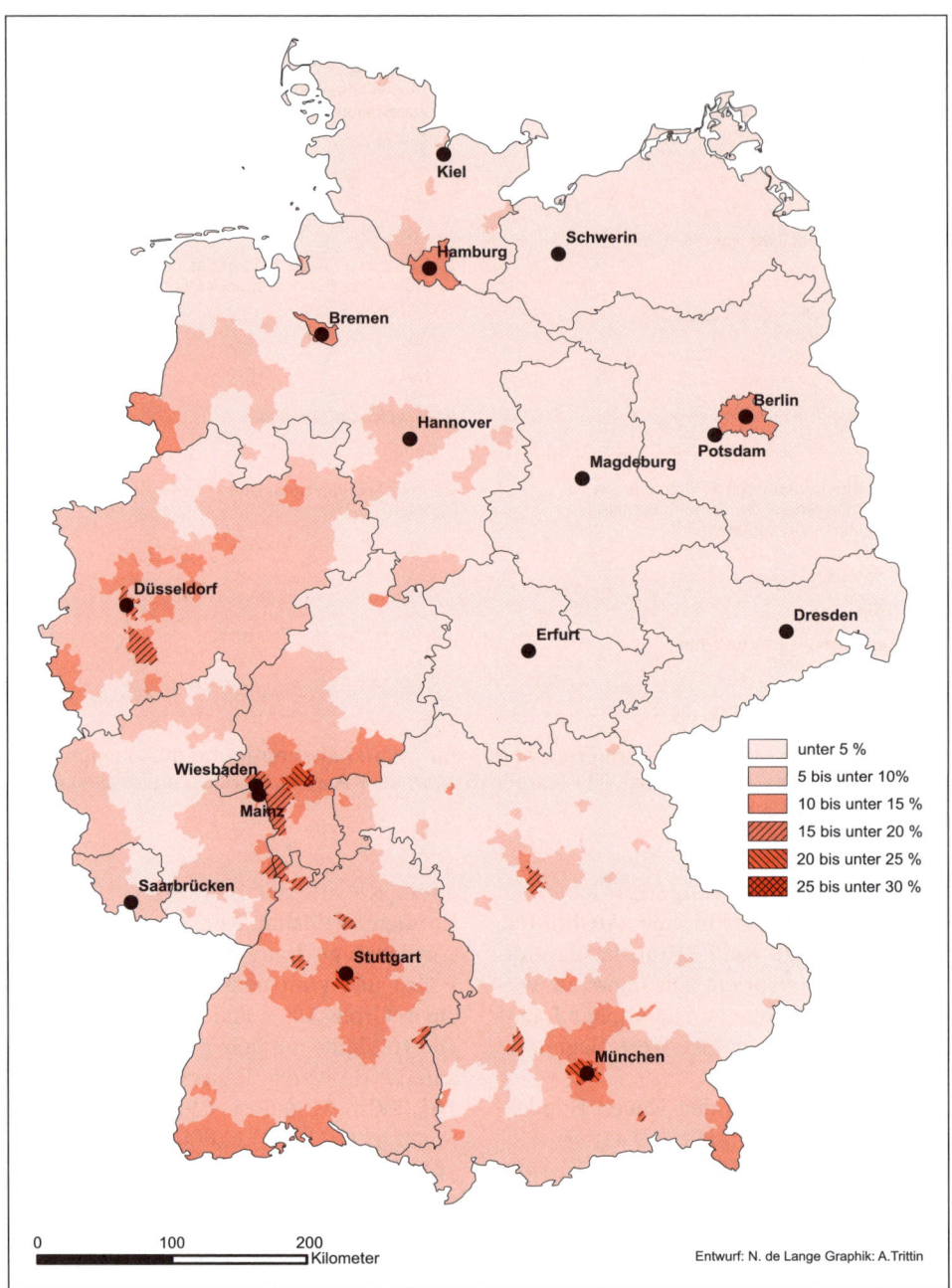

	unter 5 %
	5 bis unter 10%
	10 bis unter 15 %
	15 bis unter 20 %
	20 bis unter 25 %
	25 bis unter 30 %

0   100   200
Kilometer

Entwurf: N. de Lange Graphik: A.Trittin

Abb. 4.23: Ausländeranteil in Deutschland in Kreisen und kreisfreien Städten der Bundesrepublik Deutschland nach dem Zensus 2011 (Datenquelle: STAT. BUNDESAMT 2013H)

wider, in die Verdichtungsräume Stuttgart, Mannheim/Ludwigshafen, Frankfurt/Offenbach oder Nürnberg sowie in das Rheinisch-Westfälische Industriegebiet zwischen der Rheinschiene und Hamm. Die Attraktivität einiger Hochschulstandorte für ausländische Studierende führt neben anderen Faktoren zu höheren Ausländeranteilen in der Städteregion Darmstadt (14,8%, 21.200), Karlsruhe (14%, 44.400), Aachen (10,3%, 55.500) und auch in Münster (7,3%, 21.200).

Die Zahlen für den Migrationshintergrund liegen deutlich höher. Laut Zensus lebten 2011 15 Millionen Personen mit Migrationshintergrund in Deutschland. Der Anteil dieser Personengruppe an der Gesamtbevölkerung betrug 18,9%. Damit hatte fast jeder fünfte Einwohner in Deutschland eine Zuwanderungsgeschichte. Die Mehrheit der Personen mit Migrationshintergrund waren deutsche Staatsangehörige (9 Millionen).

Neben dem Migrationshintergrund im weiteren Sinne erfasst der Zensus auch, ob eine Person selbst zugewandert ist („Personen mit eigener Migrationserfahrung") oder ob es sich um eine Person handelt, die in Deutschland geboren wurde und zur zweiten oder dritten Zuwanderergeneration zählt („Personen ohne eigene Migrationserfahrung", vgl. Abb. 4.24). Insgesamt lebten nach dem Zensus 2011 9,1 Millionen mit Migrationshintergrund und mit eigener Migrationserfahrung in Deutschland, 5,9 Millionen der Bevölkerung mit Migrationshintergrund hatten keine eigene Migrationserfahrung.

Tab. 4.10: Ausprägungen des detaillierten Migrationsstatus in Deutschland (Quelle: STAT. BUNDESAMT 2011B, S.7)

Bevölkerung insgesamt
1   Deutsche ohne Migrationshintergrund
2   Personen mit Migrationshintergrund im weiteren Sinn insgesamt
    2.1   darunter: Migrationshintergrund nicht durchgehend bestimmbar
    2.2   Personen mit Migrationshintergrund im engeren Sinn insgesamt
        2.2.1   Personen mit eigener Migrationserfahrung (Zugewanderte) insgesamt
            2.2.1.1   Ausländer
            2.2.1.2   Deutsche
                2.2.1.2.1   (Spät-)Aussiedler
                2.2.1.2.2   Eingebürgerte
        2.2.2   Personen ohne eigene Migrationserfahrung (nicht Zugewanderte) insgesamt
            2.2.2.1   Ausländer (2. und 3. Generation)
            2.2.2.2   Deutsche
                2.2.2.2.1   Eingebürgerte
                2.2.2.2.2   Deutsche mit mindestens einem zugewanderten oder als Ausländer in Deutschland geborenen Elternteil
                    2.2.2.2.2.1   mit beidseitigem Migrationshintergrund
                    2.2.2.2.2.2   mit einseitigem Migrationshintergrund

Tab. 4.11: Bevölkerung mit Migrationshintergrund in Deutschland nach Staatsangehörigkeit und regionaler Herkunft (in 1000) (Ergebnis des Zensus 2011 zum Berichtszeitpunkt 9. Mai 2011; Datenquelle: STATISTISCHE ÄMTER DES BUNDES UND DER LÄNDER 2013C)

Migrationshintergrund nach regionaler Herkunft		Deutsche	Ausländer/-innen
EU27-Land	5.655	3.210	2.444
sonstiges Europa (inklusive Türkei und Russische Föderation)	5.404	2.978	2.427
sonstige Welt	3.958	2.850	1.109
gesamt	15.017		

Die Mehrheit der **Zuwanderer in Deutschland** kommt aus Europa (vgl. Tab. 4.11). Rund 74% bzw. knapp 38% der Personen mit Migrationshintergrund stammte aus einem europäischen Land bzw. aus einem Mitgliedstaat der EU-27. Das wichtigste europäische Herkunftsland von Migranten in Deutschland ist die Türkei, gefolgt von Polen, der Russischen Föderation und Italien. Das wichtigste außereuropäische Herkunftsland von Migranten (überwiegend Spätaussiedler) ist Kasachstan (nach Mikrozensus 2011, vgl. STAT. BUNDESAMT 2012B).

Die **Bevölkerung mit Migrationshintergrund in Deutschland** ist regional sehr unterschiedlich verteilt (vgl. Abb. 4.24). Der Gegensatz zwischen alten und neuen Bundesländern ist weitaus größer als bei der regionalen Verteilung der ausländischen Bevölkerung. Mit knapp 97% lebt die große Mehrheit (14,529 Millionen) im früheren Bundesgebiet und in Berlin. Auf die neuen Bundesländer ohne Berlin verteilen sich dagegen nur 488.420 Personen mit Migrationshintergrund. Der Blick auf die Verteilung der Bevölkerung mit Migrationshintergrund im Vergleich zu der der ausländischen Bevölkerung (vgl. Abb.

4.23) macht eindrucksvoll deutlich, wie weit die Migrationserfahrung die Bevölkerung Westdeutschlands prägt.

Auslöser hierfür ist v.a. die **Arbeitsmigration aus den Mittelmeerländern** in den 1960er Jahren in die Industrieregionen der (alten) BRD bis zum Anwerbestopp 1973. In der Zeit von 1960 bis 1973 kamen rund 2 Millionen ausländische Arbeitskräfte nach Deutschland. Zwar verringerte sich deren Zahl durch **Remigration** in die Heimatländer. Jedoch blieb ein Teil der so genannten **Gastarbeiter** in Deutschland, so dass anschließende Familienzusammenführungen zu dem relativ großen Anteil an Personen mit Migrationshintergrund beitrugen (neben dem Zuzug von Asylbewerbern und von (Spät-)Aussiedlern, d.h. Deutschstämmigen aus Mittel- und Osteuropa sowie aus den Nachfolgestaaten der Sowjetunion).

Ähnlich warb die ehemalige DDR ab 1960 so genannte Vertragsarbeiter an, die zunächst zur Aus- und Weiterbildung, später zur Deckung des Arbeitskräftebedarfs in die DDR kamen. Die Zahlen waren aber vergleichsweise gering. Ein dauerhafter Aufenthalt war nicht vorgesehen, die Be-

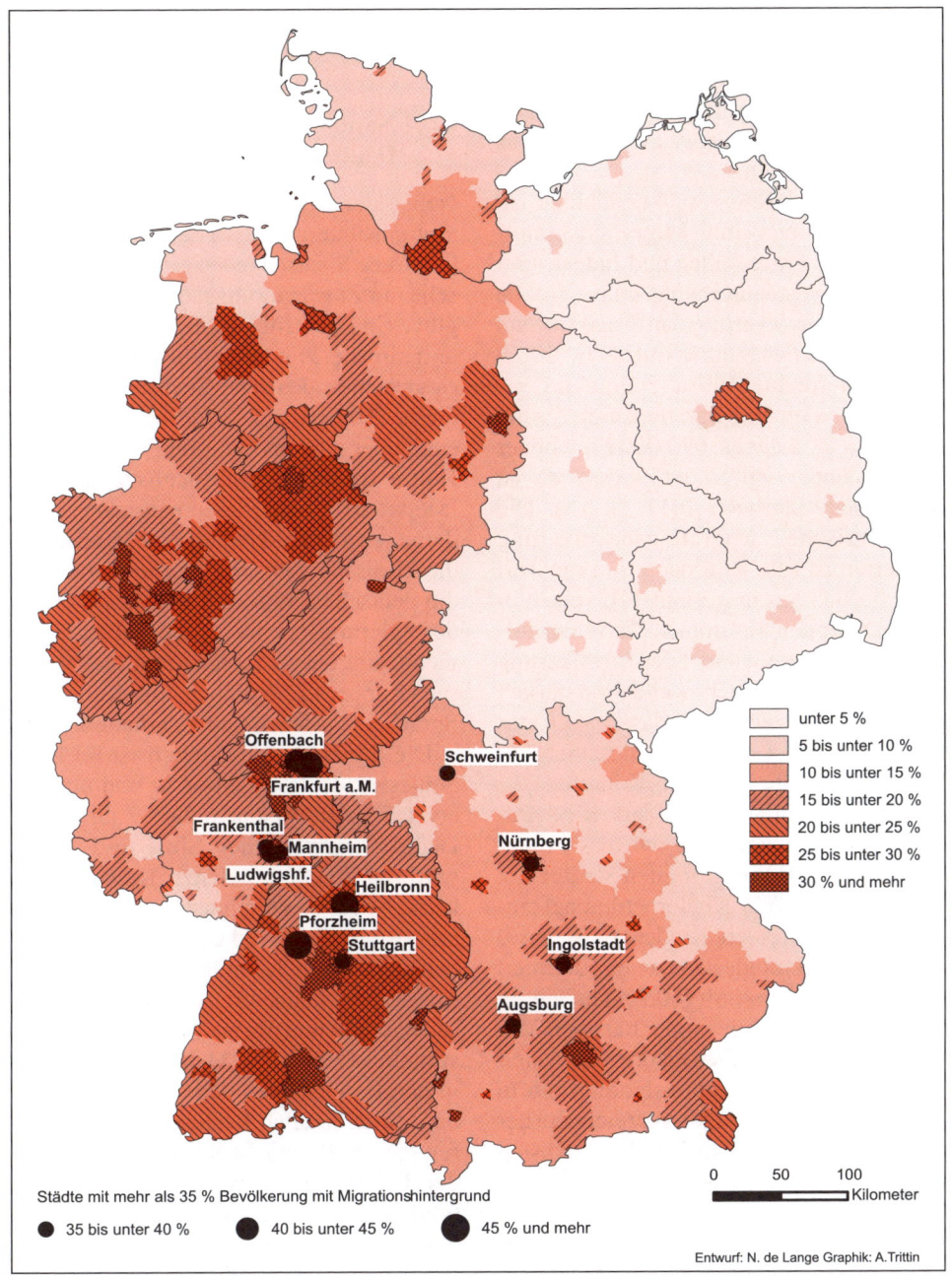

Abb. 4.24: Anteil der Personen mit Migrationshintergrund an der Bevölkerung in Deutschland in Kreisen und kreisfreien Städten der Bundesrepublik Deutschland nach dem Zensus 2011 (Datenquelle: STAT. BUNDESAMT 2013I)

gleitung durch Familienangehörige war gesetzlich ausgeschlossen. Ende 1989 lebten ca. 190.000 Ausländer in der DDR, von denen ca. 90.000 Vertragsarbeiter waren, von denen wiederum etwa zwei Drittel aus Vietnam stammten.

Wie aus Abbildung 4.24 ersichtlich ist, stellen Personen mit Migrationshintergrund v.a. in Großstädten und Industrieregionen in Westdeutschland einen großen Anteil der Bevölkerung dar. Frankfurt am Main zählt zu den Städten mit der höchsten Zuwandererdichte: 40% aller Frankfurter/innen haben einen Migrationshintergrund (und rund 24% der ca. 690.000 Einwohner sind Ausländer; vgl. STADT FRANKFURT AM MAIN, Stat. Jahrbuch 2011, S. 15). Die großstädtische Migrationsbevölkerung wiederum ist sehr heterogen; in Frankfurt setzt sie sich aus insgesamt 176 verschiedenen Nationen zusammen. Dass der migrationsbedingte Wandel der Bevölkerung sich in Zukunft noch weiter verstärken wird, illustriert ebenfalls das Frankfurter Beispiel: Richtet man den Blick hier insbesondere auf die jüngeren Kohorten und legt man dabei die Statistik zur Kindertagesbetreuung zugrunde, wird sichtbar, dass im Jahr 2011 im gesamten Stadtgebiet bereits 6 von 10 in Kinderbetreuungseinrichtungen betreuten Kinder zwischen 0 und 13 Jahren mindestens einen Elternteil ausländischer Herkunft (60,7%) hatten. In 14 Stadtteilen war dies sogar bei über 70% der Kinder der Fall. Den niedrigsten Anteil an Kindern mit Migrationshintergrund in Betreuungseinrichtungen verzeichnete der Stadtteil Harheim (24,6%), den höchsten hatte der Stadtteil Hausen (85,7%) (vgl. STADT FRANKFURT AM MAIN 2012). Frankfurt am Main ist ein sehr prominentes Beispiel für die zunehmende Heterogenisierung bzw. Internationalisierung der Bevölkerung Deutschlands, die auch in anderen deutschen Städten und Regionen zu beobachten ist (vgl. Kap. 7.4.4).

4.6.4 Nationale Minderheiten in Deutschland

Neben der Gruppe der Personen mit Migrationshintergrund, zu denen sowohl ausländische Staatsangehörige als auch Deutsche mit Zuwanderungsgeschichte zählen, gibt es in Deutschland auch vier anerkannte nationale Minderheiten. Dabei handelt es sich um „deutsche Staatsangehörige", die in Deutschland „traditionell heimisch sind, aber eine andere Muttersprache und Kultur haben" (BUNDESMINISTERIUM DES INNERN 2011). Zu diesen nationalen Minderheiten zählen die dänische Minderheit, die friesische Volksgruppe, die Sorben und die deutschen Sinti und Roma. Die Bundesregierung hat sich verpflichtet, Rahmenbedingungen zu schaffen, die es diesen Gruppen ermöglichen, ihre Kultur und Sprache zu pflegen und zu erhalten.

Die **dänische Minderheit** ist im Land Schleswig-Holstein ansässig und umfasst etwa 50.000 Personen. Die Zahl der in Deutschland lebenden **Sinti und Roma** wird auf 70.000 geschätzt. Da statistisch keine Angaben zu ethnischen Merkmalen erhoben werden, sind genaue Zahlenangaben nicht möglich. Anders als die dänische Minderheit konzentrieren sich die deutschen Sinti und Roma nicht auf ein bestimmtes Gebiet. Die Mehrheit lebt jedoch in den Hauptstädten der alten Bundesländer (einschließlich Berlin) sowie in anderen großen Ballungsgebieten. Die Gruppe der **Friesen** zählt zwischen 50.000 und 60.000 Personen, die v.a. im Norden Schleswig-Holsteins sowie im Nordwesten Niedersachsens leben. Bereits seit dem 7. Jahrhundert leben **Sorben**, **Obersorben** und **Niedersorben/Wenden** in der Oberlausitz im Freistaat Sachsen sowie in der Niederlausitz im Südosten des Landes Brandenburg. Ihre Zahl wird ebenfalls auf etwa 60.000 Personen geschätzt (vgl. BUNDESMINISTERIUM DES INNERN 2011).

Weiterführende Literatur

BREMNER, J., FROST, A., HAUB, C., MATHER, M., RINGHEIM, K. u. E. ZUEHLKE (2010): World Population Highlights: Key findings from PRB's 2010 World Population Data Sheet. Population Bulletin 65, 2. http://www.prb.org/pdf10/65.2highlights.pdf (10.9.2013)

BURDACK, J. (2011): Jugendarbeitslosigkeit in Deutschland. In: Nationalatlas aktuell 7. Leipzig: Leibniz-Institut für Länderkunde. http://aktuell.nationalatlas.de/arbeitslosigkeit-7_07-2011-0-html/ (10.9.2013)

INSTITUT FÜR LÄNDERKUNDE (Hg.) (2001): Nationalatlas der Bundesrepublik Deutschland. Bd. 4: Bevölkerung. Heidelberg/Berlin: Spektrum Akademischer Verlag, darin Abschnitte Bevölkerungsverteilung und -entwicklung, Bevölkerungsstruktur sowie Sozioökonomische Strukturen

JACOBSEN, L.A., KENT, M., LEE, M. u. M. MATHER (2011): America's aging population. Population Reference Bureau (Hg.): Population Bulletin 66/1, Washington

UN DESA (= United Nations Department of Economic and Social Affairs) (2013): World Population Prospects. The 2012 Revision. Highlights and Advance Tables. http://esa.un.org/wpp/Documentation/pdf/WPP2012_HIGHLIGHTS.pdf (30.10.2013)

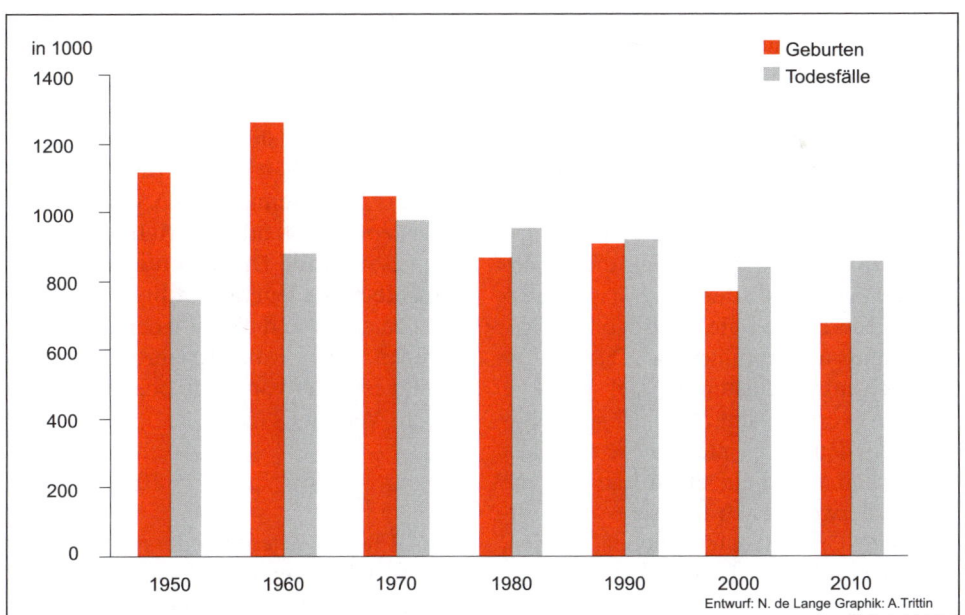

Abb. 5.01: Geburten und Todesfälle in Deutschland 1950-2010 (Datenquelle: Stat. Bundesamt, Stat. Jahrbuch 2012, S. 33)

Das Ausmaß der natürlichen Bevölkerungsbewegung ergibt sich aus dem Saldo der Geborenen und Gestorben. Das natürliche Bevölkerungswachstum wird somit durch die Fertilität (Fruchtbarkeit) und die Mortalität (Sterblichkeit) einer Bevölkerung bestimmt. Zur Kennzeichnung dieser Prozesse hat die Demographie – genauer: die Bevölkerungsstatistik – verschiedene Kennziffern entwickelt, die diese Prozesse näher beschreiben.

Grundlegend für die natürliche Bevölkerungsbewegung ist der Begriff „generatives Verhalten", der die Gesamtheit der Faktoren beschreibt, die den Teilprozess der Fruchtbarkeit betreffen bzw. beeinflussen. Dazu zählen u.a. gesellschaftliche, wirtschaftliche, politische oder religiöse Normen und Bedingungen, die das Verhalten von Menschen und (zusammen mit biologischen Faktoren) auch die Zahl der Kinder beeinflussen.

5.1 Die natürliche Bevölkerungs-
bewegung im Überblick

Im weltweiten Vergleich haben sich seit etwa 1990 die Kennwerte der natürlichen Bevölkerungsbewegung stetig und zum Teil deutlich verändert (vgl. Tab. 5.01). Zu erkennen sind weltweit ein **genereller Rückgang der Fruchtbarkeit** (vgl. total fertility rate und allgemeine Geburtenrate) und der Sterblichkeit (vgl. die allgemeine Sterberate, v.a. die Rate der Säuglingssterblichkeit sowie als Ergebnis die Zunahme der Lebenserwartung), so dass inzwischen generell die Rate des Bevölkerungswachstums abgenommen hat. Das relative Bevölkerungswachstum hat sich weltweit gesehen verlangsamt, wobei allerdings noch sehr deutliche Unterschiede zwischen den Erdteilen und einzelnen Ländern, die klassischerweise nach Industrie- und Entwicklungsländern unterschieden werden, bestehen (vgl. Kap. 1.1 u. 7.3).

5.2 Fertilität

5.2.1 Kennziffern der Fertilität

Geburtenhäufigkeit und **Fertilität** (**Fruchtbarkeit**) gelten in der Bevölkerungsstatistik nicht als Synonyme. Der Begriff der **Geborenen- oder Geburtenhäufigkeit** (**Natalität**) setzt die Zahl der Geborenen mit der Gesamtbevölkerung ins Verhältnis. So gibt die allgemeine **rohe Geburtenrate** (crude birth rate, CBR) die Zahl der Lebendgeborenen (births, B) in einem Kalenderjahr in Bezug auf 1.000 Personen der Bevölkerung (population, P) innerhalb dieses Zeitraums an. Dabei wird die Bevölkerung entweder an einem Stichtag (zumeist zur Jahresmitte) berechnet oder es wird ein Jahresmittelwert herangezogen (zum Bevölkerungsstand vgl. Kap. 2.1).

$$CBR = \frac{B}{P} \times 1000$$

Die CBR stellt allerdings nur ein grobes Fertilitätsmaß dar, da die Durchschnittsbevölkerung unstrukturiert, d.h. „roh", in die Berechnungen eingeht. Von Fruchtbarkeit oder Fertilität wird deshalb dann gesprochen, wenn die Zahl der Lebendgeborenen (B) zur weiblichen Bevölkerung im gebärfähigen Alter (female 15-45 years, F_{15-45}) – also zu den potentiellen Müttern – in Bezug gesetzt wird. Die **allgemeine Fruchtbarkeitsrate** (general fertility rate, GFR) setzt entsprechend die Zahl der Lebendgeborenen (eines Kalenderjahres) zu 1.000 Frauen im Alter von 15-45 oder 15-49 Jahren ins Verhältnis:

$$GFR = \frac{B}{F_{15-45}} \times 1000$$

Die GFR gibt gegenüber der rohen Geburtenrate (CBR) genauere Auskunft über das tatsächliche **Reproduktionsverhalten einer Bevölkerung** (zu Deutschland vgl. Tab. 5.04). Einflüsse, die durch ältere oder jüngere, nicht zur Fertilität beitragende Jahrgänge sowie durch ungleichgewichtige Geschlechterproportionen (z.B. infolge von Kriegsverlusten oder Wanderungen) bedingt sind, bleiben unberücksichtigt. Jedoch kann die allgemeine Fruchtbarkeitsrate oft aufgrund einer nicht ausreichenden Datenlage nicht hinreichend genau berechnet werden. So bleibt die rohe Geburtenrate (CBR) bei internationalen Vergleichen die am häufigsten verwendete Messziffer.

Die genannten Geburten- und Fruchtbarkeitsraten haben den Nachteil, dass ihre Werte nicht nur vom Ausmaß der Fertilität, sondern auch vom Altersaufbau der Bevölkerung abhängen. Die **altersspezifischen Fruchtbarkeitsraten** (fertility rate i, FR_i)

Tab. 5.01: Indikatoren zur natürlichen Bevölkerungsbewegung im weltweiten Überblick seit 1980 (Datenquellen: Pop. Reference Bureau, 1980, 1990, 2000 u. 2012 World Population Data Sheet)

	Afrika	Asien*	Nord-Amerika	Latein-Amerika	Europa	UdSSR	Ozeanien	Welt
Bevölkerung Mio.								
um 1980	472	2563	247	360	484	266	23	4414
um 1990	661	3116	278	447	501	291	27	5321
um 2000	800	3684	306	518	728		31	6067
um 2012	1072	4260	349	599	740		37	7058
Geburtenrate ‰								
um 1980	46	28	16	34	14	18	20	28
um 1990	44	27	16	28	13	19	20	27
um 2000	38	22	14	24	10		18	22
um 2012	36	18	13	19	11		18	20
Sterberate ‰								
um 1980	17	11	8	8	10	10	9	11
um 1990	15	9	9	7	10	10	8	10
um 2000	14	8	9	6	11		7	9
um 2012	11	7	8	6	11		7	8
Säugl.sterbl.‰								
um 1980	140	103	13	85	19	31	42	97
um 1990	109	74	9	54	12	29	26	73
um 2000	88	56	7	35	9		29	57
um 2012	67	37	6	20	5		21	41
nat.Wachstum %								
um 1980	2,9	1,8	0,7	2,6	0,4	0,8	1,1	1,7
um 1990	2,9	1,9	0,7	2,1	0,3	0,9	1,2	1,8
um 2000	2,4	1,4	0,6	1,8	-0,1		1,1	1,4
um 2012	2,5	1,1	0,5	1,3	0,0		1,1	1,2
TFR								
um 1980	6,4	3,9	1,8	4,5	2,0	2,4	2,8	3,8
um 1990	6,2	3,5	2,0	3,5	1,7	2,5	2,6	3,5
um 2000	5,3	2,8	2,0	2,8	1,4		2,4	2,9
um 2012	4,7	2,2	1,9	2,2	1,6		2,5	2,4
Lebenserwartung								
um 1980	49	58	73	64	72	70	69	61
um 1990	52	63	75	67	74	69	72	64
um 2000	52	66	77	70	74		74	66
um 2012	58	70	79	74	77		77	70

* mit China
Die Nachfolgestaaten der ehemaligen Sowjetunion sind teilweise Asien zugeordnet, der bevölkerungsreichste Nachfolgestaat Russland zählt zu Europa.

geben hingegen für eine bestimmte Altersklasse (i) an, wie viele Lebendgeburten (eines Kalenderjahres) durchschnittlich auf 1.000 Frauen dieser Altersklasse kommen (vgl. Abb. 5.02). Dabei bezieht die Berechnung natürlich nur Frauen im gebärfähigen Alter ein. Je nach Datenlage werden Frauen zwischen 15 und 45 oder zwischen 15 und 49 Jahren betrachtet:

$$FR_i = \frac{B_i}{F_i} \times 1000$$

FR_i = Fruchtbarkeitsrate der Alterklasse i
B_i = Zahl der Geburten der Frauen in der
        Altersklasse i
F_i = Zahl der Frauen in der Altersklasse i

Mit dem Alter der Frauen verändert sich deutlich die Höhe der altersspezifischen Fruchtbarkeitsraten. Während die Fruchtbarkeitsraten der unter 15-Jährigen und der

über 49-Jährigen Frauen fast Null sind und daher bei der totalen Geburtenrate (s.u.) unberücksichtigt bleiben, entspricht der Verlauf einer zumeist asymmetrischen Glockenkurve mit einem zumeist deutlichem Maximum. Die Höhe des maximalen Wertes und die zugehörige Altersgruppe variieren weltweit deutlich. Beispiele sind: Malawi (2008) $FR_{20\text{-}24}$ = 285, Ägypten (2010) $FR_{20\text{-}24}$ = 213, Senegal (2002) $FR_{25\text{-}29}$ = 227 und Liberia (2008) $FR_{25\text{-}29}$ = 99 gegenüber Deutschland (2010) $FR_{30\text{-}34}$ = 93, Japan (2010) $FR_{30\text{-}34}$ = 94, Spanien (2010) $FR_{30\text{-}34}$ = 96, Niederlande (2010) $FR_{30\text{-}34}$ = 135 oder Schweden (2010) $FR_{30\text{-}34}$ = 138 (Datenquelle: UN DESA, Demographic Yearbook 2011, Tab. 10). Die Bestimmungsfaktoren sind vielschichtig und kennzeichnen das unterschiedliche **generative Verhalten** (vgl. Kap. 5.2.2, 5.2.3 und Kap. 7.1.2).

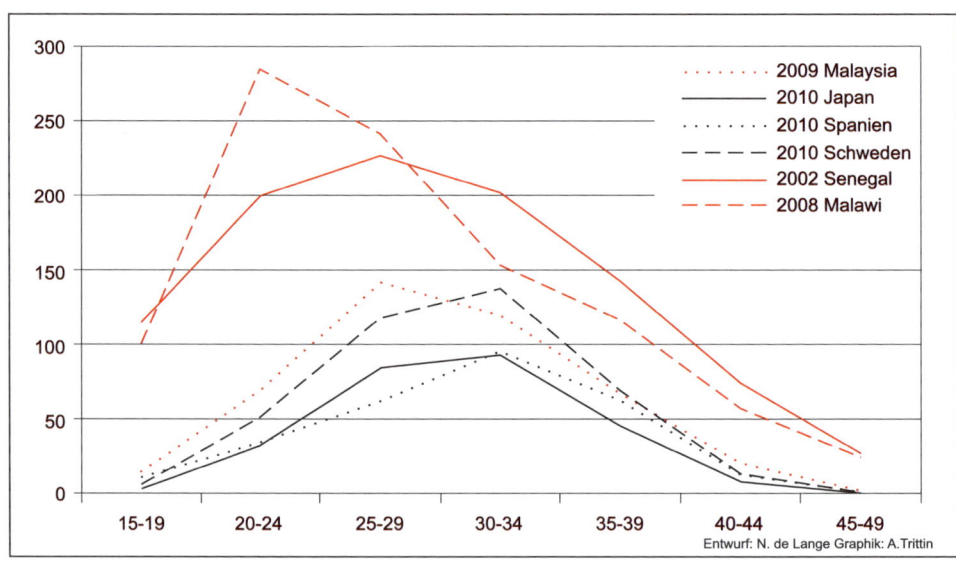

Abb. 5.02: Altersspezifische Fruchtbarkeitsraten ausgewählter Länder (Datenquelle: UN DESA, Demographic Yearbook 2011, Tabelle 10)

Die **totale Fruchtbarkeitsrate** (total fertility rate, TFR), die auch als **zusammengefasste Geburtenrate** oder **Gesamtfruchtbarkeitsrate** bezeichnet wird, berechnet sich, indem alle altersspezifischen Fruchtbarkeitsraten addiert und durch 1.000 dividiert werden:

$$TFR = \frac{\Sigma_{i=15}^{49} FR_i}{1000}$$

Diese aus einem Querschnitt durch die Fruchtbarkeitsverhältnisse aller Altersjahrgänge von gebärfähigen Frauen während einer Beobachtungsperiode (ein Kalenderjahr) entstandene Kennziffer ermöglicht sehr anschauliche Interpretationen (vgl. Tab. 5.01 u. Abb. 5.04):

- Die totale Fruchtbarkeitsrate TFR gibt die Durchschnittszahl an Kindern an, die eine Frau eines fiktiven Geburtsjahrgangs nach Ende ihrer **Reproduktionsfähigkeit** aufweist, wobei die Sterblichkeit unberücksichtigt bleibt und zudem vorausgesetzt wird, dass die für die Be-

obachtungsperiode festgestellte altersspezifische Fruchtbarkeit über Jahrzehnte hinweg ständig gleich bleibt. Herauszustellen ist aber, dass diese Veranschaulichung eine recht starke Vereinfachung darstellt, da die Fertilität wie auch die Mortalität erheblichen zeitlichen Veränderungen unterliegen.

- Zur **Bestandserhaltung einer Bevölkerung** ist je nach Höhe der Mortalität (auch der Kinder- und Jugendlichensterblichkeit bis zum fortpflanzungsfähigen Alter) eine totale Fruchtbarkeitsrate von 2,1-2,5 erforderlich. Daher erklären sich die Klassengrenze von 2,1 und die Farbgebung der Klassen in Abbildung 5.04.

5.2.2 Fertilität im weltweiten Vergleich

Die rohe Geburtenrate (CBR) hat den Vorteil der leichten Berechnung. Dem steht aber der Nachteil gegenüber, dass diese „rohe" Rate von der Altersgliederung ab-

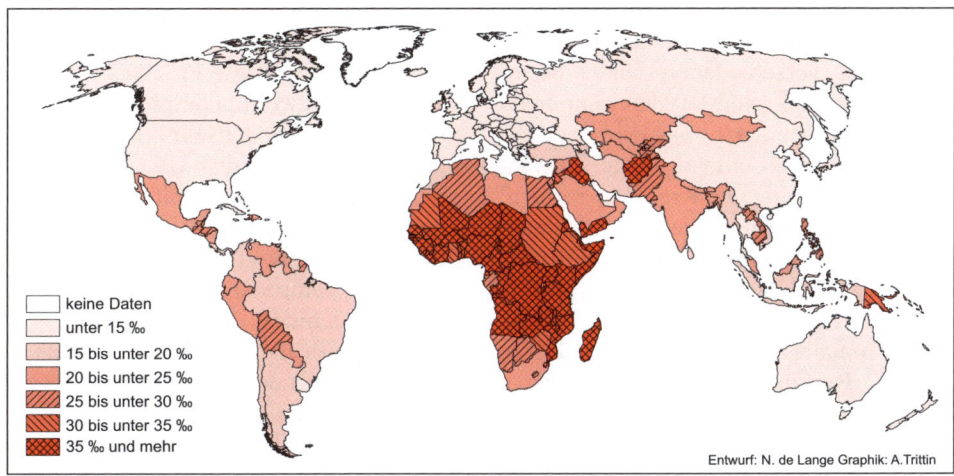

Abb. 5.03: Rohe Geburtenrate in den Staaten der Erde um 2010 (Datenquelle: Pop. Reference Bureau, 2012 World Population Data Sheet)

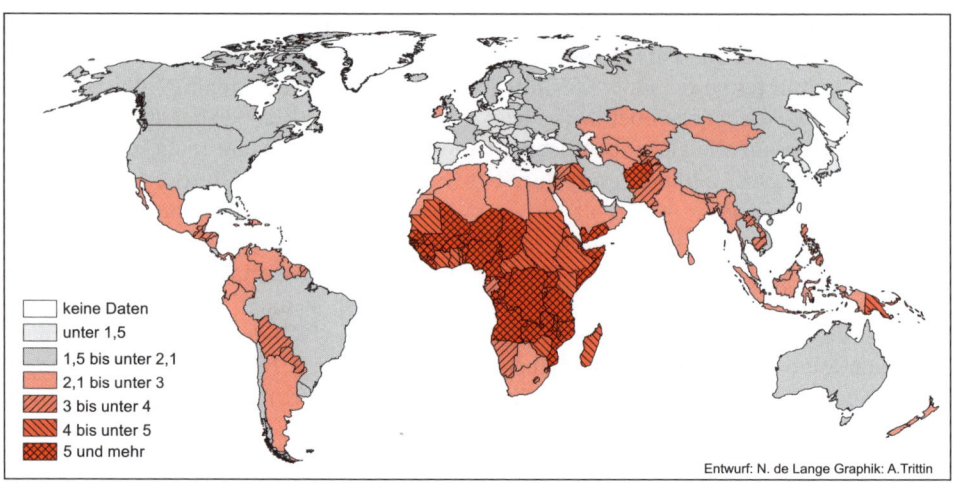

Abb. 5.04: Totale Fruchtbarkeitsrate in den Staaten der Erde um 2010 (Datenquelle: Pop. Reference Bureau, 2012 World Population Data Sheet)

hängig ist. Jedoch ist die Geburtenrate für den weltweiten Vergleich besser geeignet als die Sterberate, bei der altersstrukturelle Effekte zur Angleichung der Werte verschiedener Länder führen können. (vgl. Kap. 5.3.2).

Abbildung 5.03 verdeutlicht erhebliche Unterschiede, die zwischen den rohen Geburtenraten verschiedener Länder bestehen. So standen um 2010 den minimalen Werten von Monaco (6‰) sowie Deutschland, Österreich, Lettland, Japan, Taiwan, Bosnien-Herzegowina, Kroatien, Serbien, Rumänien, Ungarn, Italien und Portugal (jeweils 9‰) maximale Werte von über 40‰ in Mali, Niger und Sambia (jeweils 46‰), Tschad, Uganda und Zaire (jeweils 45‰), Somalia und Angola (jeweils 44‰), Malawi, Burkina Faso und Afghanistan (jeweils 43‰), Burundi, Mosambik (jeweils 42‰), Kamerun und Tansania (jeweils 41‰) gegenüber. Ähnliche Unterschiede ergeben sich bei der Betrachtung der totalen Fruchtbarkeitsrate (vgl. Abb.

5.04). 2010 lag diese zwischen 7,1 in Niger bzw. 6,4 in Somalia und Burundi bzw. 6,3 in Sambia, Mali, Zaire und Angola und 1,3 in Moldawien, Polen, Serbien, Rumänien und Portugal bzw. 1,2 in Hongkong, Singapur, Rep. Korea, Andorra, San Marino, Ungarn und Bosnien-Herzegowina und 1,1 in Taiwan und Lettland.

Im Hinblick auf die Fruchtbarkeitsrate sind deutlich zwei Ländergruppen auszumachen, die entweder sehr hohe oder sehr niedrige Fruchtbarkeitsraten aufweisen.

Zur ersten Gruppe mit sehr hohen Fruchtbarkeitsraten (TFR > 5.0) gehören fast alle Länder des tropischen Afrikas sowie einige wenige islamische Staaten (Afghanistan, Jemen).

Das extrem niedrige Fruchtbarkeitsniveau der Länder der zweiten Gruppe (TFR < 1,5) unterschreitet dagegen deutlich das langfristige Erhaltungsniveau einer Bevölkerung (TFR > 2,1). Zu dieser recht heterogenen Ländergruppe gehören viele europäische Länder sowie Japan, Südkorea und einzelne Kleinstaaten. Diese Gruppe darf aber nicht vereinfachend mit dem Begriff Industrieländer umschrieben werden. So nähern sich der Klassengrenze 1,5 (vgl. Abb. 5.04) auch Länder wie die Volksrepublik China (TFR 1,5) und Thailand (TFR 1,6) an. Verglichen mit diesen Staaten weisen einzelne europäische Länder noch höhere Fertilitätsraten auf – z.B. die Niederlande (1,7) bzw. Belgien, Finnland oder Dänemark (jeweils 1,8). Auch besitzen die USA und Brasilien eine TFR von 1,9.

Die übrigen (kartographischen) Klassen der Abbildung 5.04 sind sehr heterogen. Unter den Ländern mit einem mittleren bis hohen Geburten- und Fruchtbarkeitsniveau (TFR 3,5-5,0) befinden sich sowohl Staaten Lateinamerikas als auch Afrikas und Asiens. Zu den Ländern mit einem recht niedrigen Geburten- und Fruchtbarkeitsniveau (TFR 1,5-2,4) gehören neben einigen europäischen Ländern (Österreich, Norwegen und Frankreich) wiederum einige Schwellenländer und Staaten des globalen Südens. Diese Länder haben in jüngster Zeit einen deutlichen Geburtenrückgang erlebt wie beispielsweise die VR China von 2,3 (1990) auf 1,5 (2010), Thailand von 2,6 (1990) auf 1,6 (2010) oder der Iran von 6,3 (1990) auf 1,9 (2010).

Im Vergleich der letzten 20 Jahre haben die totalen Fruchtbarkeitsraten fast durchweg abgenommen. Bemerkenswert sind gegenüber diesem Trend die Zunahmen sowie gleichbleibende Raten (Zahlen nach: Pop. Reference Bureau, 1990 u. 2012 World Population Data Sheet). In Belgien, Dänemark, Frankreich, den Niederlanden und im Vereinigten Königreich ist die TFR von 1990 zu 2010 um 0,2 und in Finnland, Luxemburg, Neuseeland, Australien, Tschad, Italien, Norwegen und Zaire um 0,1 gestiegen. In Österreich,

Griechenland, Kanada und Niger blieb sie zwischen 1990 und 2010 unverändert. Offenbar hat sich die Fruchtbarkeit gerade für die Staaten des globalen Nordens im betrachteten Zeitraum auf niedrigem Niveau stabilisiert. Der leichte Anstieg in z.B. Frankreich oder Finnland ist auf familienpolitische Maßnahmen zurückzuführen.

5.2.3 Erklärungsansätze weltweiter Fertilitätsunterschiede

Erklärungsansätze der weltweiten **Fertilitätsunterschiede** und deren Veränderungen berücksichtigen v.a.:

- Beziehungen zwischen Fruchtbarkeit und wirtschaftlichen Faktoren,
- Beziehungen zwischen Fruchtbarkeit und Modernisierungsindikatoren (z.B. Verstädterung, Schulbildung) und
- Beziehungen zwischen Fruchtbarkeit und Familienplanungsprogrammen.

Die Fertilität wird besonders durch **Geburtenregelungen** und **-planungen** beeinflusst, die Ausdruck der gewachsenen oder zunehmenden Selbstbestimmung von Individuen und ihrer persönlichen Vorstellungen von der für sie optimalen Familiengröße sind – Faktoren, die durch allgemeine Veränderungen ökonomischer und beruflicher Rahmenbedingungen, sozialer Wertvorstellungen und davon beeinflusster Verhaltensweisen geprägt werden. Allerdings wird der Geburtenrückgang oftmals vereinfachend nur auf die Entwicklung, Anwendung und Ausbreitung empfängnisverhütender und familienplanerischer Methoden zurückgeführt, ohne den zahlreichen möglichen Einflussfaktoren detaillierte Beachtung zu schenken.

Wichtig ist der Hinweis, dass die Abnahme bzw. Konsolidierung der Fertilität nicht kausal auf moderne empfängnisverhütende

Methoden zurückgeführt werden kann. Erst veränderte soziale Normen und Verhaltensweisen haben ihre breite Akzeptanz und Anwendung ermöglicht. Beeinflusst werden Normen und Verhaltensweisen durch ein Bündel von Einflussfaktoren. Dazu gehören beispielsweise der Bildungsstand, der Verstädterungsgrad (bzw. Land-Stadt-Unterschiede) oder die Zugehörigkeit zu bestimmten sozialen Schichten und ethnischen oder religiösen Gruppen. Die sehr unterschiedliche und sich historisch wandelnde Bedeutung dieser Faktoren verdeutlichen z.B. religiös bestimmte Verhaltensweisen. Während in Deutschland für die Jahre 1842 bis 1934 eine höhere Fruchtbarkeitsrate der katholischen gegenüber der protestantischen Bevölkerung nachgewiesen werden konnte (vgl. KNODEL 1974), ist heute in Deutschland ein Einfluss der Konfessionszugehörigkeit auf die Fruchtbarkeit kaum mehr gegeben.

Im Hinblick auf die Anwendung von **Empfängnisverhütungsmethoden** fallen im weltweiten Vergleich große Gegensätze auf, z.B. zwischen afrikanischen und europäischen Staaten (vgl. Abb. 5.05). Aber auch innerhalb Afrikas bestehen zwischen den einzelnen Ländern Unterschiede. So haben sich teilweise die Möglichkeiten, an Familienplanungsprogrammen teilzunehmen oder Verhütungsmittel zu bekommen, erheblich verbessert. Die Praxis der Geburtenkontrolle variiert in Abhängigkeit von politischen und sozialen Bedingungen. Die folgende Zusammenfassung betont im Hinblick auf die Senkung des Fruchtbarkeitsniveaus in Ländern des globalen Südens, dass diese „einen Wandel in den sozialen und wirtschaftlichen Verhältnissen und kulturellen Normen, insbesondere hinsichtlich der Schulausbildung, der gesellschaftlichen Stellung und der Erwerbstätigkeit der Frauen" voraussetzt, „in

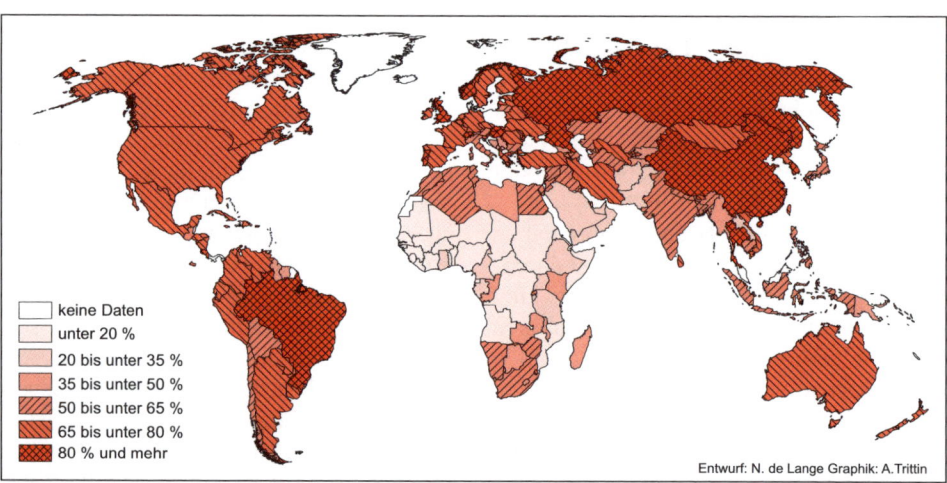

Abb. 5.05: Anteil der Frauen im Alter von 15-49 Jahren, die verheiratet sind bzw. in einer Paarbeziehung leben und traditionelle oder moderne Empfängnisverhütungsmethoden verwenden, in den Staaten der Erde um 2010 (Datenquelle: POP. REFERENCE BUREAU, 2012 World Population Data Sheet)

deren Verlauf eine größere Kinderzahl als nicht mehr wünschenswert und notwendig angesehen wird. Bevölkerungspolitische Maßnahmen und die Durchführung von Familienplanungsprogrammen können dabei, wie zahlreiche Beispiele zeigen, eine wichtige Hilfestellung leisten (vgl. ULRICH 2001). So haben gerade in jüngerer Zeit zahlreiche Länder v.a. in Asien und Lateinamerika einen starken Rückgang ihres Fertilitätsniveaus erlebt (vgl. GANS 2001)" (LAUX 2005, S. 100; zur so genannten Wealth-Flow-Theorie vgl. CALDWELL 1982 u. Kap. 7.3).

Nicht zuletzt sind die politischen Einflussfaktoren auf die Fertilität herauszustellen. Erinnert werden sollte an generelle Geburtenrückgänge in Krisenzeiten, aber z.B. auch an die Bevölkerungspolitik im Dritten Reich, als Mütter von mehr als drei Kindern mit dem Ehrenkreuz der Deutschen Mutter ausgezeichnet wurden. Eine ähnliche Ehrung für französische Mütter, die Médaille de la Famille française, besteht seit 1920 bis heute.

Im Hinblick auf die **Bevölkerungspolitik** einzelner Länder lassen sich mehrere historische und gegenwärtige Erscheinungsformen unterscheiden, die auch in Kombination miteinander auftreten können:

- bevölkerungspolitische Maßnahmen wie z.B. die Zusicherung von Glaubensfreiheit oder von Steuerprivilegien bei der Besiedlung leerer oder bevölkerungsarmer Gebiete (so genannte Peuplierungspolitik, vgl. z.B. den Zuzug von Glaubensflüchtlingen aus den Niederlanden und v.a. von Hugenotten aus Frankreich nach Brandenburg und Preußen insbesondere im 17. Jahrhundert),
- Förderung des Bevölkerungswachstums durch gezielte Geburten- und Familienförderung (vgl. für die Familienpolitik

Frankreichs Kap. 4.3.2 u. Kasten in Kap. 7.4.1), um eine nachhaltige Leistungsfähigkeit der sozialen Sicherungssysteme zu gewährleisten,
- Begrenzung des Bevölkerungswachstums, um den limitierten Ressourcen eines Landes Rechnung zu tragen (vgl. die Volksrepublik China und seine „Ein-Kind-Politik", vgl. Kasten in Kap. 7.3),
- Förderung des Bevölkerungswachstums aus wirtschaftlichen (mehr Arbeitskräfte) oder machtpolitischen Gründen (z.B. aus expansionistischen oder religiösen Motiven),
- Vertreibung oder Ermordung ethnischer Minderheiten (z.B. im NS-Regime, in der Sowjetunion unter Stalin oder im Gebiet des früheren Jugoslawiens im Rahmen so genannter „ethnischer Säuberungen").

5.2.4 Fertilität in Deutschland

Die jüngeren **regionalen Fertilitätsunterschiede in Deutschland** lassen sich anhand der Abbildungen 5.06 und 5.07 erläutern. Grundsätzlich besteht in Deutschland seit längerem ein relativ niedriges Geburtenniveau im Vergleich westeuropäischer Staaten (vgl. auch Kap. 7.4.1). Neu ist, dass auf der Basis der jüngsten Daten des Bundesinstituts für Bau-, Stadt- und Raumforschung kein markanter Gegensatz mehr zwischen den neuen und den alten Bundesländern auszumachen ist. Ebenso sind heute nur noch geringe Stadt-Land-Unterschiede festzustellen. Noch bis zum Ende des 20. Jahrhunderts wiesen zumindest die ländlichen Regionen noch relativ hohe Geburtenraten auf, als herausragendes Beispiel ist der Landkreis Cloppenburg in Nord-West-Niedersachsen mit einer über lange Zeit bemerkenswert hohen Geburtenrate zu nennen. Heute finden sich

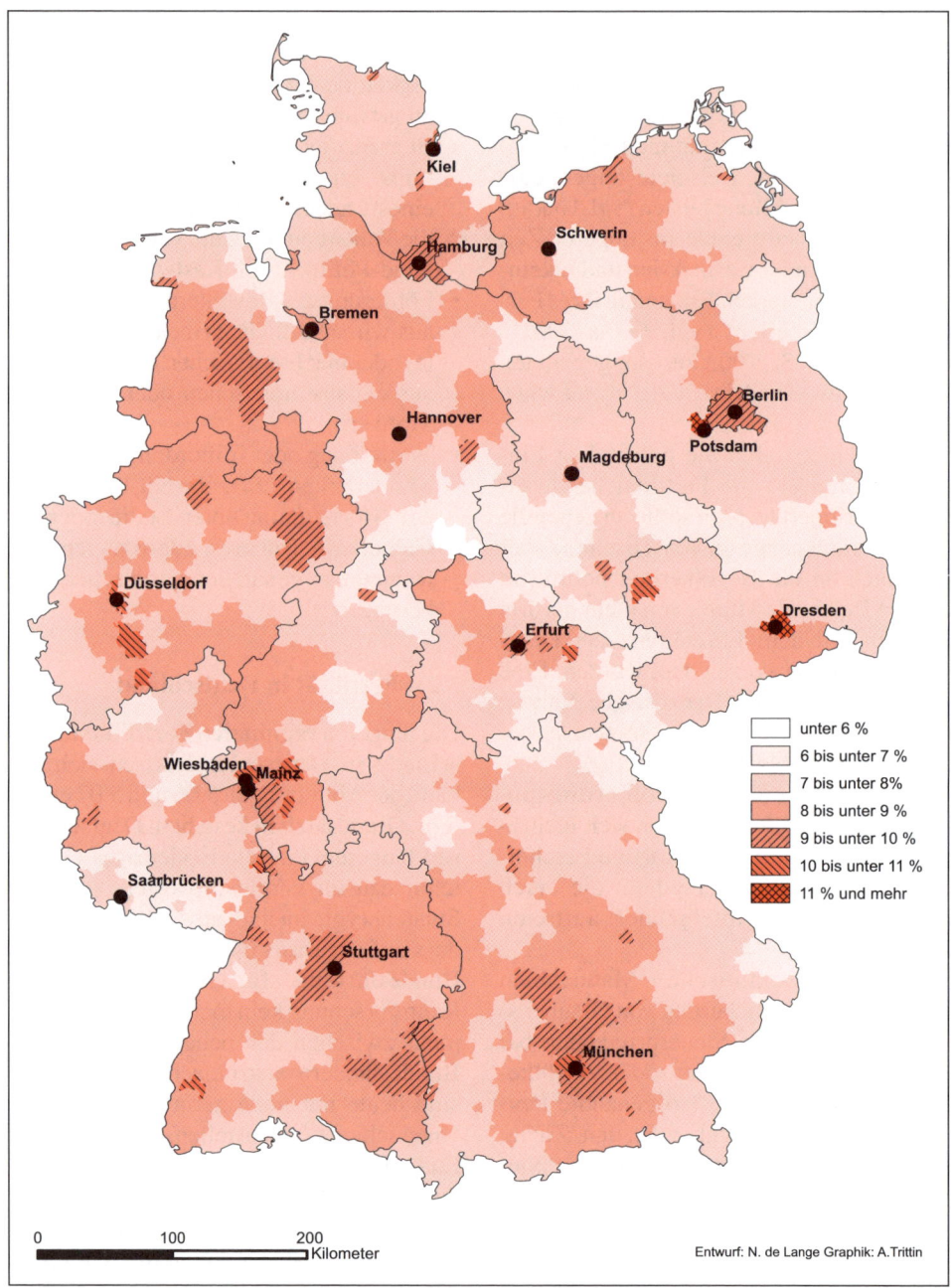

Legend:

- unter 6 %
- 6 bis unter 7 %
- 7 bis unter 8%
- 8 bis unter 9 %
- 9 bis unter 10 %
- 10 bis unter 11 %
- 11 % und mehr

Entwurf: N. de Lange Graphik: A.Trittin

Abb. 5.06: Geburtenraten in den Kreisen und kreisfreien Städten der Bundesrepublik Deutschland 2010 (Datenquelle: BUNDESINSTITUT FÜR BAU-, STADT- UND RAUMFORSCHUNG, INKAR 2012)

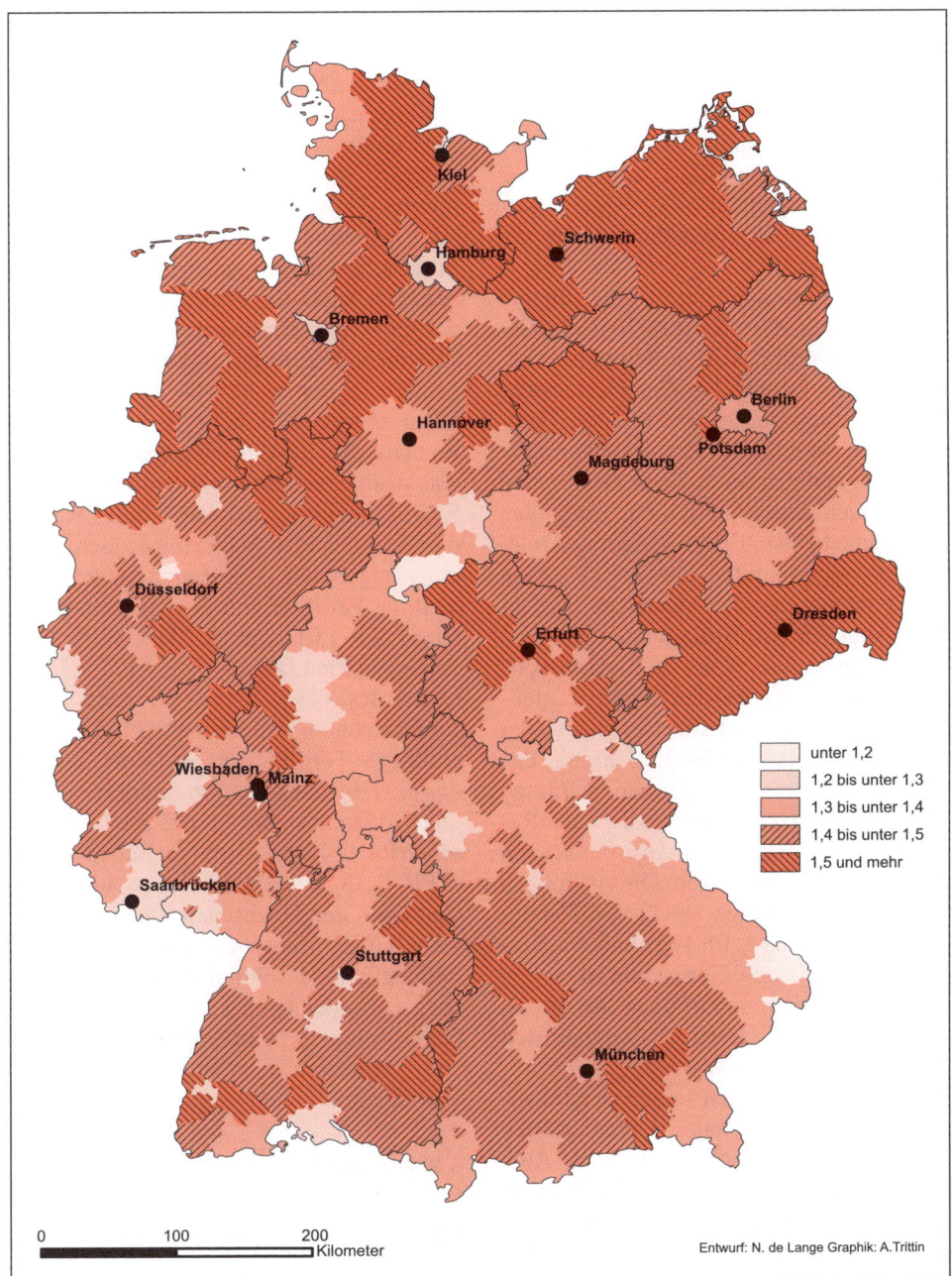

Abb. 5.07: Totale Fertilitätsraten in den Kreisen und kreisfreien Städten der Bundesrepublik Deutschland 2010 (Datenquelle: BUNDESINSTITUT FÜR BAU-, STADT- UND RAUMFORSCHUNG, INKAR 2012)

die höchsten Geburtenraten in den großen Metropolregionen (2010: Potsdam 11,3‰, Dresden 11,2‰, Frankfurt und Offenbach a.M. jeweils 10,9‰, München 10,8‰, Darmstadt und Leipzig 10,4‰, Bonn und Köln 10,2‰, Düsseldorf und Freiburg 10,1‰, Ludwigshafen a.R. 10‰, Ingolstadt, Erlangen, Greifswald und Erfurt mit jeweils 9,9‰).

Erklärungsansätze liefert eine jüngere Untersuchung, die u.a. die biologische Geburtenfolge und das Alter der Mütter berücksichtigt. Danach besaßen Ostdeutschland und auch die Metropolregion Hamburg die höchsten Erstgeburtenraten. „Außerdem registrieren die großen Metropolregionen einschließlich der jeweiligen Kernstädte bei den Erstgeburtenraten relativ hohe Geburtenraten. Dies spricht gegen die Annahme, dass das städtische Umfeld ungünstige Rahmenbedingungen für Paare bietet, ein erstes Kind zu bekommen" (KLÜSENER 2013). Bei den Zweitgeburtenraten fallen hingegen die Kernstädte der großen Metropolen deutlich hinter das Umland zurück. Die suburbanen Räume besitzen relativ hohe Werte, „die in der Regel erheblich über denen von peripheren ländlichen Räumen liegen. Dies ist möglicherweise eine Folge selektiver Wanderungsprozesse, da es für Familien mit Kindern attraktiv ist, die Kernstädte zu verlassen und in den suburbanen Raum zu ziehen, wo die Lebenshaltungskosten günstiger sind" (KLÜSENER 2013).

Neue Entwicklungen zeigen sich inzwischen auch in regionalen Unterschieden der totalen Fruchtbarkeitsrate (vgl. Abb. 5.07). Der in den Folgejahren der Wiedervereinigung vorhandene, scharfe West-Ost-Gegensatz besteht nicht mehr. Man kann anhand der Abbildung 5.07 eher ein Nord-Süd-Gefälle ausmachen. Zwar sind nach wie vor Unterschiede zwischen Me-

tropolen und Peripherie zu erkennen, doch die regionalen Unterschiede fallen im Vergleich zum 20. Jahrhundert sehr gering aus. Sie lassen sich am ehesten durch die regional unterschiedlichen Rahmenbedingungen für Lebensentwürfe und Familienplanung erklären. In suburbanen und teilweise auch in ländlichen Regionen kann die Fertilität aufgrund der tendenziell für Familien besseren Ausstattung mit Wohnraum sowie der für Familien relevanten sozialen Infrastruktur höher liegen. In Städten bzw. allgemein in der Nähe von Arbeitsplätzen leben tendenziell mehr Personen (auch Frauen), die eine Berufskarriere verfolgen, was zu einer niedrigeren Fertilität in diesen Regionen beitragen kann. Ferner weisen die Regionen bzw. Städte mit größeren Bildungsangeboten (Universitätsstädte) eine niedrige Fertilität auf. So besitzen Würzburg (TFR 1,01), Passau (TFR 1,05), Heidelberg (TFR 1,06), Göttingen (TFR 1,16), Osnabrück (TFR 1,16), Bayreuth (TFR 1,17), Bochum und Mainz (TFR 1,18) die niedrigste Fertilitätsrate in Deutschland – nur die Fertilitätsraten im Landkreis Freyung-Grafenau an der Grenze zur Tschechischen Republik und der Stadt Baden-Baden (TFR 1,18 bzw. 1,2) liegen niedriger. Gerade in den Hochschulstandorten leben viele junge Menschen, die wegen Ausbildung und anschließendem Berufseinstieg entweder noch keine Familiengründung planen, diese in ein höheres Lebensalter verschieben oder bewusst darauf verzichten.

5.3 Mortalität

5.3.1 Kennziffern der Mortalität

Die **rohe Todes- oder Sterberate** (crude death rate, CDR) bezieht, analog zur rohen Geburtenrate CBR, die Zahl der Sterbefälle (deaths, D) eines Kalenderjahrs auf 1.000 Personen der mittleren Bevölkerung (P):

$$\text{CBR} = \frac{D}{P} \times 1000$$

Die CDR stützt sich wie die CBR auf eine undifferenzierte Gesamtbevölkerung. Unterschiede im Altersaufbau und die Geschlechterproportion werden nicht berücksichtigt. Die **altersspezifischen Sterberaten** (mortality rate, MRi) geben für eine bestimmte Altersklasse (i) an, wie viele Sterbefälle (eines Kalenderjahres) auf 1.000 Personen dieser Altersklasse kommen:

$$MR_i = \frac{D_i}{P_i} \times 1000$$

MR_i = Sterberate der Altersklasse i
D_i = Sterbefälle der Altersklasse i
P_i = Personen der Altersklasse i

Altersspezifische Sterberaten werden häufig nach Geschlechtern gesondert berechnet, da die Sterblichkeit der Männer in allen Jahrgängen höher als die der Frauen liegt. Eine erhöhte Sterblichkeit zeigt sich in allen Bevölkerungen zum einen im ersten Lebensjahr (vornehmlich in den ersten Lebenswochen) und zum anderen im Seniorenalter. Die Sterberaten erreichen im Allgemeinen bei den 10- bis 15-Jährigen ein Minimum, um dann mit zunehmendem Alter stetig anzusteigen. Allerdings liegen für viele Staaten der Erde ebenso wie bei den altersspezifischen Geburtenraten keine bzw. nur nach groben Altersgruppen zusammengefasste Sterberaten vor. So werden in Abbildung 5.08 – wie in der zugrunde liegenden Datenquelle – für Malawi die Sterberaten der über 55-Jährigen, für Simbabwe die der über 75-Jährigen und für Japan die der über 85-Jährigen zu-

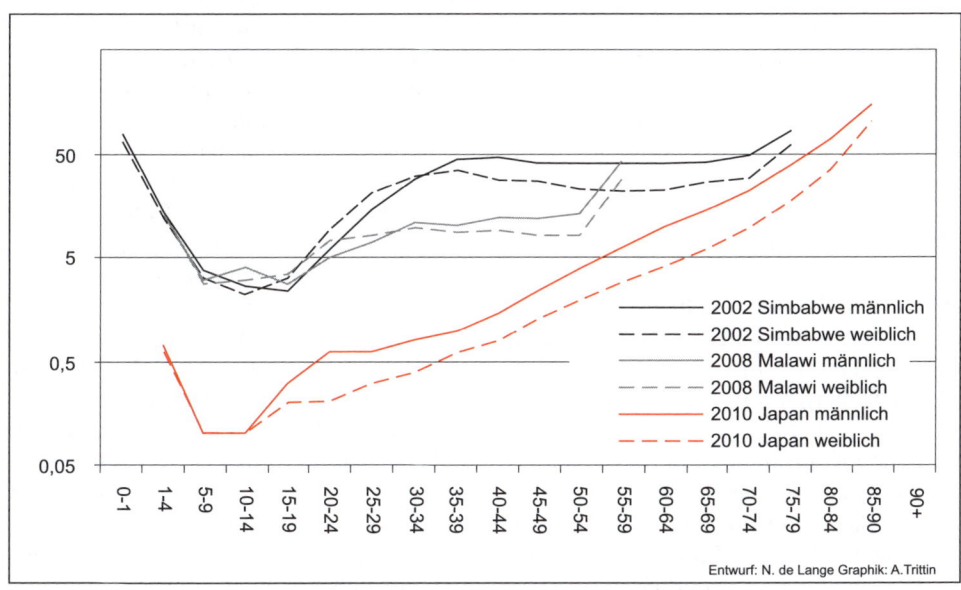

Abb. 5.08: Alters- und geschlechtsspezifische Sterberaten ausgewählter Länder (Datenquelle: UN DESA, Demographic Yearbook 2011, Tabelle 19)

sammengefasst, was auch die dargestellte geringere Sterblichkeit in der letzten Altersklasse für Malawi im Gegensatz zu Japan erklärt.

Abweichungen vom skizzierten Regelverlauf liegen z.b. in einigen afrikanischen Staaten vor, in denen aufgrund der hohen HIV-Infektion die Sterberaten bereits in den mittleren Jahrgängen sehr hoch sind. So war im Jahr 2002 in Simbabwe, das um 2005/06 eine (geschätzte) HIV-Infektionsrate von 18,1% unter den 15- bis 49-jährigen aufwies (vgl. UNAIDS 2007, S. 11), die Mortalität bereits in den mittleren Altersjahrgängen auf ein hohes Niveau angestiegen (vgl. in Abb. 5.08 die Altersgruppe der 40- bis 44-jährigen Männer und die der 35- bis 39-jährigen Frauen in Simbabwe 2002).

Die Mortalität im ersten Lebensjahr wird in Statistiken meist gesondert ausgewiesen und im Gegensatz zu den übrigen altersspezifischen Sterberaten mit einer speziellen Berechnungsart erfasst. Die **Säuglingssterblichkeit** bezieht die Anzahl der vor Vollendung des ersten Lebensjahres gestorbenen Kinder auf je 1.000 Lebendgeburten (jeweils bezogen auf ein Kalenderjahr):

$$MR_0 = \frac{D_0}{B} \times 1000$$

MR_0 = Säuglingssterblichkeit
D_0 = vor Vollendung des ersten Lebensjahres verstorbene Kinder
B = Geburten

Im Hinblick auf die Gesamtmortalität einer Bevölkerung besitzt die Säuglingssterblichkeit eine hohe Bedeutung (vgl. dazu auch Abb. 5.11). So wird in Deutschland ein ähnlich hohes Sterberisiko erst im Alter von 50 Jahren bei den Männern bzw. 55 Jahren bei den Frauen erreicht. Selbst

in den westlichen Industrieländern sind die altersspezifischen Sterberaten in den letzten 100 Jahren deutlich gesunken, wenn auch mit abnehmender Geschwindigkeit. So fiel die Säuglingssterberate in der Bundesrepublik von 1950 bis 2010 von 60,2‰ auf 3,4‰ (1960: 35,0‰; 1970: 22,5‰; 1980: 12,4‰; 1990: 7,1‰, 2000: 4,4‰, 2005: 3,9‰; STAT. BUNDESAMT, Stat. Jahrbuch 2012, Tab. 2.2.2). Dies ist wesentlich auf die medizinische Vorsorge vor, während und nach der Schwangerschaft zurückzuführen. Am niedrigsten ist die Säuglingssterblichkeit (abgesehen von den Stadtstaaten Singapur und Hongkong) in Japan (2,3) und in Skandinavien (Schweden 2,1, Finnland 2,4 und Norwegen 2,4; Datenquelle jeweils: POP. REFERENCE BUREAU, 2012 World Population Data Sheet).

So genannte **Sterbetafeln** sind ein weiteres Mittel zur Verdeutlichung der Sterbeverhältnisse einer Bevölkerung. Ihre Berechnung erfordert ausführliches und möglichst vollständiges Datenmaterial, das in den meisten Ländern allerdings nicht vorliegt. Sterbetafeln führen mindestens zwei Aussagen (im Zeitverlauf betrachtet) zusammen (vgl. Tab. 5.02): die so genannte **Absterbeordnung** und die **Lebenserwartung**. Die Altersangaben beziehen sich dabei auf den Zeitpunkt, an dem eine Person ein entsprechendes Alter erreichte (bzw. für das Alter 0 auf den Tag der Geburt). Die für das Alter 0 errechnete Ziffer der Lebenserwartung gilt gleichzeitig als Wert der durchschnittlichen oder mittleren Lebenserwartung einer Bevölkerung. Diese mittlere Lebenserwartung – vielfach nur geschätzt – wird oft für internationale Vergleiche und dann als Indikator für die Qualität der Lebens- und Gesundheitsverhältnisse in einem Land herangezogen. Gegenüber den leichter verständlichen Zahlen

Tab. 5.02: Abgekürzte Sterbetafeln für das Deutsche Reich und die Bundesrepublik Deutschland (Datenquellen: STAT. BUNDESAMT, Stat. Jahrbuch 2012, S. 38)

Von 100.000 Lebendgeborenen erreichen das Alter x (Absterbeordnung)

	männlich 1910/11	männlich 2008/10	weiblich 1910/11	weiblich 2008/10
0	100000	100000	100000	100000
1	81855	99614	84695	99691
5	77213	99533	80077	99622
10	75984	99486	78816	99582
20	73832	99249	76659	99449
30	70425	98675	73115	99211
40	66227	97818	68659	98779
50	59349	95564	63231	97500
60	47736	89372	54016	94209
70	29905	76705	36448	87172
80	9711	51614	12981	69644
90	679	15927	1126	28603

Lebenserwartung in Jahren im Alter x

	männlich 1910/11	männlich 2008/10	weiblich 1910/11	weiblich 2008/10
0	47,41	77,51	50,68	82,59
1	56,86	76,81	58,78	81,85
5	56,21	72,87	58,10	77,91
10	52,08	67,90	53,99	72,94
20	43,43	58,05	45,35	63,03
30	35,29	48,36	37,30	53,16
40	27,18	38,73	29,38	43,37
50	19,71	29,50	21,45	33,86
60	13,18	21,16	14,17	24,85
70	7,90	13,74	8,35	16,41
80	4,25	7,71	4,52	9,06
90	2,3	3,88	2,49	4,27

der Absterbeordnung und der Lebenserwartung wird in einigen Sterbetafeln auch die **Sterbewahrscheinlichkeit** ausgewiesen, die Daten beinhaltet, wie viele von 1.000 Personen im jeweiligen Lebensalter im Mittel sterben.

Wichtig ist der Hinweis, dass Sterbetafeln jeweils nur zum Zeitpunkt ihrer Erstellung gültig sind. Sie werden unter der Annahme berechnet, dass die zum Zeitpunkt der Erstellung herrschenden Sterblichkeitsverhältnisse auch in der Zukunft unverändert fortbestehen. In der Realität wird die tatsächliche Lebensdauer eines einzelnen Geburtsjahrgangs damit meist unterschätzt, da sich Lebensverhältnisse und medizinischer Fortschritt stetig verbessern und sich somit auch die Sterbewahrscheinlichkeit einer einzelnen Altersgruppe stetig verringert. Das Eintreten von unvorhersehbaren Kriegen, Epidemien oder anderen einschneidenden Veränderungen kann aber genauso gut dazu führen, dass manche Aussagen zu „optimistisch" sind oder waren. Sterbetafeln spielen in der Gesundheitsstatistik und v.a. in der Versicherungsmathematik eine große Rolle.

5.3.2 Mortalität im weltweiten Vergleich

Abbildung 5.09 veranschaulicht die weltweit bestehenden Unterschiede bezüglich der rohen Sterberate (CDR). Um 2010 wiesen einige afrikanische Staaten Sterbe-raten von 15‰ und mehr auf, darunter Guinea-Bissau, Zaire, Sierra Leone, Somalia, Sambia, Zentralafrikanische Republik, Tschad, Lesotho, Mali, Malawi, Simbabwe, Äquatorialguinea und Swasiland (daneben Ukraine, Bulgarien und Afghanistan). Deutlich fällt der Unterschied zur restlichen Welt sowie zwischen den subsaharischen Staaten und den nordafrikanischen Staaten auf. In der Karte wird auch die hohe Mortalität in den Nachfolgestaaten der ehemaligen Sowjetunion sichtbar. Auffallend ist, dass im gleichen Jahr weltweit nur wenige Staaten Sterberaten unter 5‰ aufwiesen, darunter Algerien, Libyen, Belize, Costa Rica, Jordanien, Syrien, das französische Department Französisch Guyana, Syrien, Kosovo, Brunei, Malediven, Andorra, Singapur, Tadschikistan und die Golfstaaten.

Aufgrund ihres hohen Anteils junger Bevölkerungsschichten und einer verringerten Sterblichkeit weisen viele Staaten Lateinamerikas gegenüber einzelnen Län-

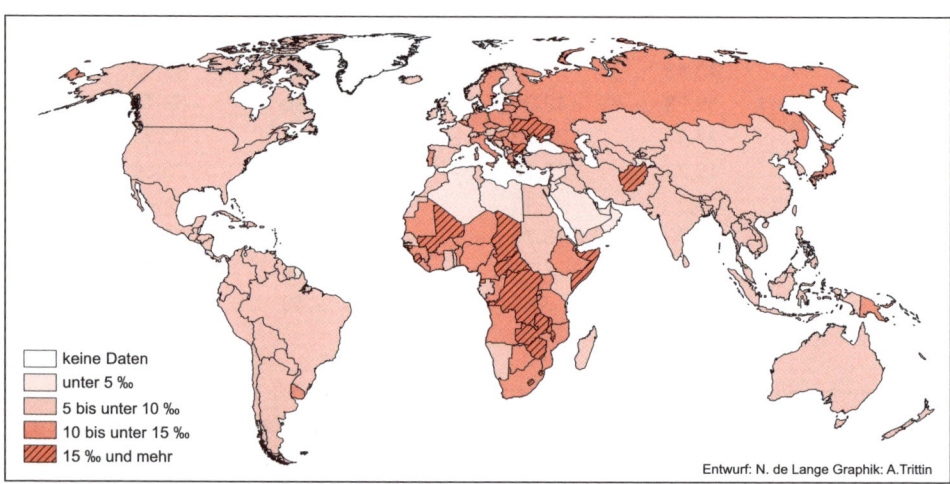

keine Daten
unter 5 ‰
5 bis unter 10 ‰
10 bis unter 15 ‰
15 ‰ und mehr

Entwurf: N. de Lange Graphik: A.Trittin

Abb. 5.09: Sterberate in den Staaten der Erde um 2010 (Datenquelle: Pop. Reference Bureau, 2012 World Population Data Sheet)

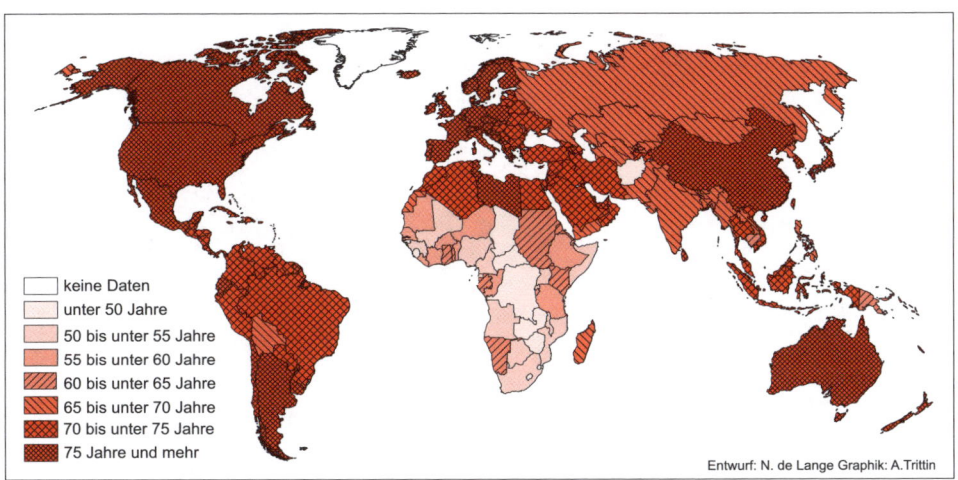

Abb. 5.10: Lebenserwartung in den Staaten der Erde um 2010 (Datenquelle: POP. REFE-
RENCE BUREAU, 2012 World Population Data Sheet)

dern Europas (mit ihren relativ alten Bevölkerungen) einen geringeren Sterblich-
keitswert auf. Dies gilt insbesondere für
Mexiko, Venezuela, Chile, Peru oder Nica-
ragua. Der gleiche Effekt tritt auch z.B. im
Falle der Volksrepublik China, Malaysias
und der Philippinen auf.

Die weltweit existierenden Unterschiede von Überlebenschancen bzw. Mortalität
werden durch die rohe Sterberate nur un-
vollkommen abgebildet. So ist die mittlere
Lebenserwartung bei Geburt besser geeignet, die Mortalitätsunterschiede zwischen
einzelnen Ländern und Regionen genauer
zu dokumentieren (vgl. Abb. 5.10). Um
das Jahr 2010 schwankte dieser Indikator
zwischen den Extremwerten von lediglich
47 (Sierra Leone), 48 (Guinea-Bissau, Zaire, Sambia, Zentralafrikanische Republik,
Lesotho, Simbabwe, Swasiland) oder 49
Jahren (in Afghanistan, Tschad) und 83
Jahren in Japan (Zahlen um 2010 nach:
POP. REFERENCE BUREAU, 2012 World Population Data Sheet).

Besonders dramatisch stellt sich die
Entwicklung der Lebenserwartung in der
Russischen Föderation dar: Die Lebenserwartung sank hier zwischen 1991 und
2003 bei Männern um ganze 4,9 Jahre und
bei Frauen immerhin noch um 2,4 Jahre.
2008 betrug sie für Männer 58,4 Jahre und
für Frauen 71,9 Jahre (vgl. LINDNER 2008,
S. 8). Während die Bevölkerung im übrigen Europa seit den 1960er Jahren immer
älter wurde, sank das durchschnittliche Lebensalter in Russland deutlich ab. Als Ursachen für diese Entwicklung können sowohl versäumte Gesundheits- und Sozial-
reformen in der sowjetischen und in der
postsowjetischen Zeit als auch der Alkoho-
lismus und Gefährdungen im Straßenver-
kehr wie bei der Arbeit genannt werden.
Eine schnelle Trendwende ist nicht zu erwarten. Falls die Gesundheitsversorgung
schrittweise verbessert wird, ist nach Angaben der Vereinten Nationen ein Anstieg
der allgemeinen durchschnittlichen Lebenserwartung auf 73 Jahre erst zwischen

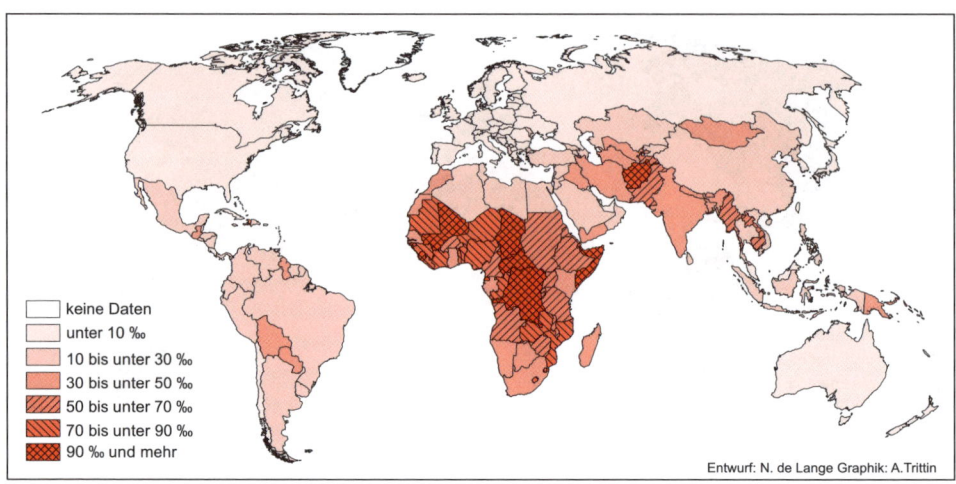

Abb. 5.11: Säuglingssterblichkeit in den Staaten der Erde um 2010 (Datenquelle: POP. REFERENCE BUREAU, 2012 World Population Data Sheet)

2045 und 2050 wahrscheinlich (vgl. LIND-NER 2008, S. 9). Um 2010 lag die durchschnittliche Lebenserwartung in Russland insgesamt bei 69 Jahren, wobei Frauen (75 Jahre) eine deutlich höhere Lebenserwartung hatten als Männer (63 Jahre) (Datenquelle: POP. REFERENCE BUREAU, 2012 World Population Data Sheet).

Auch in Bezug auf die Säuglingssterblichkeit bestehen erhebliche regionale Unterschiede. Nach Zahlen des World Population Data Sheets lag die Säuglingssterblichkeit um 2010 in 10 Staaten unter 3‰. Dazu zählten Island, Hongkong und Singapur, Schweden, Liechtenstein, Japan, Finnland, Norwegen, Portugal und die Tschechische Republik. Die höchste Säuglingssterblichkeit wurde um 2010 dagegen mit 129‰ in Afghanistan bzw. 128‰ im Tschad festgestellt, gefolgt von Sierra Leone (107‰), Somalia (107‰), Guinea-Bissau (103‰) und der Zentralafrikanischen Republik (101‰).

Anhand der mittleren Lebenserwartung bei Geburt sowie der Werte für die Säuglingssterblichkeit (vgl. Abb. 5.10 u. 5.11) können mindestens vier Ländergruppen unterschieden werden (in Fortführung von BÄHR 2010, S. 156):

1. Länder mit einer extrem niedrigen Lebenserwartung (unter 60 Jahren) und einer extrem hohen Säuglingssterblichkeit (über 70‰ und zum Teil über 100‰): Zu dieser Gruppe zählen fast ausschließlich subsaharische Staaten, z.B. die Extrema Tschad und Zaire (49 Jahre und 128‰ bzw. 48 Jahre und 115‰), aber auch Afghanistan (49 Jahre und 129‰).

2. Länder mit einer niedrigen Lebenserwartung (um 60 Jahre) und einer hohen Säuglingssterblichkeit (>50‰): Hier handelt es sich zum großen Teil um afrikanische, aber auch um viele süd- bzw. südostasiatische Länder wie z.B. Sudan (60 Jahre und 67‰), Laos (65 Jahre und 57‰) oder Myanmar (65 Jahre und 51‰).

3. Länder mit einer mittleren Lebenserwartung (60-70 Jahre) und einer immer noch vergleichsweise hohen Säuglingssterblichkeit: Dazu zählen einzelne Länder in Lateinamerika (wie z.b. Guatemala, Guayana oder Paraguay mit 71, 70 bzw. 72 Jahren sowie 30‰, 38‰, bzw. 30‰), in Asien (z.b. Nepal mit 68 Jahren und 46‰) sowie einzelne Nachfolgestaaten der Sowjetunion (z.b. Usbekistan mit 68 Jahren und 46‰ oder Tadschikistan mit 73 Jahren und 53‰).

4. Länder mit einer hohen Lebenserwartung (zum Teil deutlich über 70 Jahre) und einer extrem niedrigen (unter 10‰) bzw. niedrigen (unter 20‰) Säuglingssterblichkeit: In diese Gruppe fallen einerseits die meisten europäischen Staaten (z.b. Frankreich mit 82 Jahren und 3,5‰) sowie Nordamerika, Australien, Neuseeland und Japan. Andererseits gehören zu dieser Ländergruppe einzelne lateinamerikanische Staaten (wie z.b. Chile und Uruguay mit 79 und 76 Jahren bzw. 7,9‰ und 10,6‰) sowie Schwellenländer wie die Volksrepublik China (75 Jahre und 17‰) oder Mexiko (77 Jahre und 15‰).

5.3.3 Mortalität und ihre Bestimmungsfaktoren

Das **Ausmaß der Mortalität** hängt wie die Fertilität von sehr vielen sozio-demographischen Faktoren ab. Aus natürlichen Gründen steigt die Sterblichkeit generell mit zunehmendem Alter. Aus biologischen, aber auch aus kulturellen Gründen (Art und Ausmaß der Beteiligung am Erwerbsleben, Ernährung etc.) weisen Frauen aller Altersjahre eine geringere Mortalitätsneigung auf. Daneben beeinflusst auch der Familienstand die Mortalität: Ledige Personen weisen eine höhere Morta-

lität auf als Verheiratete. Wird die männliche Bevölkerung betrachtet, so kann festgestellt werden, dass in allen Altersgruppen Verheiratete die niedrigste Mortalität aufweisen, während diese bei verwitweten bzw. geschiedenen Personen am höchsten ist. Ursächlich hierfür sind hauptsächlich familienstandspezifische Lebensweisen, aber auch die selektive Wirkung der Heirat (u.a. auch gesundheitliche Auslese).

Neben Geschlechts- und Altersunterschieden spielen Schicht- und Berufsgruppenzugehörigkeit eine wichtige Rolle. Während einerseits bestimmte Berufe (z.b. im Hoch- und Tiefbau) im Vergleich zu anderen Tätigkeiten mit einem erhöhten Gesundheitsrisiko verbunden sind, entscheidet auch der soziale Status einzelner Individuen über die Möglichkeiten der Gesundheitsvorsorge. Die Verminderung schichtenspezifischer Sterblichkeitsunterschiede stellt eine Herausforderung für die Sozialmedizin und die Sozialpolitik dar. Die Mortalität innerhalb eines Landes variiert außerdem nach ethnischer Gruppenzugehörigkeit, wobei meist Zusammenhänge zu wesentlichen sozio-ökonomischen Belastungsfaktoren dieser Minderheiten bestehen.

Von Bedeutung sind in vielen Ländern ferner Land-Stadt-Unterschiede, die in sehr unterschiedlicher Weise Einfluss auf die Mortalität ausüben können. In großstädtischen Regionen ist beispielsweise die medizinische Versorgung oft besser, sie sind jedoch zugleich durch ein erhöhtes Sterberisiko etwa durch KFZ-Unfälle oder durch Erkrankungen des Herz-Kreislauf-Systems infolge höherer Stress- oder Umweltbelastung gekennzeichnet.

Im Zeitverlauf haben sich die **Haupttodesursachen** deutlich verändert. Früher waren für die Mortalität v.a. Hungersnöte, Seuchen und Infektionskrankheiten (z.B.

Tab. 5.03: Die zehn Haupttodesursachen nach Einkommensniveau* 2011 (Datenquelle: WORLD HEALTH ORGANIZATION 2013)

Welt	Todesfälle in Mio.
Ischämische Herzkrankheiten	7
Schlaganfall	6,2
Infekte der unteren Atemwege	3,2
Chronisch obstruktive Lungenerkrankung	3
Durchfallerkrankungen	1,9
HIV/AIDS	1,6
Luftröhren-, Bronchien-, Lungenkrebs	1,5
Diabetes mellitus	1,4
Verkehrsunfälle	1,3
Frühgeburt	1,2
Länder mit geringem Einkommen (low-income countries)	**Todesfälle je 100.000 Einwohner**
Infekte der unteren Atemwege	98
HIV/AIDS	70
Durchfallerkrankungen	69
Schlaganfall	56
Ischämische Herzkrankheiten	47
Frühgeburt	43
Malaria	38
Tuberkulose	32
Mangel- und Unterernährung	32
Geburtsasphyxie (Sauerstoffmangel) und Geburtstrauma (unter der Geburt erworbene Verletzung des Neugeborenen)	30
Länder mit mittlerem Einkommen (unterer Bereich) (lower-middle income countries)	**Todesfälle je 100.000 Einwohner**
Ischämische Herzkrankheiten	93
Schlaganfall	75
Infekte der unteren Atemwege	60
Chronisch obstruktive Lungenerkrankung	51
Durchfallerkrankungen	47
Frühgeburt	27
HIV/AIDS	24
Tuberkulose	22
Diabetes mellitus	20
Verkehrsunfälle	19
Länder mit mittlerem Einkommen (oberer Bereich) (upper-middle income countries)	**Todesfälle je 100.000 Einwohner**
Schlaganfall	126
Ischämische Herzkrankheiten	120

Chronisch obstruktive Lungenerkrankung	45
Luftröhren-, Bronchien-, Lungenkrebs	28
Infekte der unteren Atemwege	22
Verkehrsunfälle	21
Diabetes mellitus	20
Leberkrebs	19
Hypertensive Herzerkrankung (Bluthochdruck bedingte Herzkrankheiten)	18
Magenkrebs	18
Länder mit hohem Einkommen (high income countries)	**Todesfälle je 100.000 Einwohner**
Ischämische Herzkrankheiten	119
Schlaganfall	69
Luftröhren-, Bronchien-, Lungenkrebs	51
Alzheimer und andere Demenzerkrankungen	48
Chronisch obstruktive Lungenerkrankung	32
Infekte der unteren Atemwege	32
Darmkrebs	27
Diabetes mellitus	21
Hypertensive Herzerkrankung (Bluthochdruck bedingte Herzkrankheiten)	20
Brustkrebs	16

* Die WHO Mitgliedstaaten werden nach den Einkommenskategorien der Weltbank für das Jahr 2011 klassifiziert. Klassifikation nach Bruttonationaleinkommen pro Kopf: Low income: \$1.025 oder weniger; Lower-middle income: \$1.026-4.035; Upper-middle income: \$4.036-12.475; High income: \$12.476 oder mehr (siehe WORLD BANK 2013).

Pest, Pocken, Cholera, Typhus-Epidemien) sowie Naturkatastrophen maßgeblich. Länderspezifisch lassen sich noch heute unterschiedliche Haupttodesursachen ausmachen, die zum einen den Entwicklungsstand, zum anderen aber auch differierende Lebens- oder Ernährungsweisen widerspiegeln. So stehen in den meisten wohlhabenden Staaten (vgl. Tab. 5.03) nicht mehr die Infektionskrankheiten, sondern Kreislauferkrankungen und Krebs an erster Stelle, die auch als Zivilisationskrankheiten bezeichnet werden. Insgesamt kann die Mortalität somit auf ein komplexes Faktorenbündel zurückgeführt werden, das neben anderen Faktoren ebenso Umwelteinflüsse (Klima, Luftverschmutzung, Wasserqualität, Baustoffe mit Gesundheitsrisiko), bestimmte Ernährungsweisen oder Genussmittelkonsum (z.B. Rauchen und Alkohol) beinhaltet.

Allgemein lässt sich weltweit seit Jahrzehnten ein **Rückgang der Mortalität** beobachten, der auf differenzierte, vielfältig miteinander verwobene sowie regional spezifische Ursachen zurückzuführen ist. Diese Entwicklung beruht nach WOODS auf einigen wenigen Haupteinflussfaktoren: Zufallsereignisse, Verbesserung der Umwelt im weiteren Sinne (Ernährungs- und Lebensstandard, sanitäre Bedingungen, Wohnverhältnisse) sowie medizinische Fortschritte und deren Anwendung (vgl. WOODS 1979, S. 84ff.). BÄHR unterscheidet – mit Blick auf Europa – folgende drei Hauptkategorien von **Bestimmungsgründen für den Sterblichkeitsrückgang** (vgl. BÄHR 2010, S. 164):

- Ökobiologische Faktoren: Zu diesen zählen die verbesserte Vorsorge vor Umweltkatastrophen (z.b. Deichbau) und Veränderungen der physischen Umweltbedingungen als Voraussetzung für die Existenz und Weitergabe von Krankheitsüberträgern sowie die Erhöhung der Widerstandsfähigkeit des Menschen.
- Sozio-ökonomische, politische und kulturelle Faktoren: Hier sind Verbesserungen wirtschaftlicher Verhältnisse und des Lebensstandards (z.b. Verringerung der körperlichen Arbeitsbelastung und des Gesundheitsrisikos bei der Erwerbstätigkeit, Verbesserung der Ernährung und Beseitigung von so genannten Mangelkrankheiten) zu nennen. Auch die Verbesserung der öffentlichen (Wasseraufbereitung, Abwasserbeseitigung, Müllentsorgung) und privaten Hygiene, der Wohnverhältnisse, die Entstehung von stabileren politischen Verhältnissen, eine bessere gesundheitliche Aufklärung und ein wachsendes Gesundheitsbewusstsein der Bevölkerung wirken sich hier aus. Konträr zu diesen Entwicklungen sind in vielen Ländern (Bürger-)Kriege für eine kurzzeitig ansteigende, hohe Mortalität verantwortlich. Ihnen fallen häufig gerade jüngere Menschen zum Opfer.
- Medizinische Faktoren: Darunter fallen Fortschritte in der präventiven und kurativen Medizin (z.b. Schutzimpfungen oder die inzwischen routinemäßig durchgeführten Nierentransplantationen) sowie im öffentlichen Gesundheitswesen (z.b. Versorgung durch Krankenhäuser).

Auch in den Ländern des globalen Südens ging die Mortalität in der jüngeren Vergangenheit deutlich zurück, obschon sie gegenüber den wohlhabenderen Ländern des globalen Nordens immer noch relativ hoch liegt. Auffällig ist, dass die Sterberate im globalen Süden weitaus schneller abnahm. Insbesondere die erfolgreiche Bekämpfung schwerer (Infektions-)Krankheiten (beispielsweise Cholera, Malaria, Pocken, Ruhr und Typhus) gilt als Ursache für diesen Rückgang. Einen wichtigen Beitrag leistete dabei der Import von medizinischen und hygienischen Mitteln und deren sachgerechte Anwendung (Impfungen, Bekämpfung von Krankheitsträgern mit Hilfe von Chemikalien).

Eine besondere Herausforderung stellt die Bekämpfung von **AIDS** dar. In den letzten 20 Jahren hat die Bedeutung von AIDS zugenommen. Eine Ansteckung mit **HIV** (d.h. mit dem Human Immunodeficiency Virus) führt nach einer unterschiedlich langen, meist mehrjährigen Inkubationszeit zur derzeit noch unheilbaren Immunschwächekrankheit AIDS (Acquired Immunodeficiency Syndrom). Die Verbreitung von HIV hat sich in den letzten 25 Jahren zu einer Pandemie entwickelt, d.h. zu einer länder- und kontinentübergreifenden Infektionskrankheit, die im Gegensatz zur Epidemie örtlich nicht beschränkt ist. Besonders betroffen sind viele afrikanische Staaten (vgl. Abb. 5.12), die trotz einer sehr jungen Bevölkerung extrem hohe rohe Sterberaten aufweisen – z.B. Swasiland (38% der Bevölkerung sind unter 15 Jahre alt, 3% der Bevölkerung über 65 Jahre, CDR: 15‰), Lesotho (37% bzw. 4% bzw. 16‰), Sierra Leone (43% bzw. 2% bzw. 16‰), Sambia (46% bzw. 3% bzw. 16‰), Angola (48% bzw. 2% bzw. 12‰), Simbabwe (43% bzw. 4% bzw. 15‰) oder Mosambik (45% bzw. 3% bzw. 14‰)

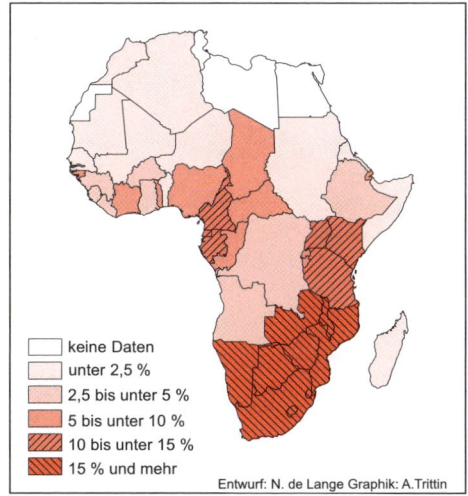

	keine Daten
	unter 2,5 %
	2,5 bis unter 5 %
	5 bis unter 10 %
	10 bis unter 15 %
	15 % und mehr

Entwurf: N. de Lange Graphik: A.Trittin

Abb. 5.12: Anteil der HIV-Infizierten an den 15- bis 49-Jährigen in Afrika 2009/11 (Datenquelle: POP. REFERENCE BUREAU, 2012 World Population Data Sheet)

(Zahlen um 2010 nach POP. REFERENCE BUREAU, 2012 World Population Data Sheet).

5.3.4 Mortalität und Lebenserwartung in Deutschland

Die allgemeine Sterblichkeit und insbesondere die altersspezifischen Sterberaten in Deutschland sind seit den 1870er Jahren kontinuierlich gesunken (vgl. Abb. 7.07). Ursächlich war seit der Reichsgründung u.a. der Aufbau eines öffentlichen Leistungs- und Verwaltungssystems (z.B. Errichtung des Kaiserlichen Gesundheitsamts oder Begründung des öffentlichen Veterinärwesens), Verbesserung der hygienischen Verhältnisse und der allgemeinen Gesundheitsvorsorge. Dementsprechend ist die Lebenserwartung bei Geburt gestiegen. Das Statistische Bundes-

amt beziffert die mittlere Lebenserwartung für die Modellrechnung 2008/10 mit 82 Jahren und 7 Monaten für neugeborene Mädchen und 77 Jahren und 6 Monaten für neugeborene Jungen (vgl. Tab. 5.02; Datenquelle: STAT. BUNDESAMT, Stat. Jahrbuch 2012, S. 38). Somit bestehen die geschlechtsspezifischen Unterschiede zwar weiterhin, sie sind in den letzten 25 Jahren aber deutlich geringer geworden. Anzunehmen ist, dass sich gesundheitsrelevante Bedingungen und Verhaltensweisen von Frauen und Männern angleichen. Dies ist auch im Zusammenhang mit einem eher statistischen Effekt zu sehen. Die männlichen Altersjahrgänge mit größeren Gesundheitsschäden infolge des Zweiten Weltkriegs und dadurch bedingter höherer Sterblichkeit schrumpfen.

Der generelle **Rückgang der Sterblichkeit in Deutschland** ist neben erheblichen medizinischen Fortschritten auf vielfältige Verbesserungen von Hygiene, Ernährung sowie von Wohn- und Arbeitsbedingungen zurückzuführen. Infektionskrankheiten, die Anfang des 20. Jahrhunderts noch zu den Haupttodesursachen zählten (u.a. die damals weit verbreitete Tuberkulose) sind zurückgegangen. Demgegenüber stellen heute Krebserkrankungen und Krankheiten des Kreislaufsystems die häufigsten Todesursachen dar. Sie treten aber erst im höheren Alter verstärkt auf (vgl. EISENMENGER/EMMERLING 2011, S. 230).

Die regionale Differenzierung der Sterblichkeit, in Abbildung 5.14 ausgedrückt durch den aussagekräftigeren Indikator Lebenserwartung, weicht wie im Falle der Fertilität von der früherer Jahre ab. Das (ehemalige) Süd-Nord-Gefälle schwächt sich ab. In vielen nördlichen Kreisen der ehemaligen DDR ist die Lebenserwartung (insbesondere die der Männer) allerdings noch vergleichsweise niedrig (vgl. Abb. 5.14).

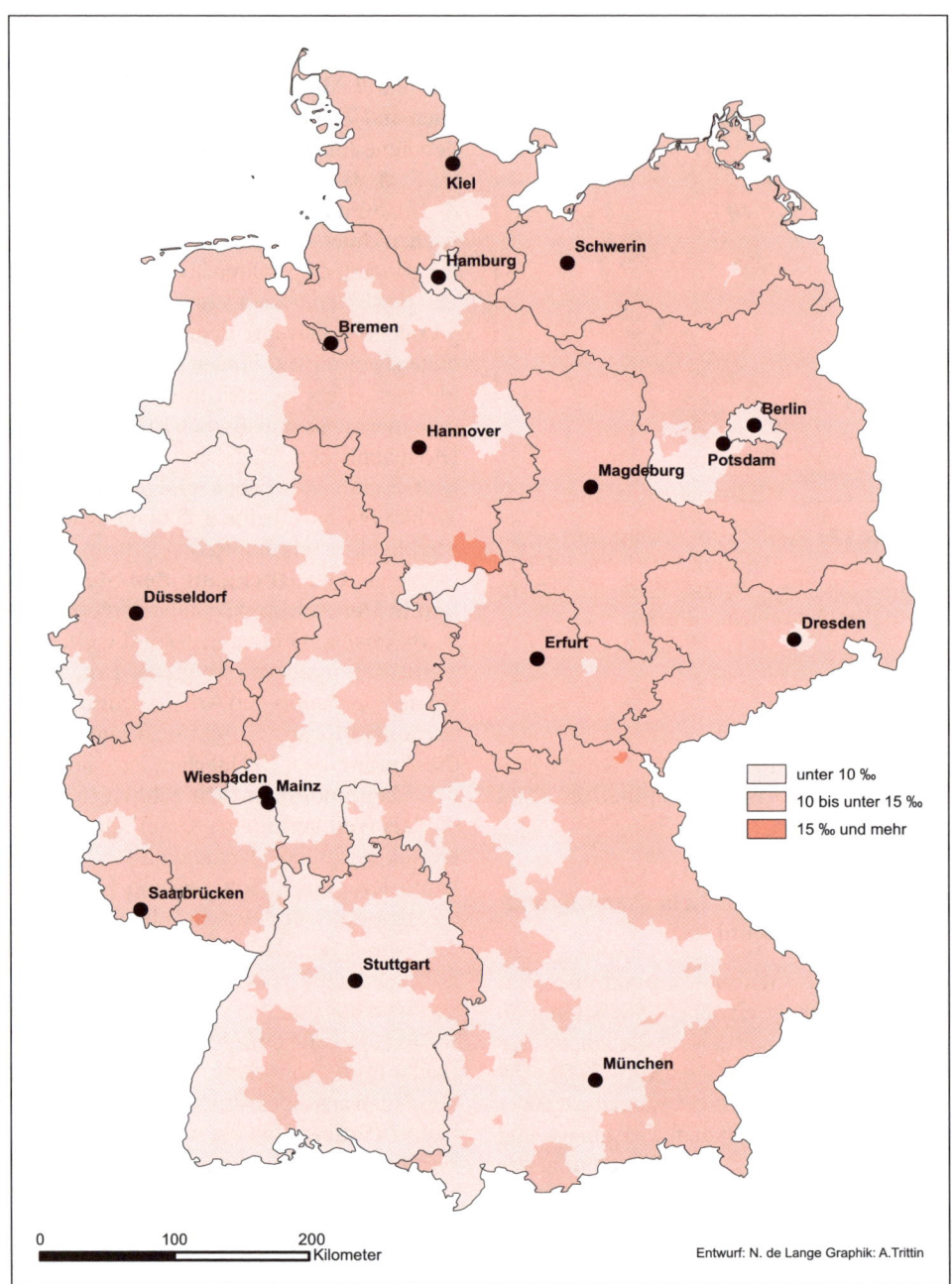

Legend:
- unter 10 ‰
- 10 bis unter 15 ‰
- 15 ‰ und mehr

0   100   200 Kilometer

Entwurf: N. de Lange Graphik: A.Trittin

Abb. 5.13: Sterberaten in den Kreisen und kreisfreien Städten der Bundesrepublik Deutschland 2010 (Datenquelle: BUNDESINSTITUT FÜR BAU-, STADT- UND RAUMFORSCHUNG, INKAR 2012)

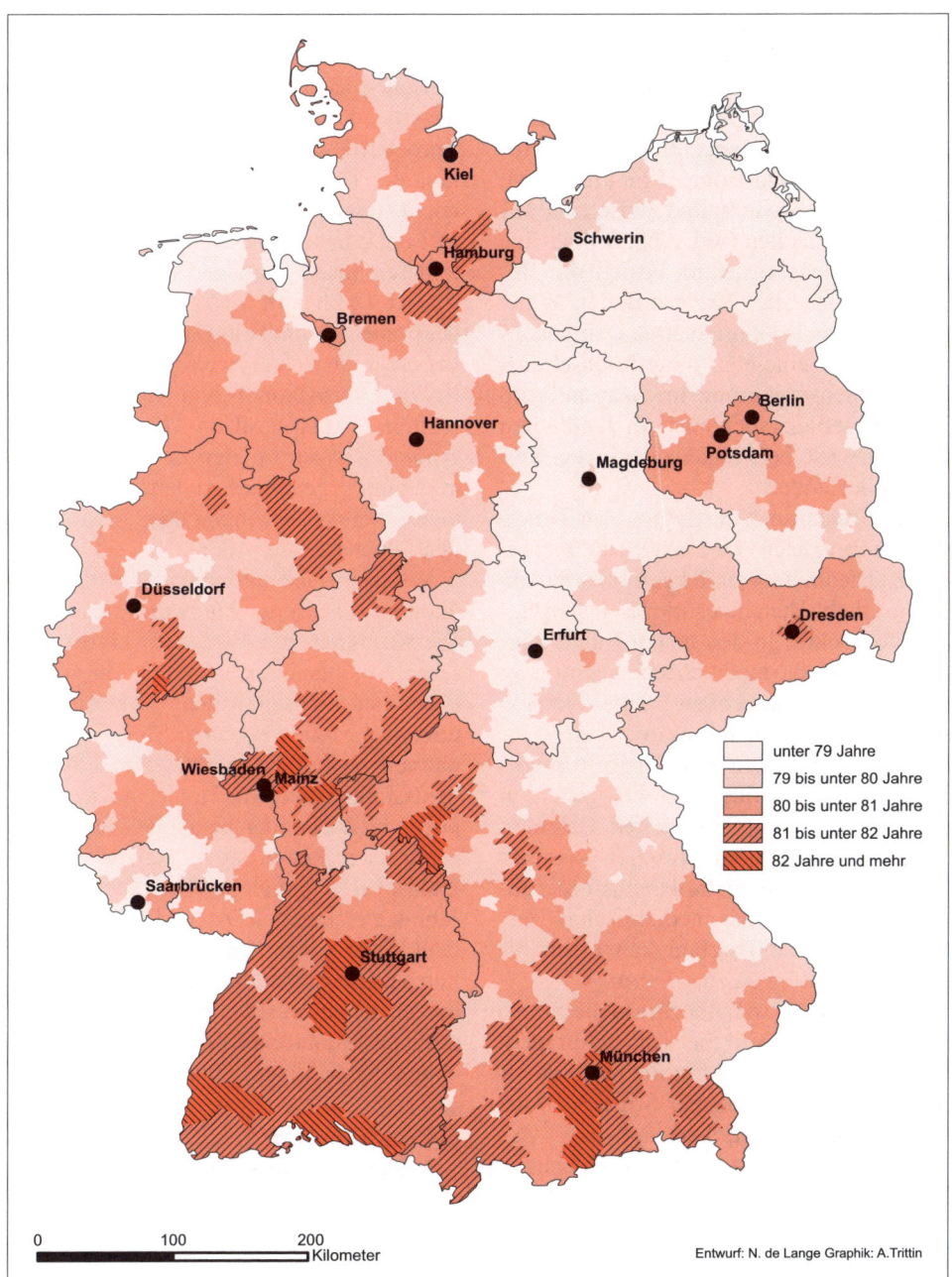

Abb. 5.14: Lebenserwartung in Jahren bei Geburt in den Kreisen und kreisfreien Städten der Bundesrepublik Deutschland 2010 (Datenquelle: Bundesinstitut für Bau-, Stadt- und Raumforschung, INKAR 2012)

Eine kleinräumige Analyse auf Kreis-basis differenziert dieses Grobmuster und belegt die höhere Lebenserwartung z.B. im Raum Dresden, in Hamburg, Münster oder in Ost-Westfalen, entlang der Metro-polregionen Köln/Bonn, Frankfurt a.M. und Stuttgart sowie in und zwischen Frei-burg und München (vgl. Abb. 5.14). Eine höhere Lebenserwartung besitzt die Be-völkerung in vielen Kreisen Baden-Würt-tembergs sowie Oberbayerns. Demgegen-über besteht eine eher unterdurchschnitt-liche Lebenserwartung im Saarland und im Ruhrgebiet, aber auch in ländlichen Räumen wie Oberfranken oder in den neu-en Bundesländern.

Die Erläuterung der regionalen Unter-schiede kann nach GANS (2008) auf mehre-re Ursachenbündel zurückgeführt werden:

Die erheblichen Investitionen in den Ge-sundheitssektor in den neuen Bundeslän-dern, wo sich die medizinische Versorgung zuerst v.a. in den großen Städten verbes-serte, wirkten sich insgesamt positiv auf die Lebenserwartung der dortigen Bevöl-kerung aus. Allerdings bestehen gerade in den weniger dicht besiedelten Gebieten aufgrund des demographischen Wandels bereits heute erhebliche Herausforderun-gen, die Qualität der medizinischen Ver-sorgung und die Tragfähigkeit medizini-scher Einrichtungen zu sichern.

Ferner erhöht sozialer Stress die Sterb-lichkeit bei Männern mehr als bei Frauen. Dieser Faktor hat nicht immer eine räum-liche Dimension. Sozialer Stress, der aus einer ungewissen Lebenslage bzw. Zu-kunft aufgrund politischer oder wirtschaft-licher Unsicherheiten resultiert, kann aber durchaus regionale Effekte zeigen. Es ist davon auszugehen, dass derartige Stresssi-tuationen beim Zusammenbruch der DDR bestanden und auch heute in Gebieten hö-herer Arbeitslosigkeit bestehen.

Als weiteres Ursachenbündel können unterschiedliche Lebensstile einerseits zwischen Männern und Frauen und ande-rerseits zwischen Ost und West unterstellt werden. Sie können insbesondere die An-fang der 1990er Jahre deutlichen regiona-len Unterschiede der Lebenserwartung zwischen neuen und alten Bundesländern erklären. Im Allgemeinen sind die Lebens-stile von Männern im Vergleich zu denen der Frauen gesundheitsgefährdender. Män-ner ernähren sich oft weniger gesundheits-bewusst, ihr Alkohol- und Nikotinkonsum ist höher. Auch besitzen Männer generell erhöhte Risiken im Berufsleben und sind anfälliger gegenüber sozialen Stresssituati-onen, die sich bei ihnen eher negativ auf den Lebensstil auswirken.

Wirksam sind außerdem die regional-ökonomische Entwicklung und die räumli-che Mobilität von Personen: „Prosperie-rende Regionen zeichnen sich eher durch eine überdurchschnittliche Lebenserwar-tung aus. Mobile Personen sind im Allge-meinen besser ausgebildet und einkom-mensstärker, zwei Merkmale, die in engem positiven Zusammenhang mit gesundheits-fördernden Lebensstilen stehen" (GANS 2008). Im Vergleich zu den frühen 1990er Jahren gleichen sich Ost- und Westdeutsch-land in den genannten Merkmalen allmäh-lich an. Die Anpassung der Lebensstile der ost- an die der westdeutschen Bevölkerung trägt insgesamt entscheidend zur Anglei-chung der Todesursachen bei.

5.4 Natürliches Bevölkerungswachstum

5.4.1 Kennziffern des natürlichen Bevölkerungswachstums

Als Messziffer für das natürliche Wachs-tum einer Bevölkerung dient v.a. die so genannte **Geburtenüberschussrate** oder **Geburtenbilanzrate**. Diese **Rate des natürlichen Bevölkerungswachstums** wird gebildet aus der Differenz zwischen der Zahl der Lebendgeburten und der Zahl der Todesfälle geteilt durch die mittlere Bevölkerungszahl des Berichtsjahres (im Normalfall multipliziert mit dem Faktor 1.000 und dann ausgedrückt in ‰). Diese Rate (R) ergibt sich auch aus der Subtraktion der (rohen) Sterberate CDR (in ‰) von der (rohen) Geburtenrate CBR (in ‰):

$$R = CBR - CDR$$

Nimmt die Geburtenüberschussrate einen negativen Wert an (wie in der BRD seit 1970), bedeutet dies, dass die Zahl der Sterbefälle die Geburtenzahl übersteigt. In der Folge sinkt die Größe der Gesamtbevölkerung, sofern diese Entwicklung nicht durch Zuwanderung aus dem Ausland ausgeglichen wird. Die Geburtenüberschussrate ist vom jährlichen Bevölkerungszuwachs zu unterscheiden. Letzterer ergibt sich aus der Summe von Geburtenüberschuss und Nettomigration (zur demographischen Grundgleichung vgl. Kap. 2.2).

Die Geburtenüberschussrate gibt nur über die aktuelle natürliche Bevölkerungsbewegung Auskunft, da sie unabhängig von der alters- und geschlechtsspezifischen Struktur einer Bevölkerung errechnet wird. Dagegen können **Reproduktionsraten** (und insbesondere die Nettoreproduktionsrate) die Tendenz der zukünftigen natürlichen Bevölkerungsbewegung deutlicher aufzeigen. Reproduktionsraten unterscheiden sich von Fruchtbarkeitsraten dadurch, dass in ihre Berechnung nur die Mädchengeburten eingehen. Die **Bruttoreproduktionsrate** (gross reproduction rate, GRR) gibt (ähnlich wie die totale Fertilitätsrate TFR) an, wie viele Mädchen eine Frau während ihres Lebens gebären würde, wenn sie während der ganzen Zeit ihrer Gebärfähigkeit aktuellen altersspezifischen Fruchtbarkeitsverhältnissen unterworfen wäre. Die GRR wird errechnet, indem die altersspezifischen Fruchtbarkeitsraten (der Altersklassen 15 bis 49) für Mädchengeburten (female birth rate, FBR_i) aufaddiert werden:

$$GRR = \sum_{i=15}^{49} FBR_i$$

$FBR_i = FB_i / F_i$
FB_i = die Zahl der Mädchengeburten der Frauen in der Altersgruppe i
F_i = die Zahl der Frauen in der Altersgruppe i

In dieser Ziffer ist wie bei der totalen Fertilitätsrate die Sterblichkeit nicht berücksichtigt. Bezieht man sie in die Berechnungen mit ein, erhält man die **Nettoreproduktionsrate** (netto reproduction rate, NRR):

$$NRR = \sum_{i=15}^{49} FBR_i \times PSF_i$$

PSF_i = die Wahrscheinlichkeit, dass eine Frau bis zum i-ten Alter überlebt (probability of survival for females)

Die NRR ist ein Maß für die Zahl der Töchter, die eine Frau gebären würde, wenn sich weder die Fruchtbarkeits- noch die Sterbeverhältnisse ändern würden. Ist die NRR gleich 1, wird jede weibliche Generation durch eine gleich große Tochtergeneration ersetzt (**Nullwachstum, stationäre Bevölkerung**). Liegt der Wert über 1, wächst die Bevölkerung. Ein Wert unter 1 zeigt eine schrumpfende Bevölkerung an.

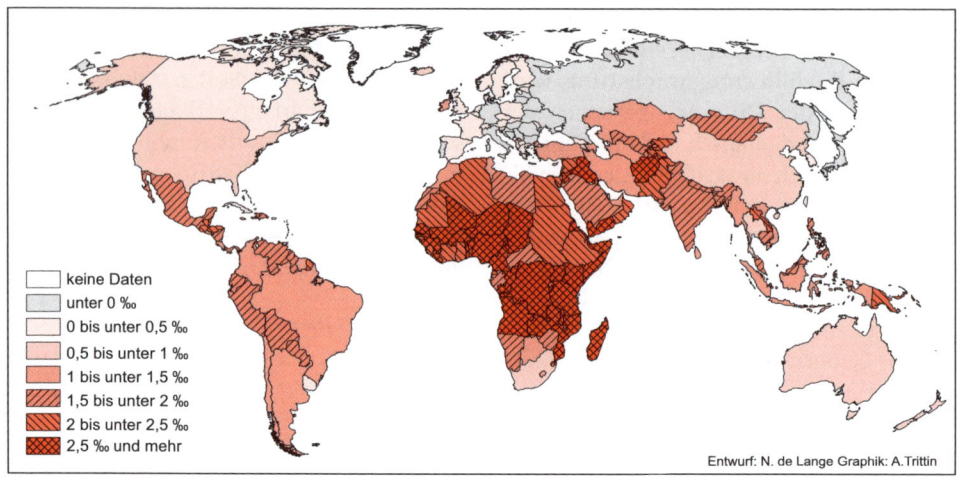

keine Daten
unter 0 ‰
0 bis unter 0,5 ‰
0,5 bis unter 1 ‰
1 bis unter 1,5 ‰
1,5 bis unter 2 ‰
2 bis unter 2,5 ‰
2,5 ‰ und mehr

Entwurf: N. de Lange Graphik: A.Trittin

Abb. 5.15: Weltweite Geburtenüberschussrate (Rate des natürlichen Bevölkerungswachstums) in den Staaten der Erde um 2010 (Datenquelle: POP. REFERENCE BUREAU, 2012 World Population Data Sheet)

5.4.2 Das natürliche Bevölkerungswachstum im weltweiten Vergleich

Im weltweiten Vergleich haben sich seit den 1990er Jahren bedeutsame Veränderungen ergeben (vgl. Tab. 5.01): So ist etwa weltweit ein genereller Rückgang der Fruchtbarkeit und der Sterblichkeit erkennbar. Das relative Bevölkerungswachstum hat sich weltweit gesehen verlangsamt, wobei allerdings noch sehr deutliche Unterschiede zwischen den Ländern des globalen Nordens und Südens und zwischen den Erdteilen bestehen.

Abbildung 5.15 zeigt, dass afrikanische Länder nach wie vor die höchsten Geburtenüberschussraten aufweisen. Ähnlich hohe Werte treten auch in einigen Ländern des Vorderen Orients auf. Über dem Weltdurchschnitt liegen außerdem einzelne Länder in Asien (z.B. Indien) und Südamerika (z.B. Venezuela). Vergleichsweise ge-

ringe und teilweise sehr geringe bis negative Geburtenüberschussraten weisen dagegen die europäischen Staaten auf. In vielen europäischen Ländern stagniert die Bevölkerungszahl seit Jahren oder ist sogar rückläufig (vgl. Kap. 7.3).

Im weltweiten Vergleich von Geburten- und Sterberaten lassen sich drei Hauptwachstumstypen identifizieren:

- Typ 1 (hohe Geburten- und hohe Sterberaten), z.B. Simbabwe, Mosambik, Kongo, Angola, Sierra Leone, Afghanistan,
- Typ 2 (hohe Geburten-, aber niedrige Sterberaten), z.B. Mexiko, aber auch Ägypten, Venezuela, Marokko, Indien,
- Typ 3 (niedrige Geburten- und niedrige Sterberaten), z.B. Niederlande, Japan, Deutschland, Taiwan, Südkorea.

Für einen vierten Typ mit niedrigen Geburten- und hohen Sterberaten lassen sich kaum Länderbeispiele finden. Die Begründung für diesen Befund kann mit Hilfe des Modells vom demographischen

Übergang gefunden werden, wonach die Abnahme der Mortalität üblicherweise der Abnahme der Fertilität vorausgeht (vgl. Kap. 7.1).

5.4.3 Das jüngere natürliche Bevölkerungswachstum in Deutschland

Tabelle 5.04 stellt zusammenfassend Kennziffern der natürlichen Bevölkerungsbewegung in Deutschland seit 1950 zusammen. Sie belegt die beiden Trends: Abnahme der Mortalität bei noch stärkerem Rückgang der Fertilität. Beide Prozesse resultieren in einer jüngeren, negativen natürlichen Wachstumsrate bzw. Geburtenüberschussrate. Seit Beginn der 1970er Jahre verzeichnet Deutschland einen Sterbefallüberschuss. Diese Entwicklung ist Ausdruck des vielschichtigen demographischen Wandels in Deutschland (vgl. Kap. 7.4).

Regional zeigt sich auf Kreisbasis die Geburtenüberschussrate (d.h. die natürliche Wachstumsrate) als regionale Resultante von Geburten- und Sterberate. Auffällig, aber aufgrund der Ausführungen zur Fertilität und Mortalität in den Kapiteln 5.2.4 und 5.3.4 zu erwarten, ist der positive Wert dieses Indikators in den Metropolregionen Hamburg, Berlin/Potsdam, Dresden, Jena, Köln/Bonn, Frankfurt a.M., Stuttgart und München. Ursächlich sind hohe Geburtenraten bei niedriger Mortalität bzw. hoher Lebenserwartung (vgl. auch Münster sowie die Kreise Paderborn und Cloppenburg). Demgegenüber bestand im Jahr 2010 in den Kreisen Prignitz und Elbe-Elster sowie im Burgenlandkreis, aber auch im Kreis Goslar und Wunsiedel im Harz bzw. im Fichtelgebirge der größte

Tab. 5.04: Kennziffern der natürlichen Bevölkerungsbewegung in Deutschland (Datenquellen: STAT. BUNDESAMT, Stat. Jahrbuch 1987, Tabellen 3.22 u. 3.29; Stat. Jahrbuch 2006, Tabellen 2.22 u. 2.25; Jahrbuch 2012, Tabellen 2.2.2, 2.2.3, 2.2.9)

Jahr	Geburtenrate in ‰ (CBR)	Allgemeine Fruchtbarkeitsrate in ‰ (GFR)	Totale Fruchtbarkeitsrate (TFR)	Sterberate in ‰ (CDR)	Säuglingssterblichkeit in ‰ (MR_0)	Lebenserwartung (Jahre) (m)	Lebenserwartung (Jahre) (w)	Natürliche Wachstumsrate je 1.000 Einw.	Nettoreproduktionsrate (NBR)
1950	16,2	69,5	2,091	10,5	55,3	64,6[1]	68,5[1]	+5,4	0,929
1960	17,4		2,360	11,6	33,8	66,9[2]	72,4[2]	+5,3	1,096
1970	13,4	67,2	2,012	12,1	23,4	67,4[3]	73,8[3]	+0,9	0,946
1980	10,1	46,7	1,443	11,6	12,7			-1,1	0,679
1990	11,4			11,6	7,1			-0,2	
2000	9,3	43,1[4]	1,340[4]	10,2	4,4			-0,9	
2010	8,3	45,3	1,391	10,5	3,4	77,51[5]	82,59[5]	-2.2	

1) 1949/51, 2) 1960/62, 3) 1970/72, 4) 2002, 5) 2008/10

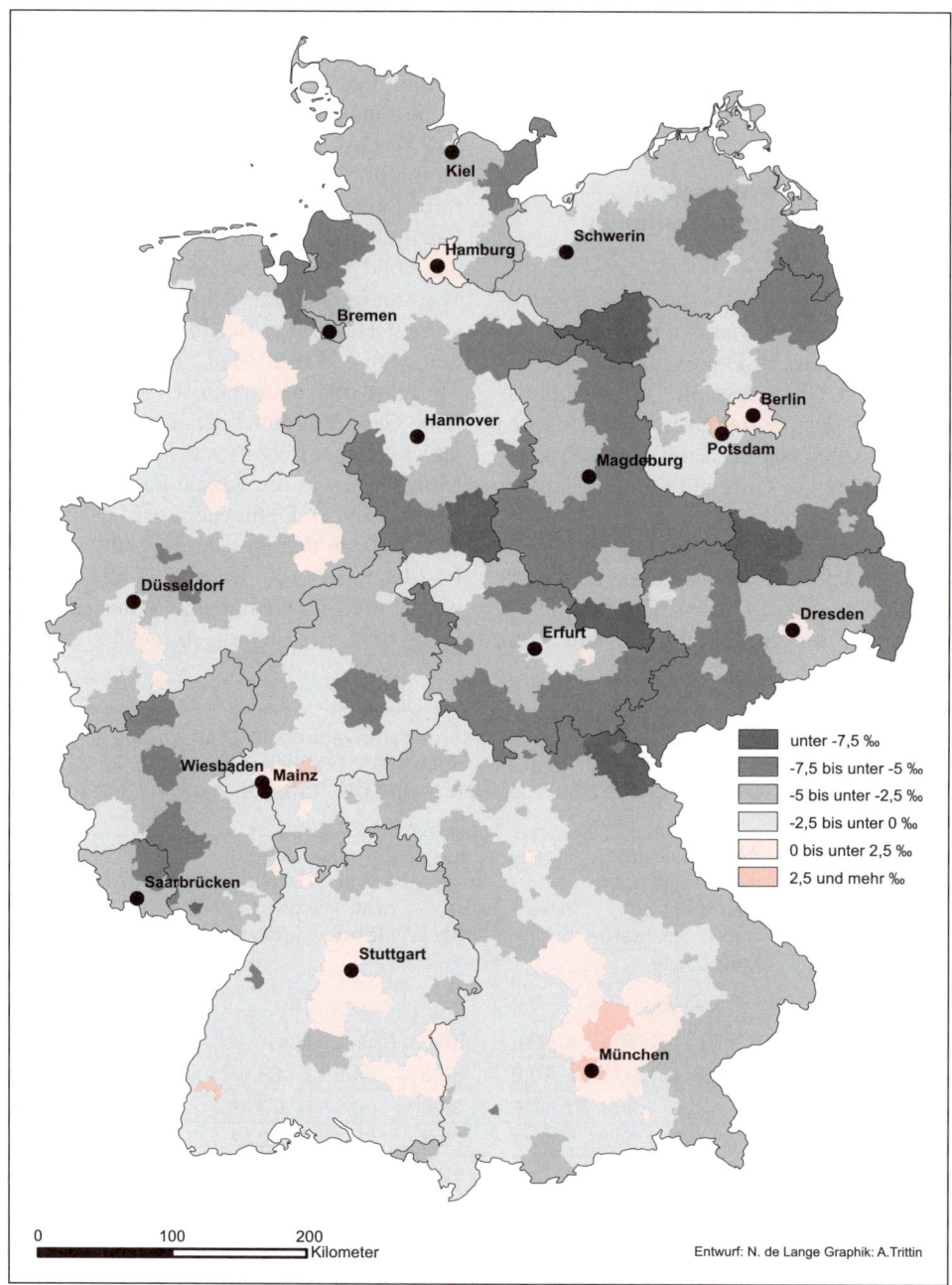

legend:
- unter -7,5 ‰
- -7,5 bis unter -5 ‰
- -5 bis unter -2,5 ‰
- -2,5 bis unter 0 ‰
- 0 bis unter 2,5 ‰
- 2,5 und mehr ‰

0   100   200 Kilometer

Entwurf: N. de Lange Graphik: A. Trittin

Abb. 5.16: Geburtenüberschussraten (Rate des natürlichen Bevölkerungswachstums) in den Kreisen und kreisfreien Städten der Bundesrepublik Deutschland 2010 (Datenquelle: BUNDESINSTITUT FÜR BAU-, STADT- UND RAUMFORSCHUNG, INKAR 2012)

Sterbefallüberschuss. Abbildung 5.16 verdeutlicht die Existenz von Stagnationsräumen in abseitiger Lage zu den Metropolregionen.

Der demographische Wandel führt in diesen Stagnationsräumen neben einem allgemeinen Rückgang der Bevölkerung zu einer Verschiebung des Altersaufbaus. Ein besonderes Kennzeichen sind selektive Abwanderungen junger, vergleichsweise gut gebildeter Personen. Es besteht die Gefahr der Abkopplung dieser Räume von der allgemeinen wirtschaftlichen Entwicklung. Darauf reagiert die Regionalplanung oftmals mit dem Versuch der Mobilisierung endogener Entwicklungspotenziale (z.B. Förderung des Tourismus).

Weiterführende Literatur

BREMNER, J., FROST, A., HAUB, C., MATHER, M., RINGHEIM, K. u. E. ZUEHLKE (2010): World Population Highlights: Key findings from PRB´s 2010 World Population Data Sheet. Population Bulletin 65, 2. http://www.prb.org/pdf10/65.2highlights.pdf (10.9.2013)

BUNDESINSTITUT FÜR BEVÖLKERUNGSFORSCHUNG (2013): Demografieportal des Bundes und der Länder. http://www.demografie-portal.de (10.9.2013)

BUNDESINSTITUT FÜR BEVÖLKERUNGSFORSCHUNG (2013): Fertilität. http://www.bib-demografie.de/DE/ZahlenundFakten/06/fertilitaet_node.html (10.9.2013)

BUNDESINSTITUT FÜR BEVÖLKERUNGSFORSCHUNG (2013): Sterblichkeit. http://www.bib-demografie.de/DE/ZahlenundFakten/08/sterblichkeit_node.html (10.9.2013)

MATHERS, C.D. u. DEJAN LONCAR (2009): Updated projections of global mortality and burden of disease, 2002-2030: data sources, methods and results. http://www.who.int/entity/healthinfo/statistics/bod_projections2030_paper.pdf (26.8.2013)

STATISTISCHES BUNDESAMT DEUTSCHLAND (2012): Bevölkerung und Erwerbstätigkeit. Natürliche Bevölkerungsbewegung. Fachserie 1, Reihe 1.1. Wiesbaden. https://www.destatis.de/DE/Publikationen/Thematisch/Bevoelkerung/Bevoelkerungsbewegung/Bevoelkerungsbewegung2010110107004.pdf (27.8.2013)

6 Räumliche Bevölkerungsbewegungen

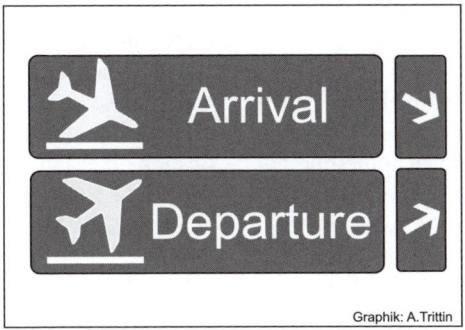

Abb. 6.01: Hinweisschilder auf einem Flughafen

Räumliche Bevölkerungsbewegungen (internationale Wanderungen, Umzüge und zirkuläre Mobilität) sind gesellschaftlich induziert und gerahmt. Zugleich haben sie großen Einfluss auf den Wandel von Bevölkerungsstrukturen und Gesellschaften. Aufgrund der enormen Vielfalt von Migrationen und anderen räumlichen Mobilitätsformen kann dieses Kapitel nur auf wenige ausgesuchte Beispiele eingehen. Vielmehr werden in einem theoriegeleiteten Vorgehen zentrale Komponenten und Teilprozesse von Migration analysiert und dargestellt.

Nach der Einführung in zentrale Begrifflichkeiten und Differenzierungen der Mobilitätsthematik liegt der Schwerpunkt auf der systematischen Beschreibung und Erklärung von Wanderungen und ihren Konsequenzen durch Modelle: Wie entstehen Wanderungen? Welche typischen Erscheinungsformen und Folgen lassen sich unterscheiden? Wie hängen Wanderungen und die Entwicklung von Herkunfts- und Zielregionen zusammen?

Vorgestellt werden klassische wie aktuelle Erklärungsansätze. Dabei werden auch neuere theoretische Strömungen aus den Wirtschafts- und Sozialwissenschaften aufgegriffen, sofern sie infolge ihres Raumbezugs eine bevölkerungsgeographische Bedeutung haben. Obwohl einige der Ansätze zeitlich weit zurückreichen (vgl. z.B. das so genannte Push/Pull-Modell aus den 1960er Jahren), haben sie konzeptionell nicht an Bedeutung verloren.

6.1 Grundbegriffe und Differenzierungen räumlicher Bevölkerungsbewegungen

6.1.1 Politisch-administrative Differenzierung

Unter dem Oberbegriff **räumliche Mobilität** werden Positionswechsel zwischen verschiedenen Orten oder Raumeinheiten verstanden, wie sie durch Menschen beispielsweise zwischen den Verwaltungseinheiten einer Stadt, eines Staates oder auch zwischen verschiedenen Staaten oder Kontinenten vollzogen werden. Die sehr unterschiedlichen Formen räumlicher Bevölkerungsbewegung lassen sich oft, allerdings nicht unbedingt immer mit dem Interesse der räumlich mobilen Personen erklären, ihre Chancen der (erfolgreichen) Teilnahme an unterschiedlichen gesellschaftlichen Funktionsbereichen (Ausbildung, Arbeitsmarkt, Konsum, Freundschaften und Familie, Sport, Tourismus, Kunst, Gesundheit und Wissenschaft u.a.) zu erhöhen oder ihre Teilnahme erfolgreich fortzusetzen (vgl. BOMMES/HALFMANN 1998, S. 17). In extremen Fällen (z.B. Flucht und Vertreibung) kann es auch schlicht darum gehen, das eigene Überleben zu sichern und einen gesellschaftlichen Wiedereinschluss in einem Wohlfahrtsstaat mit spezifischen Rechten und Pflichten (auf Zeit: als Asylbewerber; oder permanent: als anerkannter Flüchtling und künftiger Bürger) zu erreichen.

Räumliche Mobilität ist von **sozialer Mobilität** zu unterscheiden (vgl. Abb. 6.02). Unter sozialer Mobilität versteht man den Wechsel von Menschen zwischen unterschiedlichen gesellschaftlichen Positionen, teilweise auch Gruppen oder Milieus, wobei die vertikale soziale Mobilität (Auf- bzw. Abstieg in bestimmte soziale

Lagen, z.B. durch Bildungserwerb oder die Verbesserung bzw. Verschlechterung der Einkommenssituation) von der horizontalen sozialen Mobilität (zwischen gleichgestellten sozialen Gruppen oder verschiedenen Positionen im gleichen sozialen Milieu) unterschieden wird. Manchmal sind soziale und räumliche Mobilität auch miteinander verknüpft, z.B. wenn der Besuch einer Universität oder eine bessere berufliche Stellung oder Entlohnung (vertikale soziale Mobilität) einen Umzug erfordert.

Die räumliche Mobilität lässt sich anhand des Kriteriums der **Wohnsitzverlagerung** in zwei Haupttypen untergliedern: Die auf Dauer angelegte oder zumindest temporäre Verlagerung des Wohnsitzes – die als **Wanderung** oder **Migration** bezeichnet wird –, sowie das Pendeln zwischen verschiedenen Standorten, die so genannte **zirkuläre Mobilität**. Letztere geht nicht mit der Verlagerung des Hauptwohnsitzes einher, sondern zeichnet sich beispielsweise durch die alltägliche Bewegung zwischen Wohnung und Arbeitsplatz aus.

Im Vergleich zu anderen wissenschaftlichen Disziplinen, die sich ebenfalls mit bevölkerungsrelevanten und wanderungsbezogenen Aspekten beschäftigen, zeichnen sich die Geographie und ihre Teildisziplinen Bevölkerungsgeographie und Geographische Migrationsforschung durch ihre spezifisch raumbezogene Betrachtungsweise aus: Im Hinblick auf räumliche Mobilität und Migration geht es demnach um die raumbezogene Erfassung, Beschreibung, Analyse und Prognose von Bevölkerungsbewegungen und um die Folgen, die Wanderungsvorgänge und Fälle zirkulärer Mobilität für die Bevölkerung betroffener Räume (Bevölkerungsverteilung, -zusammensetzung, demographische

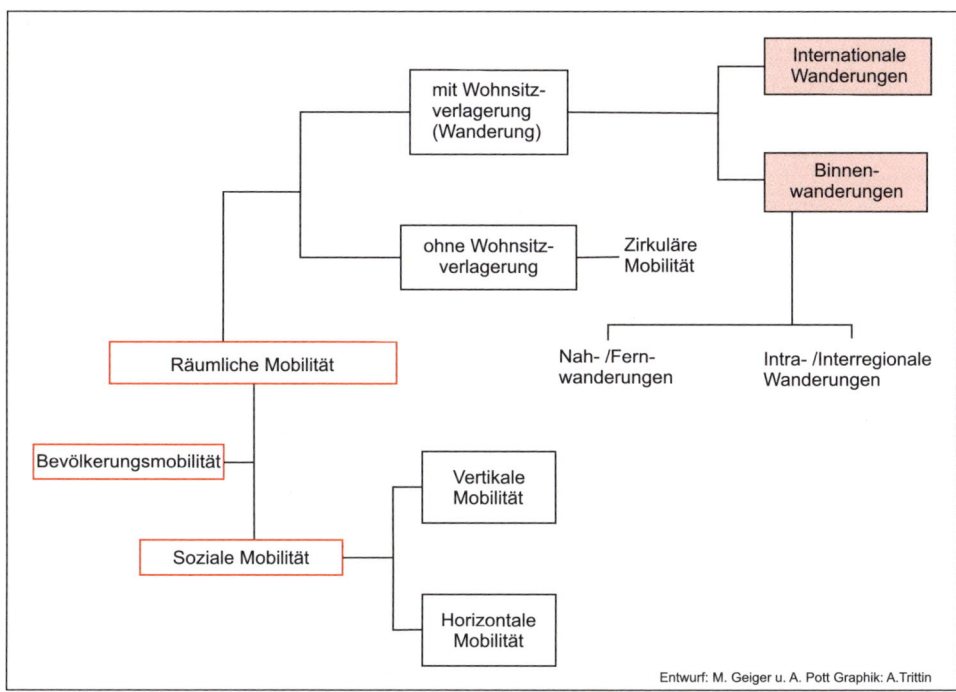

Abb. 6.02: Differenzierung der Mobilität von Bevölkerung

Entwicklung) oder für gesellschaftliche Teilbereiche (z.B. Veränderungen von regionalen Arbeitsmärkten, Wohnungsmärkten, Wahlbezirken oder Bildungseinrichtungen) haben. Zu den **Räumen**, die dabei als Bezugsgröße dienen, zählen in den wenigsten Fällen naturräumlich gegebene Einheiten. Vielmehr handelt es sich typischerweise um **politisch-administrative Räume** in Form ab- und ausgegrenzter Ausschnitte der Erdoberfläche, die nur in Sonderfällen wie Inseln oder vergleichbar markanter topographischer Einheiten mit naturräumlichen Grenzlinien zusammenfallen. Die wichtigste räumliche Bezugseinheit der Bevölkerungsgeographie ist der Nationalstaat, ein in aller Regel eindeutig und auf der Grundlage internationaler Festlegungen abgegrenzter Territorialstaat.

Ausgehend von der demographischen Grundgleichung (vgl. Kap. 2.2) sind für die Demographie, die Bevölkerungsgeographie und andere an der Bevölkerungsthematik interessierte Disziplinen zunächst einmal v.a. **Wanderungen (Migrationen)** als dauerhafte Verlagerungen des Wohnsitzes von Personen von Interesse – dies nicht von ungefähr, stellen Zu- und Abwanderungen neben der natürlichen Bevölkerungsentwicklung durch Geburten und Sterbefälle doch die zweite entscheidende Einflussgröße für die Bevölkerungsentwicklung innerhalb eines bestimmten Raums dar.

Auf der Basis des nationalstaatlichen Territorialprinzips wird üblicherweise zwischen zwei Hauptformen der Migration unterschieden, zwischen (1) **internationalen Wanderungen (Außenwanderungen)**, bei denen die auf Dauer erfolgende bzw. dauerhaft werdende Wohnortverlagerung über die Staatsgrenzen souveräner Staaten hinweg erfolgt, und (2) **Binnenwanderungen**, die innerhalb der Grenzen eines Territorial- bzw. Nationalstaats vollzogen werden (vgl. Abb. 6.02).

Im Jahr 2010 betrug die Anzahl internationaler Migranten Angaben der Vereinten Nationen (UN) zufolge rund 220,729 Millionen (vgl. UN DESA 2013A). Davon lebten rund 41% (90,99 Millionen) in den so genannten „weniger entwickelten Ländern" (less developed countries), der Rest (59% oder 129,737 Millionen Migranten) hielt sich dauerhaft in einem der Aufnahmeländer auf, die von der UN unter der Kategorie „more developed countries" geführt werden (vgl. UN DESA 2013A).

Wie Tabelle 6.01 zeigt, erhöhte sich der Anteil der internationalen Migranten an der Weltbevölkerung aufgrund des ebenfalls starken Zuwachses der Weltbevölkerung allerdings nur geringfügig. Betrug dieser 1990 noch 2,9%, stieg er in den folgenden Jahrzehnten auf wenig mehr als 3% an.

Die überwiegende Mehrzahl aller Wanderungsvorgänge erfolgt allerdings nur über kurze räumliche Distanzen und nicht über internationale Staatsgrenzen hinweg. Einer neueren, durch die Vereinten Nationen herausgegebenen Schätzung zufolge lebten im Jahr 2005 schätzungsweise 763 Millionen Menschen außerhalb der Region ihrer Geburt, aber nicht zwangsweise außerhalb ihres Geburtslandes (vgl. UN DESA 2013C, S. 14-15). Generell lässt sich festhalten, dass die Häufigkeit von Wanderungen zwischen zwei Raumeinheiten proportional zur Distanz ist, die zwischen beiden Räumen liegt.

Mithilfe des Merkmals räumliche Distanz lassen sich Binnenwanderungen in **Nah- und Fernwanderungen** unterteilen (vgl. Abb. 6.02). Dazu ist es zuvor notwendig, je nach den Erfordernissen der jeweiligen Erhebung oder Berichterstattung, eine genaue Definition der Entfernung zu finden, welche „nah" von „fern" unterscheidet. Eine andere gebräuchliche Differenzierung der Binnenwanderungen geht

Tab. 6.01: Zahl internationaler Migranten im Vergleich zur Weltbevölkerung, 1900-2010 (Datenquellen: UN DESA 2013B; eigene Berechnungen)

Jahr	Weltbevölkerung (Mrd.) (Schätzung)	Zahl internationaler Migranten (Mio.) (Schätzung)	Anteil internationaler Migranten an der Weltbevölkerung (%)
1990	5,32	154,16	2,90
2000	6,13	174,52	2,85
2010	6,92	220,73	3,19
1990-2010: Faktor der Zunahme			
	1,3	1,43	

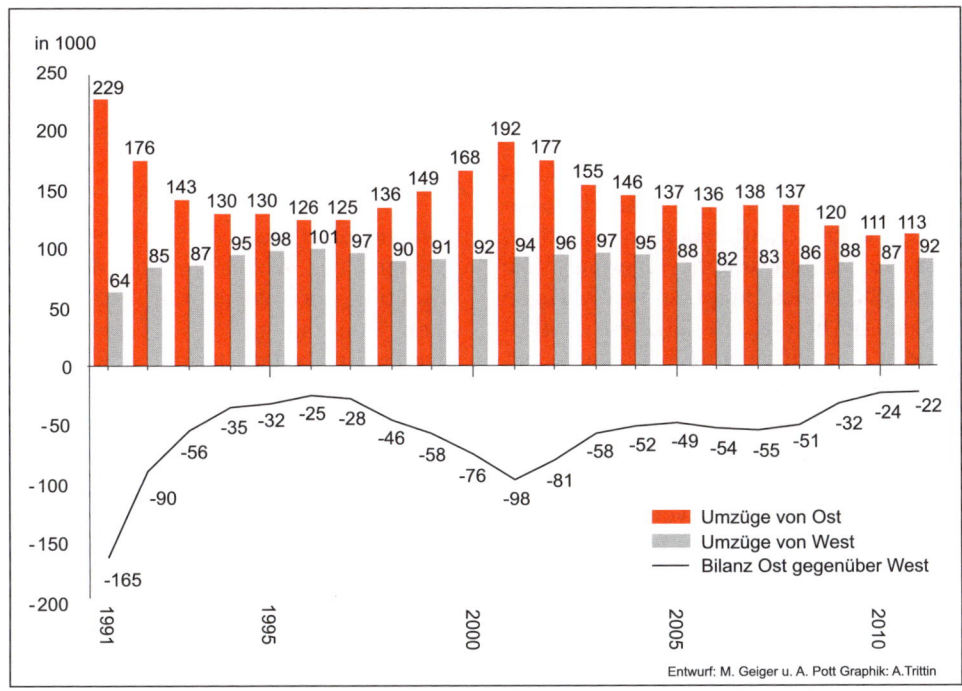

Abb. 6.03: Wanderungen zwischen Ost- und Westdeutschland 1991-2011 (ohne Berlin) (Datenquellen: STAT. BUNDESAMT 2009B, STAT. BUNDESAMT 2013J, Tabelle 2.4)

von politisch-administrativen Grenzziehungen aus. Vollziehen sich Wanderungen innerhalb einer bestimmten regionalen Gebietseinheit, so spricht man von **intra-regionalen Wanderungen** oder **Umzügen**, beispielsweise innerhalb eines Verdichtungsraums oder innerhalb des gleichen Stadtbezirks von einer Straße zur nächsten. Dagegen gelten Wohnortverlagerungen von einer Region, einer Stadt oder einem Bundesland in eine andere Region, Stadt oder ein anderes Bundesland als **inter-regionale Wanderungen**.

Oft untersucht und beschrieben wurde, dass Binnenwanderungen in Form von intra-regionalen Umzügen im städtischen

Verdichtungsraum (d.h. Umzüge, Fort- und Zuzüge in und aus der Kernstadt sowie in das oder aus dem suburbanen Umland) einen großen Einfluss auf die Bevölkerungs- und Stadtentwicklung – in Form von Urbanisierungs- und Sub-, Des- oder Reurbanisierungsprozessen – haben (vgl. VAN DEN BERG ET AL. 1982, S. 38). Bildeten während der Zeit der Industrialisierung Städte neben Zielen in Übersee den Hauptanziehungspunkt für Zuwanderer, so folgte in der post-industriellen Phase auf die räumliche Konzentration der Wohnbevölkerung eine Phase der räumlichen Dekonzentration, die in der Stadtgeographie noch genauer in Prozesse der

Suburbanisierung und Desurbanisierung unterteilt wird (vgl. HEINEBERG 2014, S. 57-59). Im Zuge einer „Renaissance der Städte" könnten künftig aufgrund veränderter Lebenseinstellungen (neue Haushaltsformen, Lebensstile, Einfluss des demographischen Wandels) innerhalb der in den letzten Jahrhunderten gewachsenen Verdichtungsräume abermals die (Kern)Städte das Hauptziel von Zuzügen bilden (zur bereits seit längerem stattfindenden **Gentrifizierung** vgl. HEINEBERG 2014, S. 20). An der Entwicklung von Städten und städtischen Verdichtungsräumen zeigt sich bereits, dass Wanderungen einen entscheidenden Einfluss auf die räumliche Bevölkerungsverteilung innerhalb eines Nationalstaats haben können. Dies gilt für Binnenwanderungen wie für internationale Migrationen gleichermaßen.

Abbildung 6.03 zeigt, dass nach dem Beitritt der DDR zur BRD zwischen Ost- und Westdeutschland eine bedeutsame Zahl inter-regionaler Wanderungsbewegungen erfolgte. Insgesamt konnten die westdeutschen Bundesländer seit der Wiedervereinigung durchgehend von Wanderungsüberschüssen profitieren, während die Regionen Ostdeutschlands einen durchweg negativen Wanderungssaldo verzeichneten. Während bis heute mehr Umzüge von Ost nach West als umgekehrt erfolgen, die Mehrheit der inter-regionalen Wanderungen also auf das Gebiet der früheren BRD ausgerichtet ist, lassen sich deutliche Schwankungen im Hinblick auf ihren Umfang erkennen: Unmittelbar nach der Wiedervereinigung sowie im Jahr 2001 erreichte der negative Binnenwanderungssaldo in Ostdeutschland seine Maxima, in der jüngeren Vergangenheit dagegen nähern sich die Umfänge der Binnenwanderung zwischen Ost und West allmählich an.

Die negative Wanderungsbilanz in Ostdeutschland stabilisiert sich auf einem geringen Niveau, die Bevölkerungsverluste werden kleiner.

6.1.2 Zeitliche Differenzierung

Üblicherweise werden räumliche Verlagerungen des Wohnsitzes nur dann als Migration oder Wanderung bezeichnet, wenn mit ihnen ein „auf Dauer angelegte[r]" oder zumindest ein nach und nach „dauerhaft werdende[r] Wechsel in eine andere Gesellschaft bzw. in eine andere Region" verbunden ist (TREIBEL 1999, S. 21).

In den vergangenen Jahrzehnten hat sich auf der Ebene der Vereinten Nationen und der internationalen Politik ein Konsens herausgebildet, Wanderungen erst dann als Fälle einer **dauerhaften (permanenten) internationalen Migration** zu werten, wenn die Wohnortverlagerung einer Person (ex-post betrachtet) mindestens ein Jahr Bestand hatte. Wurde die Verlagerung des Wohnsitzes in ein Zielland dagegen weniger als 12 Monate aufrechterhalten, wird üblicherweise von **temporärer internationaler Migration** gesprochen. Ein Ortswechsel von einer Dauer bis zu 3 Monaten gilt als **internationale Mobilität**. Viele Staaten weichen allerdings von diesen Unterscheidungen ab und halten weiterhin an eigenen Definitionen und Differenzierungen von Wanderungen fest. So gelten in Deutschland alle Wohnsitzwechsel, ungeachtet ihres zeitlichen Bestands, als Wanderungen (vgl. IOM 2000, S. 4-5; MAMMEY 2001, S. 32; UN DESA 1998, S. 17-18).

Ein gutes Beispiel zeitlich begrenzter Wanderungen bietet die temporäre Zuwanderung von **Arbeitsmigranten**. Tabelle 6.02 verdeutlicht am Beispiel ausgewählter

Tab. 6.02: Temporäre Zuwanderung von Arbeitsmigranten in ausgewählte OECD-Staaten, 2005-2010 (in Tsd.) (Datenquelle: OECD 2013, S. 35)

	2005	2006	2007	2008	2009	2010
Saisonarbeitskräfte	605	611	614	610	553	520
Working Holiday-Makers	312	335	397	430	403	398
Trainees	106	122	139	137	114	83
Intra-Company Transferees	84	98	116	118	92	108
andere temporäre Arbeitskräfte	1.093	1.165	1.138	1.085	794	765
Alle Kategorien	**2.200**	**2.331**	**2.404**	**2.381**	**1.956**	**1.875**
Australien	183	219	258	300	326	277
Belgien	5	16	30	35	6	13
Dänemark	5	5	7	7	6	5
Deutschland	400	362	347	331	336	341
Frankreich	24	26	26	19	13	14
Vereinigtes Königreich	275	266	226	194	114	88
Italien	85	98	66	42	35	28
Japan	202	164	165	161	134	103
Kanada	117	133	157	183	169	173
Korea	29	39	53	47	39	39
Mexiko	46	40	28	23	31	29
Neuseeland	78	87	100	100	87	85
Niederlande	47	75	52	17	18	18
Norwegen	25	36	43	38	37	33
Österreich	18	15	14	15	14	13
Portugal	8	7	5	3	3	3
Schweden	6	6	12	18	19	18
Schweiz	104	117	109	99	87	92
USA	454	482	562	595	453	468

Zielländer (die zugleich Mitgliedsländer der Organisation for Economic Co-operation and Development, OECD, sind) Formen und Umfang dieser temporären Wanderungen. Die Definition dessen, was unter temporärer internationaler Zuwanderung von Arbeitskräften verstanden wird, hängt allerdings, wie bereits angemerkt, von nationalen Regelungen ab (vgl. OECD 2008, S. 134-136): So bleiben temporäre Arbeitserlaubnisse im Rahmen von saisonalen Arbeitsabkommen für „Working Holiday Makers", für Auszubildende („trainees") oder für Fachkräfte („expatriates"), die von multinationalen Unternehmen entsendet werden („Intra-Corporate/Company Transferees"), beispielsweise in Frankreich auf eine Dauer von 6 Monaten beschränkt. In Deutschland sind es dagegen maximal 8, in Spanien maximal 9 und in Großbritannien maximal 12 Monate. In den USA fallen alle Besitzer eines H-2A- und H-2B-Permits (jeweils maximal 10 Monate Aufenthalt mit Erwerbstätigkeit) in die Kategorie temporärer internationaler Zuwanderer. In Kanada und in Südkorea wiederum wird in manchen Fällen sogar noch dann von temporärer Zuwanderung gesprochen, wenn den ausländischen Arbeitskräften eine zwei- oder mehrjährige (Beispiele Kanada und Südkorea) Arbeits- und Aufenthaltserlaubnis erteilt wird.

Eine wachsende Bedeutung besitzen die so genannten **Intra-Company Transferees** (vgl. Tab. 6.03), also die Fachkräfte, die innerbetrieblich bzw. innerhalb des gleichen multinational tätigen Unternehmens in ein anderes Land entsendet werden (vgl. IOM 2008, S. 143). Gerade in Ländern wie den USA, Australien oder Kanada, welche die Zuwanderung von qualifizierten Arbeitskräften schon länger politisch forcieren, zeigt sich die zunehmende Internationalisierung der Arbeiterschaft in dieser Form der temporären Migration.

Ein eindrucksvolles Beispiel der zeitlich befristeten internationalen Mobilität bietet der internationale **Tourismus**. Anhand der durch die internationale World Tourism Organisation (UNWTO) geschätzten Ankunftszahlen wird deutlich, dass der grenzüberschreitende Geschäfts- und Erholungstourismus zwischen 1960 und 2010 sehr stark zugenommen hat: Die touristische Mobilität hat sich in diesem Zeitraum um den Faktor 13,5 vervielfacht (vgl. UNWTO 2006 und UNWTO 2012; Tab. 6.04). Die Zahl der internationalen Migranten wuchs im gleichen Zeitraum ebenfalls beachtlich, allerdings nur um den Faktor 2,7. An diesen Zahlen wird ersichtlich, dass wir spätestens seit 1960 in einem Zeitalter der Mobilität leben, in dem die temporäre Mobilitätsform des internationalen Tourismus – wenig überraschend – häufiger vorkommt und noch stärker wächst als internationale, auf Dauer angelegte Wanderungen.

Unter dem Gesichtspunkt „Zeit" ist schließlich auch auf die dauerhafte **Rückwanderung (Remigration)** und die zirkulär bzw. temporäre **Rückkehrmobilität** von einstmals ausgewanderten Personen einzugehen. Zu den Gesetzmäßigkeiten

Tab. 6.03: Intra-Company Transferees in ausgewählten OECD-Staaten (Datenquelle: OECD 2013, S. 255, 267, 253, 235, 241, 305, 307)

Intra-Company Transferees in ausgewählten OECD-Staaten (in Tsd.)			
Land/Jahr	2005	2010	2011
Österreich	0,2	0,2	0,2
Kanada	6,8	13,6	13,5
Frankreich	1,0	1,0	2,9
Japan	4,2	5,8	5,3
Vereinigtes Königreich	–	17,5	21,0
USA	65,5	74,7	70,7
Deutschland	3,6	5,9	7,1

Tab. 6.04: Internationale Migration und internationaler Tourismus, 1960-2010 (Datenquellen: UN DESA 2013B; UN DESA 2002; UN DESA 2013A; UNWTO 2006; UNWTO 2012)

Jahr	Weltbevölkerung (Mrd.) (Schätzung)	Zahl internationaler Migranten (Mio.) (Schätzung)	Ankunftszahlen im internationalen Tourismus (Mio.) (Schätzung)
1960	3,03	78,84	69,30
1970	3,69	84,62	165,80
1980	4,45	103,03	278,10
1990	5,32	154,01	439,50
2000	6,13	174,95	687,00
2010	6,92	214,00	939,00
1960-2010: Faktor der Zunahme			
	2,3	2,7	13,5

von Migration und Mobilität gehört, dass räumliche Bevölkerungsbewegungen in ein bestimmtes Zielgebiet historisch in aller Regel von gegenläufigen Bewegungen hin oder zurück zum Ausgangspunkt der Migration (Herkunftslandgebiet) begleitet werden. Die Remigration wird gerade in der jüngeren Diskussion zum Zusammenhang zwischen Migration und Entwicklung wieder verstärkt thematisiert. Umstritten ist allerdings, ob die (temporäre) Rückkehr von ehemals ausgewanderten Personen oder deren Rücküberweisungen in den Herkunftsregionen tatsächlich zu gesamtgesellschaftlichen oder wirtschaftlichen Entwicklungsimpulsen führen, ob Migration, Remigration und Rücküberweisungen also als Werkzeuge der Entwicklung bzw. der wirtschaftlichen Transformation eines Herkunftskontextes begriffen und so politisch genutzt und gefördert werden können (vgl. GEIGER/STEINBRINK 2012, S. 9-16).

Tabelle 6.05 verdeutlicht die im Vergleich zu den USA bemerkenswert hohe Rückkehrwanderung ausländischer Staatsbürger aus ausgewählten europäischen Zielländern internationaler Migration. So waren in Irland 5 Jahre nach der Zuwanderung schätzungsweise bereits 60% der zwischen 1993 und 1998 zuwanderten Ausländer wieder in ihr Herkunftsland zurückgekehrt (vgl. OECD 2008, S. 171) – ein klarer Beleg dafür, dass temporäre Wanderungsprozesse häufig bedeutsamer sind als dauerhaft angelegte internationale Migrationen. Die relativ zügig aufeinander folgende Zu- und Rückwanderung von ausländischen Arbeitskräften ist in vielen Fällen mit konjunkturellen Sondersituationen und nationalen Spezifika des Arbeitsmarktes zu erklären. So bildet die Region Brüssel in Belgien beispielsweise einen Hauptzielort innerhalb der Europäischen Union für Praktikanten bei den verschiedenen Institutionen der EU und für lediglich temporär aus den EU-Mitgliedstaaten entsandte Verwaltungsbeamte und Spitzenpolitiker.

Tab. 6.05: Schätzungen zum Ausmaß der Remigration (in %, Personen mit Mindestalter 15 Jahre) (Datenquelle: OECD 2008, S. 171)

	Zuwanderungs-zeitraum	durchschnittliche Remigrationsrate nach 5 Jahren Aufenthalt (in %)
Irland	1993-1998	60,4
Belgien	1993-1999	50,4
Vereinigtes Königreich	1992-1998	39,9
Norwegen	1996-1998	39,6
Niederlande	1994-1998	28,2
USA	1999	19,1

Abbildung 6.04 verdeutlicht, dass sich an internationale Wanderungen weitere, so genannte Sekundärmigrationen in andere Zielländer anschließen können. Gleiches kann bei Binnenwanderungen eintreten. Auch bei etappenweisen Wanderungsverläufen kann es zu Remigrationen kommen. Rückkehr-

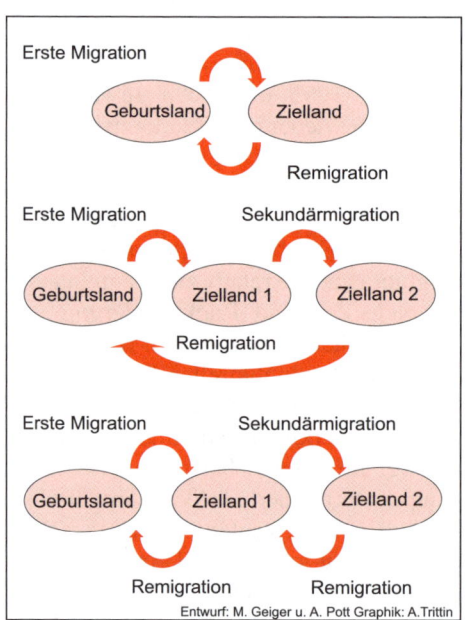

Abb. 6.04: Verschiedene Formen der (Re-) Migration

wanderungen haben allerdings nicht immer das Geburts- oder Herkunftsland einer Person zum Ziel, sie können auch auf eine der vorigen Zwischenetappen ausgerichtet sein. Typischerweise finden gerade in den Ländern des globalen Südens Wanderungen oft schrittweise statt. An eine Binnenwanderung vom ländlichen Raum in einen städtischen Verdichtungsraum kann sich die Auswanderung in einen anderen Staat anschließen. Typischerweise bilden die Metropolen und Hauptstädte des Herkunfts- oder des zwischenzeitlich aufgesuchten Transitlandes das Sprungbrett für die internationale Wanderung in ein anderes Land.

6.1.3 Formen der statistischen Erfassung und Beispiele

Angesichts der Vielfalt und Verschiedenheit räumlicher Bevölkerungsbewegungen ist eine möglichst genaue statistische Erfassung und Beschreibung hilfreich, nicht zuletzt um Wanderungen empirisch vergleichen zu können. Mobilitäts- und Wanderungsvorgänge werden zumeist in Bezug auf bestimmte politisch-administrative Raumeinheiten erfasst, die, wie in Deutschland im Falle von Gemeinden, Bundesländern oder der Bundesrepublik als Gesamtheit, auch statistischen Raum- und Grundeinheiten entsprechen. Im Unterschied zu Deutschland, Schweden und einigen anderen europäischen Ländern ist die **Wanderungsstatistik** vieler anderer Staaten weniger differenziert und oft nur bedingt zuverlässig. In Kanada, den USA und vielen anderen Ländern existiert im Gegensatz zu Deutschland keine allgemeine Meldepflicht, was die Erfassung von (Binnen-) Wanderungsbewegungen der Bevölkerung erschwert. Aber auch in der Bundesrepublik Deutschland wird erst seit 1950 eine bundeseinheitliche Wanderungsstatistik durch die Statistischen Landesämter und das Statistische Bundesamt geführt. Diese basiert auf der behördlichen, bei Nichteinhaltung mit Bußgeldern sanktionierten Pflicht zur Meldung aller Umzüge innerhalb kommunaler Grenzen und aller Zuzüge aus anderen Kommunen und dem Ausland.

Insbesondere in Bezug auf die statistische Erfassung von Binnenwanderungen bestehen in Deutschland und den meisten anderen Staaten der Erde somit große Lücken und Schwierigkeiten. Ein Großteil dieser Wanderungen wird auch deshalb nicht erfasst, weil sich die meisten Regierungen in erster Linie für internationale Wanderungen interessieren. Darüber hinaus werden Umzüge innerhalb von Gemeinden statistisch häufig nicht ausgewiesen, sondern lediglich die über Gemeindegrenzen und Bundesländergrenzen hinweg erfolgenden Zuzüge und Fortzüge.

Aber auch die Erfassung internationaler Wanderungen bereitet häufig Schwierigkeiten, denn das Kriterium der Überschreitung einer internationalen Grenze erweist sich als nicht immer eindeutig: Wenn nach dem Zerfall von Staaten (beispielsweise der Sowjetunion oder der Volksrepublik Jugoslawien) oder im Zuge von Unabhängigkeitsbestrebungen die staatliche Unabhängigkeit einzelner Herkunfts- oder Zielgebiete völkerrechtlich noch nicht abschließend geklärt ist oder umstritten bleibt (z.B. Kosovo), kann es beispielsweise vorkommen, dass die Wertung von Wohnortverlagerungen als Binnenwanderungen oder die Zählung internationaler Migrationen auf zwischenstaatlicher Ebene zur Auslegungssache werden, dass sie in unterschiedlicher Weise und oft falsch oder nur unvollständig an die Vereinten Nationen oder andere internationale Organisationen gemeldet werden, oder dass sich Migranten, ihrer früheren Staatsbürgerschaft beraubt, als staatenlose Personen wiederfinden. Es kommt also durchaus vor, dass nicht Menschen über Grenzen, sondern Grenzen über Menschen wandern (BADE 1996).

Viele Staaten differenzieren ihre Bevölkerung statistisch auf Grundlage der Staatsangehörigkeit in die Gruppe der eigenen **Staatsbürger** und die der so genannten **Ausländer**. In die letztgenannte Gruppe fallen dabei alle Personen, die – abgesehen von der Möglichkeit einer mehrfachen Staatsangehörigkeit – einem anderen Staat als Bürger angehören. In den USA, Australien, Kanada und anderen traditionellen Einwanderungsländern wird allerdings nicht zwischen Ausländern und Nicht-Ausländern unterschieden, sondern es werden die so genannten „foreign born", „temporary/permanent residents", „temporary visitors" oder andere Kategorien erfasst (vgl. dazu Kap. 4.6.2). In die Kategorie der „foreign-borns" fallen alle Personen (sowohl Eingebürgerte als auch Ausländer), die außerhalb des zählenden Landes geboren wurden und danach zugewandert sind.

Auf internationaler Ebene werden Länder üblicherweise nach ihrem Ausländeranteil bzw. dem prozentualen Anteil der „foreign-borns" an der Gesamtbevölkerung verglichen. Als weltweite Spitzenreiter in Bezug auf ihren Ausländeranteil gelten nach Schätzungen aus dem Jahr 2010 die Golfstaaten Katar (87%), die Vereinigten Arabischen Emirate (70%) und Kuwait (69%) (IOM 2011, S. 75). Alle drei Länder sind vergleichsweise klein, wirtschaftsstark und

haben eine sehr hohe Nachfrage nach ausländischen Arbeitsmigranten (meist aus Pakistan und Indien). Unter den EU-Mitgliedstaaten fällt Luxemburg durch einen ebenfalls beachtenswert hohen Ausländeranteil auf (vgl. Abb. 6.05).

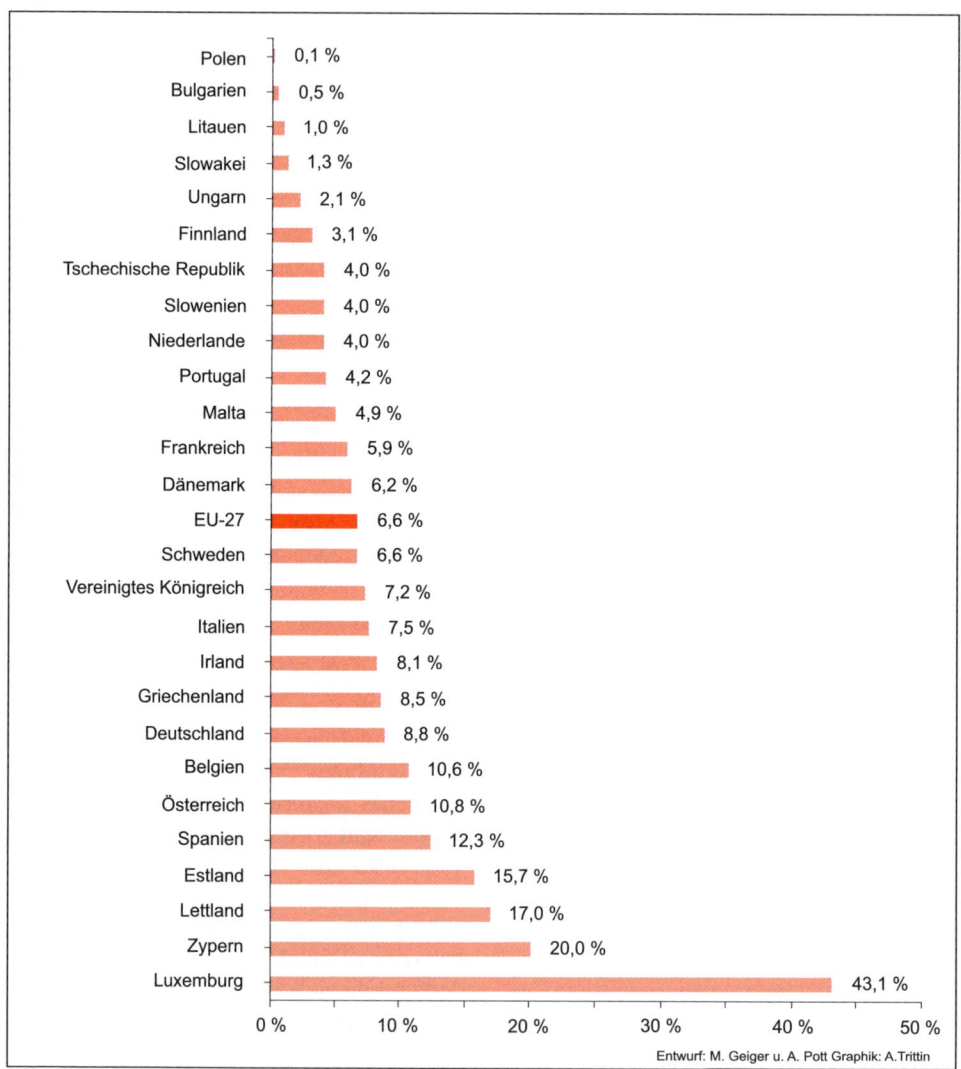

Abb. 6.05: Anteil ausländischer Staatsangehöriger an der Gesamtbevölkerung der EU-Mitgliedstaaten 2011 (Datenquelle: EUROSTAT 2012)

Dagegen können im Hinblick auf die absolute Größe ihrer ausländischen Bevölkerung nach Einschätzung der Vereinten Nationen 2013 die USA, die Russische Föderation und Deutschland als die Länder mit der weltweit größten ausländischen bzw. migrantischen Bevölkerung gelten (vgl. UN DESA 2013D).

Während in den USA ein großer Teil der Bevölkerungsgruppe der „foreign-born" die amerikanische Staatsangehörigkeit besitzt (vgl. Kap. 4.6.2), verweist die auffallende Größe der ausländischen Wohnbevölkerung in Deutschland auch auf die in Deutschland lange Zeit sehr restriktive Einwanderungs- und Einbürgerungspolitik. Die Aufstellung der 20 wichtigsten Herkunftsländer von in

Deutschland lebenden ausländischen Staatsangehörigen in Abbildung 6.06 verdeutlicht weitere migrationshistorische Spezifika dieses wichtigen Ziellandes internationaler Migration, so z.B. neben den mehrheitlich jüngeren Zuwanderungen aus Polen und der Russischen Föderation v.a. die hohen Anteile von Ausländern aus den ehemaligen Gastarbeiter-Anwerbeländern Türkei, Italien, Griechenland, Portugal, Spanien, Vietnam (DDR) sowie den Nachfolgestaaten des früheren Jugoslawiens. Außerdem illustriert das Balkendiagramm die große Heterogenität der ausländischen Bevölkerung im Einwanderungsland Deutschland (vgl. dazu auch Kap. 7.4.4).

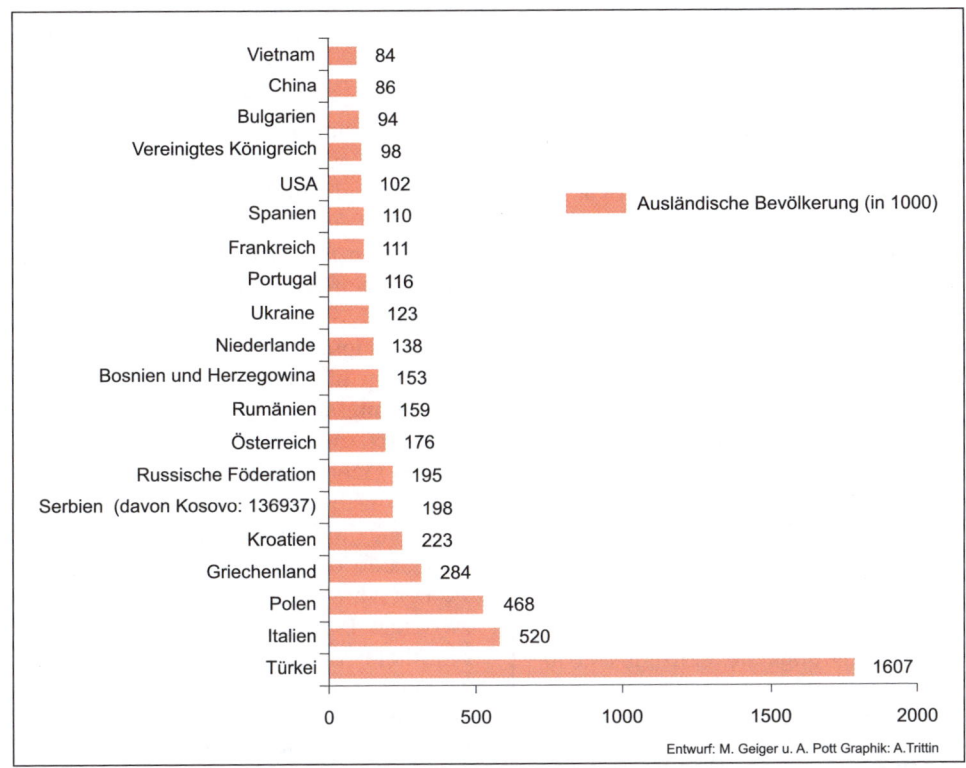

Entwurf: M. Geiger u. A. Pott Graphik: A.Trittin

Abb. 6.06: Die wichtigsten Herkunftsländer von in Deutschland lebenden ausländischen Staatsangehörigen (Ende 2011) (Datenquelle: STAT. BUNDESAMT 2012C, Tab. 4)

Fehlt eine Statistik zur Erfassung von Binnenwanderungen oder internationalen Wanderungsvorgängen oder weist die vorhandene erhebliche Mängel auf, kann auf kommunaler, landes- oder bundesstaatlicher Ebene auf indirekte und nachträgliche Methoden zur Erfassung von räumlichen Bevölkerungsbewegungen zurückgegriffen werden (vgl. Woods 1979). So lässt sich beispielsweise das Wanderungsgeschehen während eines bestimmten Zeitraums indirekt erfassen (vgl. dazu auch die demographische Grundgleichung in Kap. 2.2). Dies setzt voraus, dass der Bevölkerungsbestand eines bestimmten Gebiets – aufgrund von Erhebungen (Volkszählungen, Zensus) oder der allgemeinen Bevölkerungsstatistik – zum Anfangs- und Endzeitpunkt des betrachteten Zeitraums und die zwischen beiden Jahren eingetretenen Geburten und Todesfälle bekannt sind. Das so ermittelte **Wanderungsvolumen** bzw. die Bruttowanderung eines Gebiets – als Summe aller Zuzüge und Fortzüge – ist als statistische Maßzahl und für empirische Vergleiche allerdings ungeeignet, da unterschiedlich starke Zu- und Fortzüge in der Summe ein gleiches Wanderungsvolumen ergeben können.

Das Wanderungsvolumen bezogen auf 1.000 Einwohner wird als **Mobilitätsziffer** bezeichnet. Die mathematische Differenz zwischen Zuzügen und Fortzügen ergibt den **Wanderungssaldo** bzw. die **Wanderungsbilanz** oder **Nettowanderung** eines Gebiets. Ist der Saldo negativ (positiv), wird von einem Abwanderungsüberschuss (Zuwanderungsüberschuss) bzw. einem Wanderungsverlust (Wanderungsgewinn) der betrachteten Raumeinheit oder einer Nettoabwanderung (Nettozuwanderung) gesprochen. Bezieht man die Summe aller Zuzüge (aller Fortzüge) auf 1.000 Einwohner, ergibt sich daraus die **Zuwanderungsrate (Abwanderungsrate)**, die sich als alters- oder geschlechtsspezifische Wanderungsrate auch für bestimmte Altersgruppen bzw. getrennt für Männer oder Frauen ermitteln lässt. Die **Effektivitätsziffer** als Quotient aus Wanderungssaldo und Wanderungsvolumen kann Werte zwischen -1 (nur Fortzüge) und +1 (nur Zuzüge) annehmen. Hieraus folgt: Je negativer der Wert für die Effektivitätsziffer ist, desto stärker dominieren in Bezug auf eine bestimmte Raumeinheit die Fortzüge gegenüber den Zuzügen.

Der graphische Verlauf in Abbildung 6.07 zeigt die zeitliche Entwicklung des Wanderungssaldos Deutschlands mit dem Ausland (Angaben vor 1990 beziehen sich auf das Gebiet der früheren BRD), differenziert nach deutschen und ausländischen Staatsangehörigen. Während der Wanderungssaldo der Deutschen seit Mitte der 1960er Jahre durchgehend positiv ausfiel, zwischen 1976 und 2003 mitunter sogar sehr hohe positive Werte aufwies, verzeichnet Deutschland seit 2005 einen durchweg negativen Wanderungssaldo in Bezug auf seine eigenen Staatsbürger. Diese Entwicklung ist zum einen auf steigende Abwanderungszahlen deutscher Staats-

---

Statistische Maßzahlen zur Beschreibung von Wanderungsvorgängen

- Wanderungsvolumen = Zuzüge + Fortzüge
- Mobilitätsziffer = Wanderungsvolumen / 1.000 Einwohner
- Wanderungssaldo = Zuzüge – Fortzüge
- Zuwanderungsrate = Zuzüge / 1.000 Einwohner
- Abwanderungsrate = Fortzüge / 1.000 Einwohner
- Effektivitätsziffer = Wanderungssaldo / Wanderungsvolumen

bürger, zum anderen aber seit 1990 auch auf den starken Rückgang des Zuzugs von Spätaussiedlern, die aufgrund ihrer Abstammung als Deutsche gelten, zurückzuführen.

Ging die Zuwanderung ausländischer Staatsangehöriger im Zuge des allgemeinen Anwerbestopps ab 1973 zunächst deutlich zurück, verzeichnete die ausländische Bevölkerung in Deutschland in den frühen 1980er Jahren (infolge des Familiennachzugs in Gastarbeiterfamilien) und dann verstärkt in den späten 1980er und frühen 1990er Jahren einen stark positiven Wan-

derungssaldo (vgl. KEMPER 1997). Seit 2001 sank der Wanderungssaldo der ausländischen Bevölkerung bis zum Tiefpunkt von 10.685 im Jahre 2008 (vgl. hierzu und im Folgenden STAT. BUNDESAMT 2013B, S. 12). Die den Wanderungsdaten zugrunde liegenden Meldungen enthalten aber 2008 und seitdem zahlreiche Melderegisterbereinigungen. Anzunehmen ist daher, dass die Wanderungssalden bereits früher niedrig oder sogar negativ waren. Aus der Summe des äußerst niedrigen positiven Wanderungssaldos der ausländischen Staatsangehörigen und des negativen Wan-

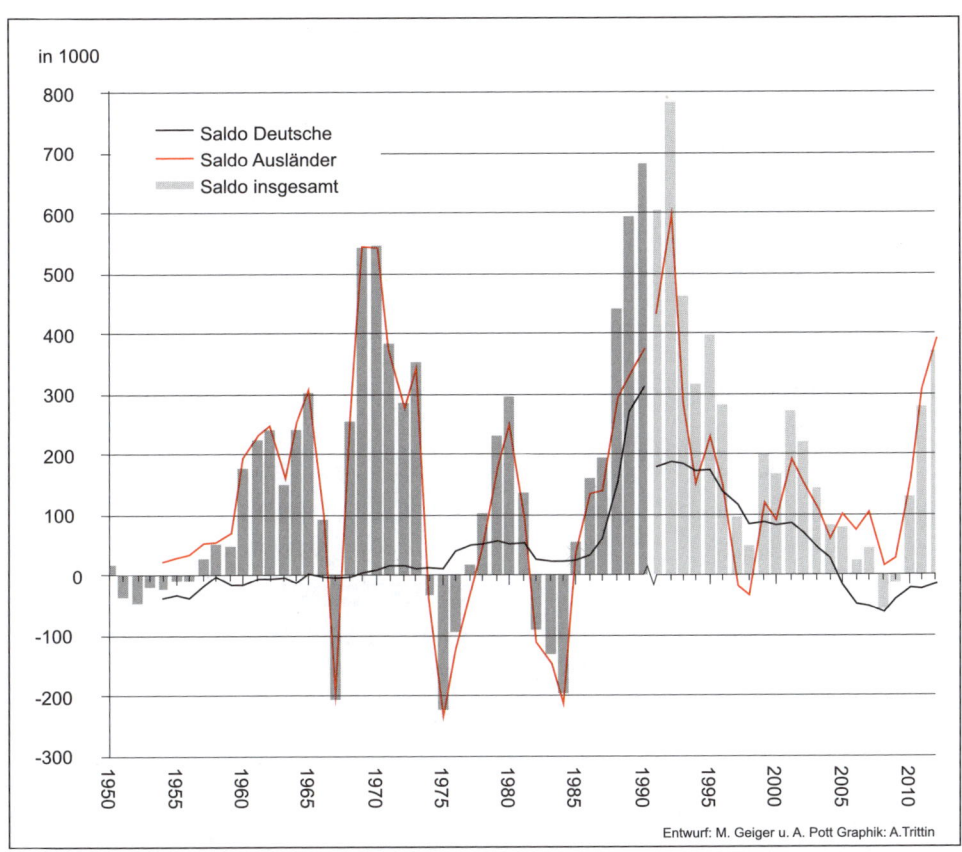

Abb. 6.07: Deutschlands Wanderungssaldo mit dem Ausland, 1950-2012 (Datenquelle: STAT. BUNDESAMT 2013B, S. 12)

derungssaldos der deutschen Staatsbürger ergibt sich, dass Deutschland 2008 erstmals seit den frühen 1980er Jahren wieder einen insgesamt negativen Wanderungssaldo mit dem Ausland aufwies (vermutlich bereits etwas früher), dass Deutschland also, bevölkerungsstatistisch gesehen, kurzfristig wieder ein Auswanderungsland wurde. Diese Negativentwicklung kehrte sich bald wieder um. In den Jahren 2010-2012 fiel der Wanderungssaldo dank gestiegener Zuwanderungszahlen ausländischer Staatsangehöriger wieder positiv aus (vgl. STAT. BUNDESAMT 2013B, S. 12, vgl. auch Kap. 7.4.4). Ursachen für diese Entwicklung liegen z.B. im Wegfall der vorü-

bergehenden Beschränkung der Freizügigkeit für die Bevölkerungen der 2004 der EU beigetretenen ost- und mitteleuropäischen Mitgliedsländer, aber auch im Zuzug von Personen aus den von der Finanz- und Staatsschuldenkrise stark betroffenen EU-Staaten in Südeuropa, allen voran Spanien und Griechenland (ENGLER/HANEWINKEL 2013, S. 17-18).

Zu den wichtigsten Zielländern der aus Deutschland fortziehenden deutschen und ausländischen Staatsangehörigen zählten 2011 Polen, Rumänien, die Türkei und die USA (vgl. BUNDESAMT FÜR MIGRATION UND FLÜCHTLINGE 2013, S. 19 u. 121). Blickt man nur auf deutsche Staatsangehö-

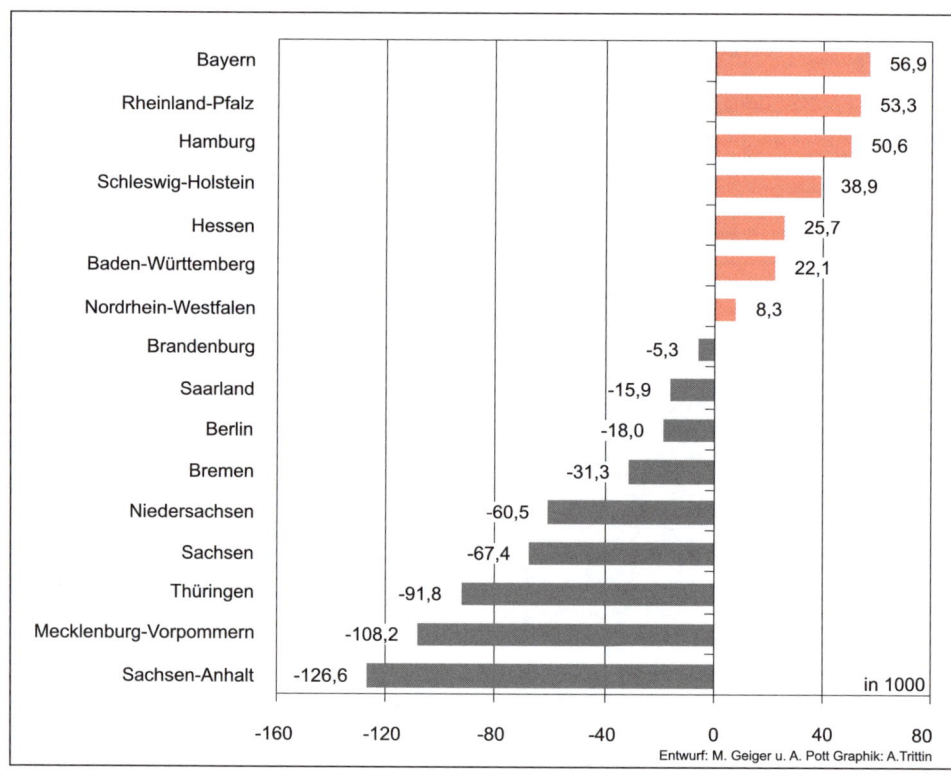

Abb. 6.08: Binnenwanderungssalden deutscher Bundesländer, 1991-2011 (Datenquelle: BUNDESINSTITUT FÜR BEVÖLKERUNGSFORSCHUNG 2013D, S. 45)

rige, waren die beliebtesten Zielländer der Auswanderer die Schweiz, die USA, Österreich und das Vereinigte Königreich.

Abbildung 6.08 zeigt die **Binnenwanderungssalden** der einzelnen Länder der Bundesrepublik Deutschland für den Zeitraum 1991-2011. Es wird deutlich, dass seit der Wiedervereinigung v.a. die ostdeutschen Bundesländer einen stark negativen Binnenwanderungssaldo aufwiesen, während nur die westdeutschen Bundesländer Bayern, Rheinland-Pfalz, Hamburg, Schleswig-Holstein, Hessen, Baden-Württemberg und Nordrhein-Westfalen einen (stark) positiven Binnenwanderungssaldo verzeichneten.

6.2 Wanderungstypologien

Wanderungen variieren in ihrer Reichweite, ihrem Umfang, ihrer sozialen Selektivität und nach den Ursachen und Zielen, die mit ihnen verbunden sind. Trotz der enormen Vielgestaltigkeit des Wanderungsgeschehens in Geschichte und Gegenwart lassen sich bestimmte wiederkehrende Formen von Wanderungen unterscheiden (vgl. Tab. 6.06).

Mit dem Ziel, den komplexen Objektbereich Wanderung zu strukturieren und nach Möglichkeit auch zu erklären, haben verschiedene Autoren **Wanderungstypologien** entwickelt. Oftmals sind die vorgelegten Typologien nicht nur beschreibend, sondern weisen bereits Theoriecharakter auf. Neben den oben vorgestellten politisch-administrativen sowie den distanz- und zeitbezogenen Differenzierungen werden Wanderungsvorgänge auch nach dem Grad ihrer (Un-)Freiwilligkeit bzw. dem Ausmaß ihrer individuellen (auf den einzelnen Migranten oder auf Haushalte bezogenen) Selbstbestimmtheit, nach ihrer politischen, gesellschaftlichen oder auch naturräumlichen Beeinflussung oder nach zugrundeliegenden Wanderungsmotiven differenziert.

Nicht immer wird der Begriff der Migration dabei in dem hier verwendeten allgemeinen Sinne gebraucht. Teilweise werden mit ihm nur solche Wanderungsformen bezeichnet, die auf einer freiwilligen, individuellen und ökonomisch motivierten Wanderungsentscheidung beruhen. Dagegen werden räumliche Bevölkerungsbewegungen, bei denen Individuen oder Gruppen aufgrund von politischen, gesellschaftlichen oder naturräumlichen Zwangseinwirkungen zu unfreiwilligen Wanderungen veranlasst werden, heute üblicherweise mit alternativen bzw. ergänzenden Begriffen (Flucht oder Fluchtwanderung, Vertreibung, Menschenhandel etc.) belegt.

Sowohl PRICE (1969) als auch EICHEN-BAUM (1975) unterscheiden in ihren Wanderungstypologien zwischen freiwilligen bzw. frei bestimmten Wanderungen und unfreiwilligen Zwangsmigrationen. Freiwillige Wanderungen (voluntary movements) sieht die **Wanderungstypologie nach PRICE** als vornehmlich durch ökonomische Wanderungsmotive der Migranten hervorgebrachte Form der temporären (saisonalen, nomadischen) oder dauerhaften Wirtschafts- bzw. Arbeits-Migration. Der Begriff der unfreiwilligen Wanderung (involuntary movement) ist in dieser Typologie dagegen für die Verschleppung von Sklaven reserviert und für Wanderungen, die den räumlich Mobilen durch politischen Zwang oder Kriegseinwirkungen aufgezwungen werden.

Die **Wanderungsmatrix nach EICHEN-BAUM**, die ebenfalls nach unfreiwilligen, in der Regel politisch bedingten, und freiwilligen, zumeist ökonomisch motivierten, Wanderungsformen unterscheidet, betont darüber hinaus den Gedanken, dass jede

Tab. 6.06: Wanderungsformen (vgl. OLTMER 2012, S. 20-21)

Formen	Merkmale, Teilphänomene und Beispiele
Arbeitswanderung	Migration zur Aufnahme unselbstständiger Erwerbstätigkeit in Gewerbe, Landwirtschaft, Industrie und im Dienstleistungsbereich
Bildungs- und Ausbildungswanderung	Migration zum Erwerb schulischer, akademischer oder beruflicher Qualifikationen (Schülerinnen und Schüler, Studierende, Lehrlinge/Auszubildende)
Dienstmädchen-/ Hausarbeiterinnenwanderung	Migration im Feld der haushaltsnahen Dienstleistungen, häufig gekennzeichnet durch relativ enge Bindung an eine Arbeitgeberfamilie, ungeregelte Arbeitszeiten und prekäre Lohnverhältnisse
Entsendung	Grenzüberschreitende, temporäre Entsendung im Rahmen und im Auftrag von Organisationen/Unternehmen: „Expatriates"/ „Expats"; Kaufleute und Händlerwanderungen zur Etablierung/ Aufrechterhaltung von Handelsfilialen; Migration im Rahmen eines militärischen Apparates (Söldner, Soldaten, Seeleute), von Beamten oder von Missionaren
Gesellenwanderung	Wissens- und Technologietransfer durch Migration im Handwerk, Steuerungsinstrument in gewerblichen Arbeitsmärkten durch Zünfte
Heirats- und Liebeswanderung	Wechsel des geographischen und sozialen Raumes wegen einer Heirat oder einer Liebesbeziehung
Kulturwanderung	Wechsel in kulturell attraktive Städte und Stätten („Künstlerkolonien", Weltstädte / Global Cities als kulturelle Zentren)
Nomadismus/ Migration als Struktur	Permanente oder wiederholte Bewegung zur Nutzung natürlicher, ökonomischer und sozialer Ressourcen durch Viehzüchter, Gewerbetreibende, Dienstleister oder brandrodende Bauern
Siedlungswanderung	Migration mit dem Ziel des Erwerbs von Bodenbesitz zur landwirtschaftlichen Bearbeitung
Sklaven- und Menschenhandel	Migration (Deportation) zur Realisierung von Zwangsarbeit, d.h. jeder Art von Arbeit oder Dienstleistung, die von einer Person unter Androhung irgendwelcher Strafen verlangt wird
Wanderarbeit	Arbeitswanderung im Umherziehen, ortlose Wanderarbeitskräfte finden sich v.a. im Baugewerbe (Eisenbahnbau, Kanalbau)
Wanderhandel	Handelstätigkeit im Umherziehen, meist Klein- und Kleinsthandel
Wohlstandswanderung	Migration finanziell weitgehend unabhängiger Personen aus vornehmlich klimatischen oder gesundheitlichen Erwägungen (Rentner- und Seniorenwanderung, Lifestyle Migration)
Zwangswanderung	Migration, die sich alternativlos aus einer Nötigung zur Abwanderung aus politischen, ethno-nationalen, rassistischen oder religiösen Gründen ergibt (Flucht, Vertreibung, Deportation, Umsiedlung)

Migrationsentscheidung grundsätzlich nicht nur individuell motiviert ist und getroffen wird, sondern immer auch durch gesellschaftliche und politisch-administrative Umstände beeinflusst wird (vgl. EICHENBAUM 1975; Tab. 6.07). Demnach gibt es keine Wanderungen, die als völlig freiwillig oder als autonom bezeichnet werden können. Sowohl die Entscheidung von Migranten, ihr Heimatland oder ihr bisheriges Aufenthaltsland zu verlassen, als auch die Festlegung, welches Land als Zielland aufgesucht wird, sind laut EICHENBAUM gesellschaftlich geprägt und staatlich beeinflusst. BÄHR (1995) integriert in die Eichenbaum-Matrix noch die Unterscheidung zwischen „aktiven" und „passiven" freiwilligen Migranten. Passive Migranten

sind demnach beispielsweise Personen, die einen aktiven Migranten als Ehepartner begleiten oder ihm, in Form einer **Kettenwanderung** (MACDONALD/MACDONALD 1964), zu einem späteren Zeitpunkt folgen. Der Wanderungsmatrix folgend besitzen nur Sklaven keine Entscheidungsfreiheit über ihr Zielgebiet. Dagegen wählen Flüchtlinge oft in einem gewissen Maße noch selbst den Staat oder das Gebiet aus, in dem sie Zuflucht suchen. Schließlich beinhaltet die Matrix mit dem Typus des angeworbenen Migranten auch die empirisch bedeutsame Figur des (temporären) Arbeitsmigranten, dessen Wanderung durch privatwirtschaftlich oder staatlich organisierte Anwerbeprogramme bestimmt wird.

Tab. 6.07: Wanderungsmatrix nach EICHENBAUM (Quelle: EICHENBAUM 1975)

Entscheidung, in das Zielland zu wandern:	Entscheidung, das Herkunftsland zu verlassen:		
	unabhängig von Gesellschaft/Staat	beeinflusst durch Gesellschaft/Staat	bestimmt durch Gesellschaft/Staat (Zwangsmigration)
Unabhängig von Gesellschaft/Staat	x	x	x
beeinflusst durch Gesellschaft/Staat	x	aktive (freiwillige) passive Migranten	Flüchtlinge
bestimmt durch Gesellschaft/Staat (Anwerbung)	x	angeworbene Migranten	Sklaven

In der viel zitierten, Ende der 1950er Jahre veröffentlichten **Wanderungstypologie nach PETERSEN** werden vier Arten sowie unterschiedliche Typen von Migration unterschieden, die jeweils bestimmten Ursachenkomplexen und so genannten Interak-

tionstypen (beispielsweise „Mensch und Natur") zugeordnet werden (PETERSEN 1958). In Ergänzung dazu wird noch zwischen konservativen und innovativen Wanderungsformen unterschieden (vgl. Tab. 6.08).

Tab. 6.08: Typologie der Migrationen nach Petersen (Quelle: Petersen 1972 in Anlehnung an Bähr 2010, S. 248)

Art der Migration	Ursache der Migration	Typ der Interaktion	Typ der Migration	
			konservativ	innovativ
ursprünglich (primitiv)	ökologischer Druck	Mensch und Natur	Völkerwanderung, Wanderung von Sammler- und Jägervölkern, Nomaden-Wanderung	Landflucht
gewaltsam erzwungen	Migrationspolitik	Mensch und Staat	Verschleppung, Flucht	Sklavenhandel, Kulihandel
freiwillig	höhere Ansprüche	Mensch und Normen	Gruppenwanderung	Wanderung von Pionieren
massenhaft	soziale Impulse	Mensch und andere Menschen	ländliche Niederlassung	Land-Stadt-Wanderung

Als erste der vier Arten von Migration identifiziert Petersen die so genannte ursprüngliche Migration (von ihm als „primitive movement" bezeichnet), bei der Migranten auf ökologische Veränderungen in ihrer Umgebung mittels der Änderung ihres Wohnstandorts reagieren. Die aktuellen Debatten um Klimawandel und Klimaflüchtlinge deuten an, dass die „primitive" Migration in Zukunft wieder stärker an Bedeutung gewinnen könnte.

Gewaltsame und erzwungene Wanderungen („forced" bzw. „impelled movements") ordnet Peterson als weitere Hauptart von Migration nicht dem Interaktionstyp „Mensch und Natur", sondern dem Beziehungsgefüge „Mensch und Staat" zu. Die Ursachen von erzwungenen Wanderungen sieht Petersen interessanterweise vornehmlich in der Migrationspolitik und nicht in ökologischen Veränderungen begründet.

Entscheiden sich Migranten aufgrund ihres Wunsches nach Verbesserung ihrer sozioökonomischen Lebensverhältnisse („höhere Ansprüche") zu einer Wanderung, so bezeichnet Petersen dies als freiwillige Migration („free movements").

Geben statt des Interaktionstyps „Mensch und Normen" einzelne Gruppen oder die Gesellschaft den Impuls zur Wanderung, handelt es sich um die so genannte „massenhafte" Migration. Dabei ist nicht mehr der Wille oder das Wanderungsmotiv des einzelnen Individuums entscheidend, sondern die überindividuelle Dynamik einer Gruppe oder der Gesellschaft.

Als innovativen Typus der Migration fasst Petersen Wanderungsformen zusammen, bei denen die Zielvorstellung von Migranten darin liegt, durch ihre Migration in ein anderes Land oder Gebiet etwas Neues, bisher noch nicht Erreichtes zu erlangen (Einkommen, Status etc.).

Beim konservativen Typus besteht die Intention von Migranten hingegen darin, ein bisher gewohntes Lebensniveau durch eine Wanderung aufrechtzuerhalten und zu sichern, nachdem im bisherigen Gebiet oder Land des Aufenthaltes Veränderungen eingetreten sind, die das bislang gewohnte Leben unmöglich machen oder bedrohen (vgl. auch TREIBEL 1999, S. 164-165).

Angelehnt an PETERSEN und PRICE entstand **Richmonds Typologie der Migration** (1988). Wie bei EICHENBAUM wird in dieser Typologie betont, dass Wanderungen fast nie aus vollständig freiwillig getroffenen und gesellschaftlich unbeeinflussten Entscheidungen resultieren (RICHMOND 1988). Daher ist RICHMOND der Meinung, dass sich Migrationen und entsprechend Migranten nicht in zwei Haupttypen (Migration und Flucht bzw. Migranten und Flüchtlinge) untergliedern lassen. Die Mehrzahl aller Wanderungsbewegungen und aller Migranten liege zwischen diesen beiden Idealkategorien – in einem fließenden Übergangsbereich zwischen ausschließlich „reaktiven" auf der einen und rein „proaktiven" Migranten auf der anderen Seite. Selbst bei „Flüchtlingen" handele es sich in aller Regel nicht um vollständig „reaktiv" und „blind" die Flucht ergreifende Personen, da auch ihr „Fluchtverhalten" meist noch gewisse „proaktive" (abwägende, kalkulierende etc.) Züge aufweise.

RICHMOND gelangt zu dem Schluss, dass es eigentlich kaum möglich sei, Wanderungsentscheidungen einer einzelnen Ursache zuzuordnen und das idealtypische Unterscheiden zwischen freiwilligen und erzwungenen sowie ökonomisch und nicht-ökonomisch initiierten Migrationen ein mehr oder weniger willkürliches Unterfangen sei. Wie andere Migrationsforscher fordert er daher, in Ergänzung zu dem wissenschaftlichen Versuch, Wanderungen bestimmten Idealtypen zuzuordnen, weiterhin eine größtmögliche Offenheit in der empirischen Betrachtung von Wanderungen zu wahren. Es sei deshalb angebracht, den Begriff der Migration (oder Wanderung) als Oberbegriff für alle Formen der mit einer Wohnortverlagerung einhergehenden räumlichen Bevölkerungsbewegung beizubehalten.

Zwar ist die Migrationsforschung letztlich – wie auch die Politik, Verwaltung, Medien und Öffentlichkeit – darauf angewiesen, Komplexität mit Hilfe von Begriffen zu begrenzen und handhabbar zu machen. Problematisch wird es allerdings, wenn bestimmte Kategorien von Wanderungen oder bestimmte Migranten-Typen bewusst als zu kontrollierende und zu steuernde Figuren (re-)produziert und mit bestimmten Problematisierungen oder gar Stigmatisierungen aufgeladen werden. Dies ist beispielsweise, wie die Lektüre der Tageszeitung und politische Diskussionen lehren, bei so genannten illegalen Wanderungen, irregulären Migranten und Migrantinnen, Flüchtlingen oder Opfern des Menschenhandels der Fall (vgl. auch CROSBY 2006 und GEIGER 2011, S. 112-119). Angesichts dessen ist die Forderung, in der Migrationsforschung eine möglichst große Distanz und zugleich Vorsicht gegenüber bestimmten politisch-administrativ verwendeten oder im medialen Diskurs zur Anwendung kommenden Kategorien walten zu lassen, sicherlich sehr berechtigt.

Anfang der 1970er Jahre hat ROSEMAN das in Abbildung 6.09 dargestellte **Modell zur aktionsräumlichen Differenzierung von Binnenwanderungen** entworfen. Den Ausgangspunkt für diesen typologischen Entwurf bildet ein Ansatz, der sich nicht in erster Linie auf Distanzen stützt, sondern auf den wöchentlichen Bewegungszyklus von Individuen oder Haushalten Bezug nimmt (ROSEMAN 1971): Ist die Verlagerung des Wohnsitzes einer Person oder eines Haushalts mit einer vollständigen Änderung aller Aktivitätsstandorte, die einst vom früheren Wohnstandort aus regelmäßig aufgesucht worden sind, verbunden, so kann im Anschluss an das von ROSEMAN entwickelte Modell von einer **inter-regionalen Wanderung** gesprochen werden. Können vom neuen Wohn-

sitz aus alle oder zumindest einige der früheren Funktionsstandorte weiterhin und ohne größeren Aufwand von der betreffenden Person oder dem betrachteten Haushalt aufgesucht werden, handelt es sich dagegen um Fälle einer **intra-regionalen Wanderung**. Typischerweise beinhalten diese Wanderungsfälle zumeist wohnungs- oder wohnumfeldorientierte Wohnsitzverlagerungen, während inter-regionale Wanderungen größtenteils auf den Wechsel des Arbeitsplatzes zurückzuführen sind, also in erster Linie als arbeitsplatzorientiert gelten können.

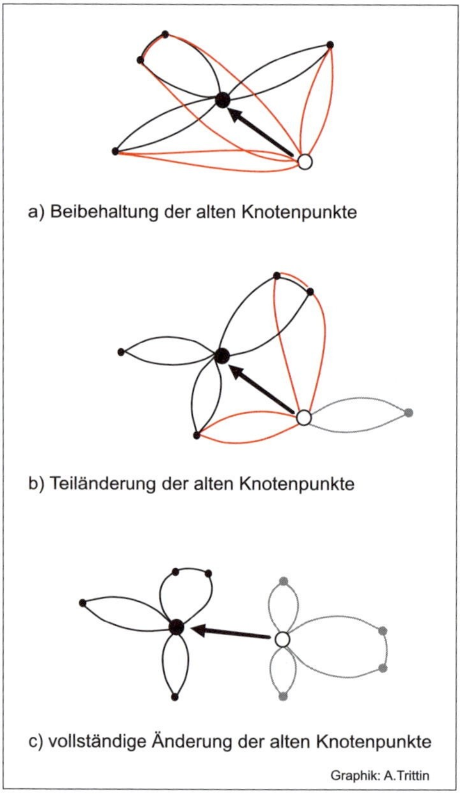

a) Beibehaltung der alten Knotenpunkte

b) Teiländerung der alten Knotenpunkte

c) vollständige Änderung der alten Knotenpunkte

Graphik: A.Trittin

Abb. 6.09: Modell zur aktionsräumlichen Differenzierung von Binnenwanderungen nach Roseman (Quelle: ROSEMAN 1971)

6.3 Klassische Modelle zur Erklärung von Wanderungen

6.3.1 RAVENSTEINS Gesetze der Migration

In der zweiten Hälfte des 19. Jahrhunderts begründete der deutsche Kartograph und Bevölkerungsforscher RAVENSTEIN mit seinen heute berühmten **Laws of Migration** die Migrationsforschung. Ausgehend von der Beobachtung der Binnenwanderungen von Arbeitskräften im Vereinigten Königreich formulierte er Gesetzmäßigkeiten von Wanderungsbewegungen (vgl. RAVENSTEIN 1885). Ein besonderes Verdienst dieser Forschungsarbeit von RAVENSTEIN liegt darin, dass er in diesen Wanderungsgesetzen die Notwendigkeit einer genaueren Differenzierung räumlicher Bevölkerungsbewegungen deutlich gemacht hat. Seine Wanderungsgesetze aus dem späten 19. Jahrhundert bilden bis heute die Grundlage vieler Wanderungsmodelle und Erklärungsansätze. Die zehn wichtigsten, von Ravenstein herausgearbeiteten Wanderungsgesetze, bei denen es sich strenggenommen eher um empirische Regelmäßigkeiten handelt, lauten:

Wanderungsgesetze nach Ravenstein (Quelle: RAVENSTEIN 1885)

1) Die Mehrzahl aller Migranten wandert nur über kurze Distanzen.
2) Wanderungen verlaufen in vielen Fällen schrittweise, in Etappen.
3) Personen, die über größere Distanzen wandern, bevorzugen als Zielgebiete große Industrie- und Handelsstädte.
4) Wanderungsströme in eine bestimmte Richtung sind begleitet durch gegenläufige Bevölkerungsbewegungen (Gegenströme).
5) Die ländliche Bevölkerung ist stärker an Wanderungsvorgängen beteiligt als Bewohner von Städten.
6) Über kurze Distanzen wandern Frauen häufiger als Männer; männliche Migranten wandern meist über weitere Entfernungen, insbesondere auch nach Übersee.
7) Bei den meisten Migranten handelt es sich um alleinstehende Erwachsene; Familien wandern weniger häufig.
8) Städte wachsen stärker durch Wanderungsgewinne als durch die natürliche Bevölkerungszunahme.
9) Das Wanderungsvolumen nimmt mit wachsendem Industrialisierungsgrad und Verbesserungen des Transportwesens zu.
10) Wanderungen sind meist ökonomisch begründet.

Die von RAVENSTEIN herausgearbeiteten Regelmäßigkeiten besitzen teilweise auch heute noch empirische Gültigkeit. So sind gerade in Ländern mit ausgeprägten regionalen Entwicklungsdisparitäten über kurze Distanzen und als Binnenwanderungen vollzogene Bevölkerungswanderungen weitaus bedeutsamer als internationale Wanderungsprozesse (Wanderungsgesetz 1). Dies wird am Beispiel der Volksrepublik China eindrucksvoll deutlich. Dort nahm die Zahl der Binnenmigranten im Zuge der rapiden wirtschaftlichen Entwicklung enorm zu, für das Jahr 1985 wird von lediglich 40 Millionen Binnenmigranten ausgegangen, weniger als zwei Jahrzehnte später stieg ihre Zahl auf schätzungsweise 140 Millionen (2003) an (vgl. CHAN 2008). Auch die von RAVENSTEIN identifizierte Regelmäßigkeit, dass Wanderungsvorgänge in Richtung eines bestimmten Zieles in aller Regel durch einen gegenläufigen Wanderungsstrom begleitet werden (Wanderungsgesetz 4), besitzt noch heute Gültigkeit. Dies demonstriert etwa das Beispiel der Binnenwanderungen zwischen Ost- und Westdeutschland (vgl. Abb. 6.03).

6.3.2 Distanz- und Gravitationsmodelle

Wie die zuvor besprochenen Wanderungsgesetze von RAVENSTEIN betonen auch die später entstandenen **Distanz- und Gravitationsmodelle** (vgl. exemplarisch HÄGERSTRAND 1957, S. 113ff.) die Bedeutung der Distanz zwischen den Herkunfts- und Zielorten räumlicher Bevölkerungsbewegungen. Sie versuchen, die Zusammenhänge zwischen Entfernung und Wanderungshäufigkeit bzw. Wanderungsvolumen mathematisch in einer Formel zu fassen. Als wichtigen Faktor der Erklärung der Wanderungshäufigkeit, des Wanderungsvolumens und des Prozesses der Initiierung von Wanderungsvorgängen berücksichtigen diese Modelle neben der Entfernung die Bevölkerungsgröße (am Herkunfts- und am Zielort).

Als Erweiterung der Distanz- und Gravitationsmodelle gelten **regressionsanalytische Ansätze**. Diese beruhen auf der Annahme, dass Wanderungen nicht nur durch die Bevölkerungsgröße im Herkunfts- und Zielgebiet und durch die räumliche Distanz zwischen beiden bestimmt werden, sondern dass ihnen viele andere Einflussgrößen zugrunde liegen. Die Bestimmung und Erklärung der Wanderungen erfolgt dann mit Hilfe eines statistischen Verfahrens (= der multivariaten Regressionsrechung), mit dem – bei Berücksichtigung verschiedener Einflussgrößen – das Ausmaß der Beeinflussung des Wanderungsgeschehens durch einzelne Faktoren berechnet werden kann (vgl. exemplarisch GENOSKO 1995).

6.3.3 Push-Pull-Modell

Auch das so genannte **Push-Pull-Modell** nach LEE basiert auf **regressionsanalytischen** Überlegungen. Dieses Modell, das häufig als zu mechanistisch und als zu wenig differenziert kritisiert wird, unterscheidet zur Erklärung von Wanderungsentscheidungen und des Verlaufs von Wanderungsbewegungen vier zentrale Faktorengruppen (LEE 1966). Es handelt sich dabei um attrahierende bzw. bindende, abstoßende und indifferente Faktoren, die in Verbindung mit dem Herkunftsgebiet (1) und dem Zielgebiet (2) stehen, um intervenierende Hindernisse wie z.B. Einwanderungsgesetze (3) sowie um persönliche Faktoren wie Geschlecht oder Nationalität (4). Abbildung 6.10 fasst die ersten drei Faktoren graphisch zusammen.

Ein Pluszeichen in der Graphik kennzeichnet in Bezug auf die Herkunfts- und die Zielregion von Wanderungen diejenigen **Pull-Faktoren**, die im betreffenden Gebiet Menschen entweder halten oder dorthin anziehen. Zu diesen Faktoren zählen z.B. gute Arbeits- und Verdienstmöglichkeiten, aber auch gute klimatische Bedingungen. Ihnen stehen die mit einem Minuszeichen versehenen **Push-Faktoren** gegenüber, die Personen vom Herkunftsgebiet abstoßen oder aber vom Zielgebiet fernhalten. Hierunter fallen beispielsweise hohe Arbeitslosigkeit im Herkunftsland, aber auch eine restriktive Zuwanderungspolitik des möglichen Ziellandes von Migranten. Mit einer Null sind schließlich diejenigen Bedingungen in der Herkunfts- und der Zielregion gekennzeichnet, die keine Auswirkungen auf Wanderungsentscheidungen haben.

Den drei, mit einem Plus-, einem Minuszeichen oder einer Null gekennzeichneten Faktoren oder Bedingungen kommt für jedes einzelne Individuum – jeden Migranten oder jede potenziell an Migration interessierte Person – eine unterschiedliche Bedeutung zu. Denn sowohl die strukturellen Voraussetzungen im Herkunfts- oder Zielgebiet als auch die zusätzlich in Erscheinung tretenden intervenierenden Einflussgrößen werden individuell wahrgenommen, eingeschätzt und psycho-sozial verarbeitet und können daher auch zu un-

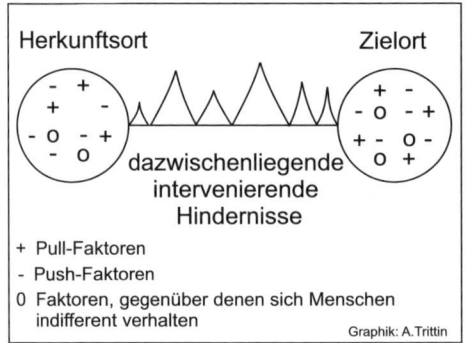

Abb. 6.10: Faktoren der Wanderungsentscheidung nach Lee (Push/Pull-Modell) (Quelle: LEE 1966)

terschiedlichen Entscheidungen führen. Daher berücksichtigt das Modell außerdem die so genannten persönlichen Faktoren, die neben Persönlichkeitsmerkmalen im engeren Sinne auch die Verfügbarkeit bestimmter sozioökonomischer Ressourcen, das Alter, die aktuelle persönliche Lebenslage der betreffenden Person, Informationen, die eine Person bei ihrer Entscheidung in Erfahrung bringen und zugrunde legen kann, sowie emotionale Bindungen an Mitmenschen, den Herkunfts- oder auch den Zielort umfassen.

6.3.4 Verhaltensorientierte Modelle und Constraints-Ansätze

Mit der Betonung persönlicher Faktoren der Entscheidungsfindung knüpft LEE'S Modell an **verhaltensorientierte Modelle** (vgl. beispielsweise GATZWEILER 1975, NIPPER 1975 oder auch ROSEMAN 1971) an. Diese gehen ebenfalls davon aus, dass sich (1) Wanderungsprozesse nie vollständig vorhersagen lassen und (2) bei der Erklärung von Wanderungsbewegungen neben den makrostrukturell („objektiv") angelegten Wanderungsursachen unbedingt immer auch die mikrostrukturell-individuell relevanten Wanderungsmotive sowie die persönlich-individuellen („subjektiven") Faktoren, Wahrnehmungen und Entscheidungen berücksichtigt werden müssen.

Folgt man diesen Annahmen, entstehen (freiwillige) Wanderungsaspirationen, vereinfacht gesagt, zunächst aus einem Gefühl der persönlich-individuellen Unzufriedenheit mit den Standortfaktoren des aktuellen Wohnorts heraus. Wird eine gewisse Toleranzgrenze überschritten, beginnen Individuen mit der Suche nach Möglichkeiten, dieses Gefühl der Unzufriedenheit mit dem aktuellen Aufenthaltsort abzubauen. Dabei bestehen grundsätzlich immer Alternativen

zur Migration. So können Individuen beispielsweise ihr Anspruchsniveau senken und sich mit der aktuellen Lebenssituation zufrieden geben oder versuchen, die eigene Situation am Aufenthaltsort zu verbessern. Ob sich die betreffenden Individuen tatsächlich am Ende zur Wanderung entscheiden, hängt, wie bereits angemerkt, immer auch von persönlich-individuellen Faktoren, Beweggründen und der Verfügbarkeit von wanderungserleichternden Informationen ab.

Neben diesen verhaltensorientierten Erklärungsansätzen steht die Konzeption von LEE außerdem so genannten **Constraints-Ansätzen** (vgl. beispielsweise CADWALLADER 1989 und WAGNER 1989) nahe. Diese gehen davon aus, dass Individuen Wanderungsentscheidungen in den meisten Fällen nicht unabhängig und autonom treffen, sondern Wanderungsvorgänge in aller Regel durch äußere Zwänge („constraints") bestimmt werden. Dabei ist nicht nur an politisch-staatlich erzwungene Wanderungen (Vertreibungen, „ethnische Säuberungen") zu denken. Auch die Struktur des Wohnungs- und Arbeitsmarktes am Herkunfts- oder Zielort kann die persönliche Entscheidungs- und Wahlfreiheit und im Anschluss daran zwangsläufig auch die persönlichen Mobilitäts- und Wanderungsmöglichkeiten limitieren.

6.3.5 Modell der Mobilitätstransformation nach ZELINSKY

Eine wichtige klassische, eher makrogesellschaftliche Erklärung deutet das Migrationsgeschehen in Abhängigkeit vom gesellschaftlichen Modernisierungsprozess: Zelinsky identifizierte, 80 Jahre nachdem RAVENSTEIN Ende des 19. Jahrhunderts seine Wanderungsgesetze aufgestellt hatte, einen Zusammenhang zwischen demographischer Entwicklung, Industrialisierung (gefolgt von der Herausbildung einer post-industriellen Gesellschaft), technologischen Fortschritten und unterschiedlichen Formen räumlicher Bevölkerungsbewegung (vgl. ZELINSKY 1971). Die Grundüberlegung in seinem bis heute Beachtung findenden **Modell der Mobilitätstransformation** (Abb. 6.11) ist, dass mit unterschiedlichem sozioökonomischem Entwicklungsstand der Gesellschaft auch ein unterschiedliches Mobilitätsverhalten einhergeht. Anknüpfend an das Modell des demographischen Übergangs (vgl. Kap. 7.1) unterscheidet das Modell der Mobilitätstransformation fünf Entwicklungsstufen, die den Übergang von einer weitgehend immobilen vorindustriellen bzw. traditionellen zu einer hochmobilen, hochindustrialisierten bzw. nachindustriellen Gesellschaft markieren (vgl. auch GANS ET AL. 2009, S. 78-79):

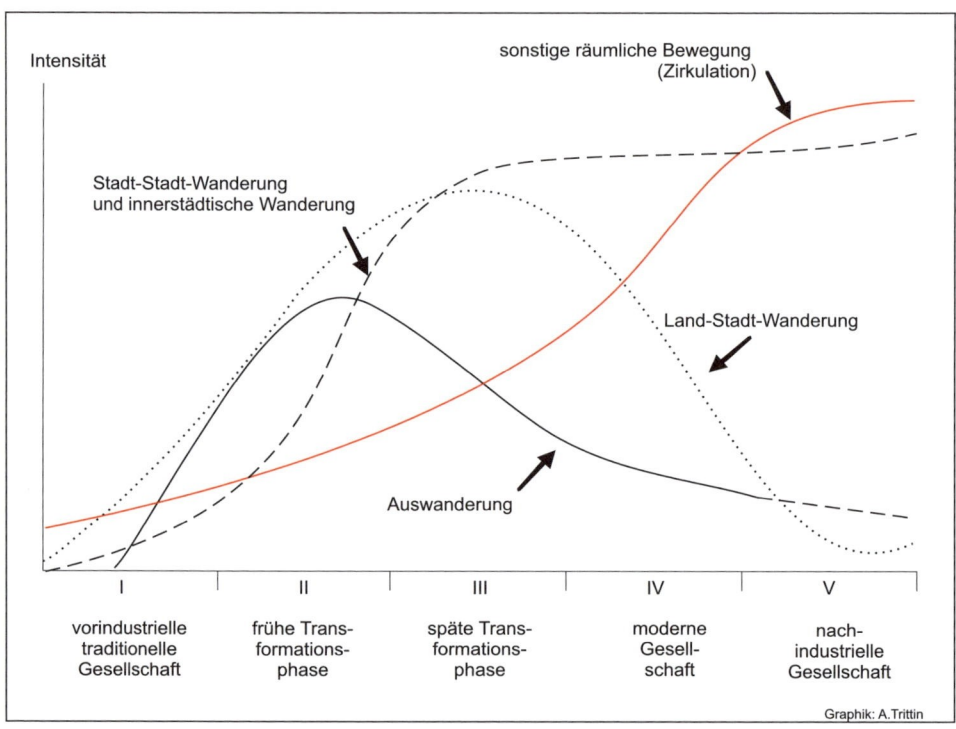

Abb. 6.11: Modell der Mobilitätstransformation nach ZELINSKY (Quelle: ZELINSKY 1971)

I:

In dieser Entwicklungsstufe einer vorindustriellen und traditionellen Gesellschaft dominiert die Sesshaftigkeit. Aufgrund von relativ hohen Geburten-, aber auch hohen Sterberaten ist das natürliche Bevölkerungswachstum sehr gering. Im Vergleich zu anderen Formen räumlicher Bevölkerungsbewegungen sind v.a. temporäre und sich oft nur über kurze Distanzen erstreckende räumliche Bevölkerungsbewegungen bedeutsam (z.B. Besuche von Markt- oder Wallfahrtsorten), die keine dauerhafte Verlagerung des Wohnortes beinhalten.

II:

In der frühen Transformationsphase, gekennzeichnet durch die beginnende Modernisierung sowie Verbesserungen der Lebens- und Hygienebedingungen sowie des Gesundheitswesens, sinkt die Sterberate. Bei zunächst weiterhin hohen Geburtenraten wächst die Bevölkerung stark. Wanderungen aus ländlichen Gebieten in die an Bedeutung und Größe gewinnenden Städte nehmen zu. Ein weiteres „Ventil" für den wachsenden Bevölkerungsdruck bildet die Auswanderung in andere, noch wenig erschlossene Länder, beispielsweise in Übersee. Im 18., 19. und frühen 20. Jahrhundert machten viele Bürger Europas von dieser Möglichkeit der internationalen Migration Gebrauch. In der Gegenwart stehen diese Migrationsmöglichkeiten dem überwiegenden Teil der Migrationswilligen aus weniger entwickelten Ländern allerdings nicht mehr offen. Zum Ende der zweiten Phase beginnt die anfangs noch sehr starke Auswanderung in überseeische Gebiete und andere Länder wieder abzunehmen. Einen wesentlichen Grund dafür bilden die wachsenden Beschäftigungsaussichten in den städtischen Gebieten des Heimatlandes.

III:

Die Bevölkerungsbewegung von ländlichen in städtische Gebiete hält in dieser dritten Phase zwar weiterhin an, sie erreicht aber ebenfalls bald ihr Maximum. Dagegen gewinnt die Migration zwischen Städten (inter-regionale Wanderungen) und innerhalb der mittlerweile herausgebildeten Verdichtungsräume (intra-regionale Wanderungen) stark an Bedeutung. Aufgrund des eingetretenen Rückgangs der Fertilität sinkt der Bevölkerungsdruck, weshalb sich nun weniger Menschen zur Migration veranlasst sehen. Zugleich wird auch aufgrund einer erheblich verbesserten Verkehrsinfrastruktur die räumliche Verlagerung des Wohnstandorts für einen wachsenden Teil der Bevölkerung unnötig. Die moderne Industriegesellschaft ist dadurch gekennzeichnet, dass in ihr die zirkuläre Mobilität zur wichtigsten Form räumlicher Bevölkerungsbewegungen wird.

IV und V:

In der nachindustriellen Gesellschaft und während der späten Transformationsphase ist der erste demographische Übergang abgeschlossen (vgl. Kap. 7.1). Aufgrund der starken Zunahme der Verstädterung in den vorangegangenen Phasen sind bald nur noch Wanderungen zwischen städtischen Verdichtungsräumen relevant. Die Entwicklungsphasen IV und V kennzeichnen eine Gesellschaft, die v.a. durch zirkuläre Bewegungen (z.B. auch Freizeit- und touristische Mobilität) geprägt ist. Die räumliche Mobilität erreicht ein bisher nicht gekanntes Ausmaß. Für Phase V lässt sich die Erwartung formulieren, dass aufgrund immer besserer und neuartiger Kommunikationssysteme und anderer technischer Möglichkeiten dauerhafte Wanderungsvorgänge weiter an Bedeutung verlieren werden.

6.4 Ökonomistische Wanderungsmodelle

Zur Erklärung der Entstehung von Migrationsbewegungen sind auch ökonomisch argumentierende Erklärungsansätze hilfreich (vgl. dazu auch MASSEY ET AL. 1993).

6.4.1 Neoklassische Modelle

Die von der Schule der **Neo-Classical Economics** der Wirtschaftswissenschaften entwickelten Erklärungsansätze finden auch in der geographischen Forschung vielfach Anwendung. Sie basieren auf der Vorstellung eines rational handelnden und an Nutzenmaximierung orientierten Individuums („homo oeconomicus"). Dieses Individuum (d.h. der potentielle Migrant) entscheidet sich auf der Basis einer individuellen Gewinn- und Kostenrechnung zur Migration (vgl. beispielsweise TODARO 1969 und BORJAS 1989), sofern der zu erwartende Gesamtnutzen (z.B. Lohn multipliziert mit Beschäftigungsjahren) die Kosten bei der Vorbereitung und Durchführung der Wanderung übersteigt. Zielland wird aus Sicht der Neoklassik dasjenige Land, dessen Volkswirtschaft den vergleichsweise höchsten Gesamtnutzen bietet, also das Land (und damit die Volkswirtschaft), in dem die Kombination aus Entlohnung und Beschäftigungswahrscheinlichkeit oder auch -sicherheit optimal, also maximal, erscheint. SJAASTAD schlägt vor, darüber hinaus zu berücksichtigen, dass Individuen mit ihren Wanderungsentscheidungen vielfach auch das Ziel verfolgen, mittels der Migration und der Teilhabe auf einem anderen Arbeitsmarkt in das eigene Humankapital zu investieren (vgl. SJAASTAD 1962).

In Bezug auf die gesamtwirtschaftliche Makroebene argumentiert die Neoklassik der Wirtschaftswissenschaften (vgl. beispielsweise LEWIS 1954 und RANIS/FEI 1961), dass sich nur dann Wanderungsbewegungen ergeben, wenn zwischen der Volkswirtschaft im Herkunftsland und der konkurrierenden Volkswirtschaft im Zielland ein Ungleichgewicht in der Entlohnung und in der Beschäftigungswahrscheinlichkeit besteht. Erst in diesem Spannungsfeld, so die Annahme, bilden sich die wanderungsinitiierenden Sog- und Schubfaktoren („pull" oder „push") heraus. Bestehen hingegen keine derartigen Disparitäten zwischen Herkunfts- und Zielland, so halten sich, der neoklassischen Logik zufolge, Sog- und Schubkräfte die Waage, Ab- und Zuwanderung finden nicht statt.

6.4.2 New Economics of Migration

Einen alternativen wirtschaftswissenschaftlichen Erklärungsansatz bieten die in den späten 1980er Jahren entstandenen **New Economics of Migration** (vgl. beispielsweise STARK/BLOOM 1985 und STARK 1991). Ausgehend von der Beobachtung, dass Wanderungsentscheidungen in vielen Fällen nicht durch ein einzelnes Individuum alleine getroffen werden, sondern durch größere soziale Kollektive oder Netzwerke (vgl. beispielsweise BRAY 1984 und PORTES/GUARNIZO 1990), argumentieren ihre Vertreter, dass sich Migranten aus ökonomischer Sicht nicht lediglich aufgrund von Lohn- und Beschäftigungschancen zu einer Wanderung entschließen. Stattdessen basierten Wanderungsentscheidungen in aller Regel auf einem kollektiven „Risikoabgleich", der durch das soziale und ökonomische Kollektiv, in das der Migrant eingebunden ist (z.B. Familie, Haushaltsverband), erfolgt. Entsprechend wird ein Familien- bzw. Gruppenmitglied ins Ausland „entsandt", wenn sich das soziale Kollektiv beispielsweise Rücküberweisungen erhofft, die den Lebensunterhalt und den Verbleib im Herkunftsland sichern. Zudem verweist der Ansatz der New Economics of Migration darauf, dass sich Migrationsprozesse oft auf subjektive Gefühle des „relativen Mangels" bzw. der „relativen Zurückgesetztheit" („relative deprivation") zurückführen lassen (vgl. beispielsweise STARK/TAYLOR 1991): Solange sich ein soziales Kollektiv in seiner Heimat, beispielsweise gegenüber den „erfolgreichen" Nachbarn, in irgendeiner Form sozioökonomisch zurückgesetzt oder in seinem Status unterprivilegiert fühlt, wird an der Entsendung eines oder sogar weiterer Gruppenmitglieder in andere Regionen oder Länder festgehalten.

6.4.3 Theorie segmentierter Arbeitsmärkte

Ähnlich wie der Makroansatz der Neoklassik begründet die **Theorie segmentierter Arbeitsmärkte** (bzw. die Theorie dualer Arbeitsmärkte) das Entstehen von Wanderungsprozessen auf der Ebene der Volkswirtschaft (vgl. beispielsweise PIORE 1979, DICKENS/LANG 1985 und SENGENBERGER 1978):

Auf dem Arbeitsmarkt des Ziellandes (Nachfrageseite) entwickeln sich mehr oder weniger abgeschottete Beschäftigungssegmente, ein typisches Kennzeichen hochentwickelter Volkswirtschaften der Gegenwart. Die einzelnen Arbeitsmarktsegmente zeichnen sich durch stark unterschiedliche Lohnniveaus und einen unterschiedlichen Grad an sozialem Prestige aus. Sassen argumentiert seit den späten 1980er Jahren am Beispiel der so genannten Global Cities (SASSEN 1991), die sie als Steuerzentralen der Weltwirtschaft versteht, dass der hochsegmentierte Arbeitsmarkt in diesen Metropolen sowohl niedrig- als auch hochqualifizierte Arbeitskräfte aus aller Welt anziehe. Bestimmte Arbeitsmarktsegmente blieben dabei allerdings für einheimische Arbeitskräfte reserviert. Gerade für berufliche Tätigkeiten, die als „dirty, dangerous, difficult" gelten und folglich nur mit niedrigem sozialen Prestige versehen sind, würden vorzugsweise ausländische oder zugewanderte Arbeitskräfte rekrutiert, da sich für diese Jobs keine einheimischen Arbeitskräfte finden ließen.

Internationale Wanderungen werden somit vorwiegend als nachfrageinduzierte und durch bestimmte Segmentstrukturen nationaler oder städtischer Arbeitsmärkte hervorgebrachte oder begünstigte selektive Vorgänge betrachtet. In dieser Perspektive ist Migration folglich die direkte Folge struktureller Notwendigkeiten. Sie resultiert in erster Linie aus dem volkswirtschaftlichen Streben nach optimaler Inwertsetzung von Arbeitskräften und ihren Potenzialen (Humankapital). Ein Mehr an strukturell ausgelöster Zuwanderung kann dabei theoretisch zu einer fortgesetzten, immer feiner werdenden Ausdifferenzierung von sozial bevorzugten und gemiedenen bzw. zugewiesenen Segmenten und damit zu einer dauerhaften Unterschichtung des Arbeitsmarktes führen. Als eine Folge dieser Entwicklung können sich neue Notwendigkeiten der Zuwanderung oder der gezielten Anwerbung von Migranten ergeben. Ein Mehr an Zuwanderung mündet nicht unbedingt in eine Erhöhung des Lohnniveaus. Oft ist das Gegenteil der Fall: Im Kontext von Zuwanderung können Löhne auch sinken oder durch Arbeitgeber bewusst niedrig gehalten werden, da ja offenbar andernorts arbeits- und migrationswillige Arbeitskräfte zur Verfügung stehen.

6.4.4 Weltsystemtheorie und Neue Internationale Arbeitsteilung

Im Anschluss an WALLERSTEIN'S **Weltsystemtheorie** (WALLERSTEIN 1979) und den Ansatz der **Neuen Internationalen Arbeitsteilung** (vgl. beispielsweise FRÖBEL ET AL. 1977) werden das Zustandekommen und die Perpetuierung von Wanderungsvorgängen auf globaler Ebene und auf der Ebene von Weltregionen mit der weltweiten Durchsetzung der kapitalistischen Wirtschaftsweise erklärt. Demnach setzen der Weltmarkt und dessen asymmetrische Tauschbeziehungen eine wachsende Zahl von Arbeitskräften (Migranten) frei, die eine mobile Gruppe bilden. Als Resultat neuer Formen der internationalen Arbeitsteilung werden wachsende Wanderungsströme aus peripheren Räumen (globaler Süden) in die entwickelten Kernregionen der Welt (globaler Norden) bzw. in die Triade (Nordamerika, die EU und Japan) vorausgesagt. Insgesamt werden wie beim Austausch von Kapital, Waren und Gütern auch in Bezug auf Mobilität und Migration von Menschen (Arbeitsmigranten) eine Verfestigung und Verschärfung der entstandenen Ungleichgewichte erwartet.

6.5 Sozialwissenschaftliche Erklärungsansätze

Neben den vornehmlich ökonomisch-wirtschaftswissenschaftlich argumentierenden Ansätzen gibt es verschiedene soziologisch-sozialwissenschaftliche Theorieangebote, von denen die geographische Beschreibung und Analyse von Migrationsprozessen ebenfalls profitieren kann.

6.5.1 Theorie struktureller Spannungen

In seiner migrationsbezogenen Anwendung der **Theorie struktureller und anomischer Spannungen** geht HOFFMANN-NOWOTNY (1970) davon aus, dass sich Menschen dann zur Migration entschließen, wenn sie als Mitglieder einer Gesellschaft nicht in gleichem Maße Zugang zu zentralen gesellschaftlichen Ressourcen und Werten wie etwa politischer Mitsprache, Besitz oder Einkommen haben wie andere Mitglieder. Auf der gesellschaftlichen Makroebene resultiert daraus eine „strukturelle Spannung", die sich auf die einzelnen Gesellschaftsmitglieder (Mikroebene) als „anomische Spannung" auswirken kann. Die „Spannung" zwischen dem individuellen Anspruch auf Teilhabe an sozialen Werten und den makrostrukturell überhaupt möglichen Chancen der Realisierung dieses Anspruchs können Individuen dadurch abbauen, dass sie in ein anderes Land ziehen, von dem sie sich Chancen für eine umfassende oder zumindest verbesserte Teilhabe erhoffen.

Dem Ansatz HOFFMANN-NOWOTNYS zufolge führen internationale Wanderungen einerseits zu einem Abbau der individuellen anomischen Spannung. In der Summe führen alle Wanderungsfälle andererseits zugleich zu einer Reduktion der im Herkunftsland gesamtgesellschaftlich bestehenden strukturellen Spannung. Dies geschieht deshalb, weil sich durch Emigration auch die Zahl der Anspruchsteller und Unzufriedenen verringert, wodurch für die verbliebenen Gesellschaftsmitglieder die Chancen auf umfängliche Partizipation zumindest theoretisch zunehmen.

6.5.2 Netzwerkansatz

Der **Netzwerkansatz** (vgl. beispielsweise HUGO 1981 und TAYLOR 1986) bezeichnet eine Forschungsperspektive, die sowohl in Bezug auf die Initiierung als auch die Aufrechterhaltung von Wanderungsprozessen die Bedeutung von inter-personalen Beziehungen und sozialen Kollektiven betont. Zugrunde liegt der Gedanke, dass Migranten und Nichtmigranten in den Herkunfts- wie auch den Zielländern durch translokale Netzwerke in Form von inter-persönlichen Beziehungsgefügen miteinander verbunden sind und sich diese Netzwerke auf Vertrauen, Freundschaften oder Verwandtschaft bzw. anderen gemeinsamen Merkmalen gründen. Diese Netzwerke, so die Annahme, begünstigen als Form des sozialen Kapitals Wanderungsprozesse, indem sie Migranten die Möglichkeit bieten, sich bereits vorab über die Gewinne und Kosten oder Risiken einer Wanderung zu informieren. Und nach der Ankunft im Zielland stehen sie ihnen unterstützend zur Seite. Das Risiko einer Migration kann dadurch gesenkt werden.

Ist die Herausbildung eines plurilokalen Netzwerkes zwischen Herkunftsland und Zielland durch „Pioniermigranten" erst einmal in Gang gesetzt, führen Prozesse der „kumulativen Verursachung" dazu, dass sich die Risiken und Kosten einer Wanderung im Folgenden für jede nachfolgende Gruppe von Migranten weiter verringern. Nicht zuletzt deshalb kann mit der Netzwerktheorie auch erklärt werden, warum sich zwischen bestimmten Ländern besonders ausgeprägte Wanderungssysteme (s. Kap. 6.5.4) herausbilden und es im Zuge von **Kettenmigrationen** (chain migrations) sogar zur Verlagerung ganzer Dorfgemeinschaften in dasselbe Zielland oder die gleiche städtische Wohngegend kommen kann.

6.5.3 Transnationale Migration

In der Geographischen Migrationsforschung sehr breit rezipiert werden der **Transnationalismus-Ansatz** und die damit verbundenen Konzepte der **transnationalen Migration** bzw. der **Transmigration** und der **Transnationalen Sozialen Räume**. Den Anlass für ihre Entstehung bildete in den 1980er Jahren die empirische Beobachtung eines offenbar neuen Typs von Migration, der nicht mehr in das gewohnte containerräumliche und nationalstaatszentrierte Wahrnehmungs- und Deutungsmuster passte:

Wanderungsbewegungen aus den karibischen Ländern, Mexiko und den Philippinen in die USA wiesen nach Meinung einiger Migrationsforscher im Gegensatz zu den Jahren und Jahrzehnten zuvor einen stärker zirkulierenden, sich zwischen Herkunfts- und Zielländern hin und her bewegenden Verlauf auf. Außerdem wurde beobachtet, dass weitaus mehr Migranten als früher auch nach ihrer Ankunft und Niederlassung in den USA noch starke Bindungen und Austauschbeziehungen zum Heimatland aufrechterhielten. Festgestellt wurde ferner, dass nach der Niederlassung am Zielort der Migration viel seltener als zuvor eine Assimilierung folgte. Beobachtet wurde nun vielmehr die Herausbildung von Netzwerken und Gemeinschaften bzw. „transnational communities" (PORTES 1996), die sich zwischen den Herkunfts- und Zielländern aufspannen.

Während sich der Begriff **Transnationalismus** auf die grenzüberschreitende Verdichtung und Intensivierung sozialer, kultureller, wirtschaftlicher und politischer Bezüge zwischen verschiedenen Staaten bezieht (vgl. beispielsweise BASCH ET AL. 1993 und GLICK-SCHILLER ET AL. 1997), wird als **transnationale Migration**

Tab. 6.09: Idealtypen der internationalen Migration nach PRIES (zusammengestellt nach BÄHR 2010, S. 249, und GANS ET AL. 2009, S. 84)

Art der Migration	Verhältnis zur Herkunfts-region	Verhältnis zur Ankunfts-region	Wichtigste Migrations-gründe	Zeithorizont der Migranten	Verständnis von Migration und Migran-ten (Beispiele)
Emigration und Immi-gration	Abschied neh-men, Zurück-lassen; meist noch selektive Aufrechterhal-tung sozialer und kultureller Rückbezüge	Integration; neue Heimat	wirtschaftli-che, soziale kulturelle, politische	unbefristet oder lang-fristig	klassisches Verständnis: Aufgeben von Aktionsfeldern in der Her-kunftsregion und Herstellen eines neuen Referenzsys-tems in der Ankunftsregi-on (z.B. euro-päische Über-seewande-rung im 19. Jhd.)
Remigration	sozialer und kultureller Dauerbezug, um Identität zu wahren	Abstand: Bewahrung sozialer und kultureller Differenzen; Gastland	wirtschaft-liche, politi-sche	befristet: kurzfristig	Personen, die mit der festen Absicht emi-grieren, in ihr Heimatland zurückkehren (z.B. Gastar-beiter)
Diaspora-Migration	sozialer und kultureller Dauerbezug, um Identität zu wahren und zu stabili-sieren; oft überhöht als „Gelobtes Land"	Abstand: Be-wahrung sozi-aler und kultu-reller Differen-zen; Gastland	religiöse/poli-tische Verfol-gung; Vertrei-bung; Entsen-dung durch Organi-sationen	befristet: kurz- bis mittelfristig	Angehörige verschiedener Glaubensrich-tungen, Mitarbeiter international agierender Unternehmen oder Stiftun-gen, Angehö-rige eines dip-lomatischen Korps
Transmi-gration	ambivalent: Teil des Refe-renzsystems, über das Iden-tität entsteht und konstru-iert wird	ambivalent: Teil des Refe-renzsystems, durch das Identität ent-steht und kon-struiert wird	wirtschaftli-che; Entsen-dung durch Organi-sationen	unbestimmt; sequenziell	neueres Verständnis: Integration der individuell bestimmten Referenzsys-teme in der Herkunfts- und Ankunfts-region

oder **Transmigration** die beschriebene spezifische Form der Migration bezeichnet. Sie gilt als neue Sonderform der internationalen Migration, die weder durch eine Entwurzelung aus dem gesellschaftlichen Kontext des Herkunftslandes noch durch die mühevolle Neu-Verwurzelung im Zielland gekennzeichnet ist. Stattdessen äußert sie sich in einem ständig gefühlten und auch im täglichen Leben praktizierten „in-between" der Transmigranten zwischen Herkunfts- und Zielstaat (vgl. PRIES 2000 und PRIES 2001).

PRIES stellt in einer eigenen Wanderungstypologie (vgl. Tab. 6.09) die Transmigration und mit ihr die idealtypische Figur des **Transmigranten** als eine neue Ausprägung internationaler Wanderungsbewegungen in Zeiten intensiver internationaler und globaler Verflechtungen heraus (vgl. PRIES 2000, S. 58). GLICK-SCHILLER ET AL. beschreiben die Figur dieses Migranten wie folgt: „Transmigranten entwickeln und unterhalten vielfältige, grenzüberschreitende Beziehungen im familiären, ökonomischen, sozialen, organisatorischen, religiösen und politischen Bereich. Transmigranten handeln, entscheiden, sorgen und identifizieren sich in Netzwerken, die sie an zwei oder mehr Gesellschaften gleichzeitig binden" (GLICK-SCHILLER ET AL. 1997, S. 81).

Unklar ist, ob Transmigration und Transmigranten nur zeitlich befristete Übergangsphänomene darstellen. Denn in Zeiten moderner Kommunikations- und Verkehrssysteme, die es erleichtern, den Bezug zum Herkunftsland aufrechtzuerhalten, verlaufen Niederlassung und Assimilationsprozesse vielleicht einfach langsamer als in früheren Jahrzehnten und Jahrhunderten. Darüber hinaus weist BOMMES darauf hin, dass jeder Transmigrant, obwohl dem wissenschaftlichen Diskurs zufolge nun im transnationalen Raum verortet, „realpolitisch" immer wieder im Nationalstaat (Zielstaat) ankommt, sich also dennoch, trotz aller transnationalen Bezüge, den staatlichen Steuerungsversuchen ausgesetzt sieht (vgl. BOMMES 2003). Der Nationalstaat ist also noch längst nicht obsolet. Umstritten bleibt deshalb auch, was genau unter den „Transnationalen Sozialen Räumen" zu verstehen ist, die nach PRIES (2000) und FAIST (2000) als verdichtete ökonomische, politische und kulturelle Beziehungen verstanden werden können, die die Grenzen souveräner Staaten überschreiten und sich als neue Raumbildungen gesellschaftlich-transnationaler Wirklichkeiten verstehen lassen. Als eine erste wegweisende geographische Arbeit zu Transmigration und Transnationalen Sozialen Räumen gilt die Studie des Sozialgeographen MÜLLER-MAHN (1999) zu ägyptischen Migranten in Paris und deren transnationalen Bezügen.

6.5.4 Migrationssysteme

Von besonderer Bedeutung ist der Ansatz der **Migrationssysteme**, der die Stabilität von Wanderungsbeziehungen zwischen Ländern oder Orten erklärt. Dieses Modell wurde ursprünglich von dem nigerianischen Geographen AKIN MABOGUNJE zur Erklärung von Land-Stadt-Wanderungen entwickelt (vgl. MABOGUNJE 1970). Seit den Arbeiten von KRITZ ET AL. findet es v.a. im Kontext internationaler Migration Anwendung (vgl. KRITZ ET AL. 1992, DE HAAS 2010; Abb. 6.12).

Seine Besonderheit liegt in der integrierten Betrachtungsweise der migratorischen und sonstigen Wechselbeziehungen zwischen zwei oder mehr Orten (Regionen, Ländern). Der Migrationssystemansatz geht davon aus, dass (internationale) Wanderungsvorgänge nicht losgelöst von den gesellschaftlichen Kontexten der Herkunfts- und Zielregion sowie den zwischen ihnen bestehenden und wirkenden zwischenstaatlichen und zwischengesellschaftlichen Bezügen betrachtet und erklärt werden können. Bei räumlichen Bevölkerungsbewegungen handelt es sich häufig – sowohl im Fall von Binnen- bzw. Land-Stadt-Wanderungen als auch im Falle internationaler Wanderungen – um lang andauernde Austauschbeziehungen, die politisch kaum direkt steuerbar sind. Der Migrationssystemansatz interessiert sich insbesondere für die komplexen Mechanismen der Verstetigung und Selbstverstärkung der Migrationsprozesse zwischen zwei Orten (Regionen, Länder). Dazu bezieht er ökonomische, demographische, gesellschaftliche und politisch-regulative Faktoren sowohl der Herkunfts- als auch der Zielregion mit ein.

Ein bekanntes Beispiel eines stabilen und multifaktoriell verursachten Migrationssystems sind die türkisch-deutschen Migrationsbeziehungen, die sich auch nach dem

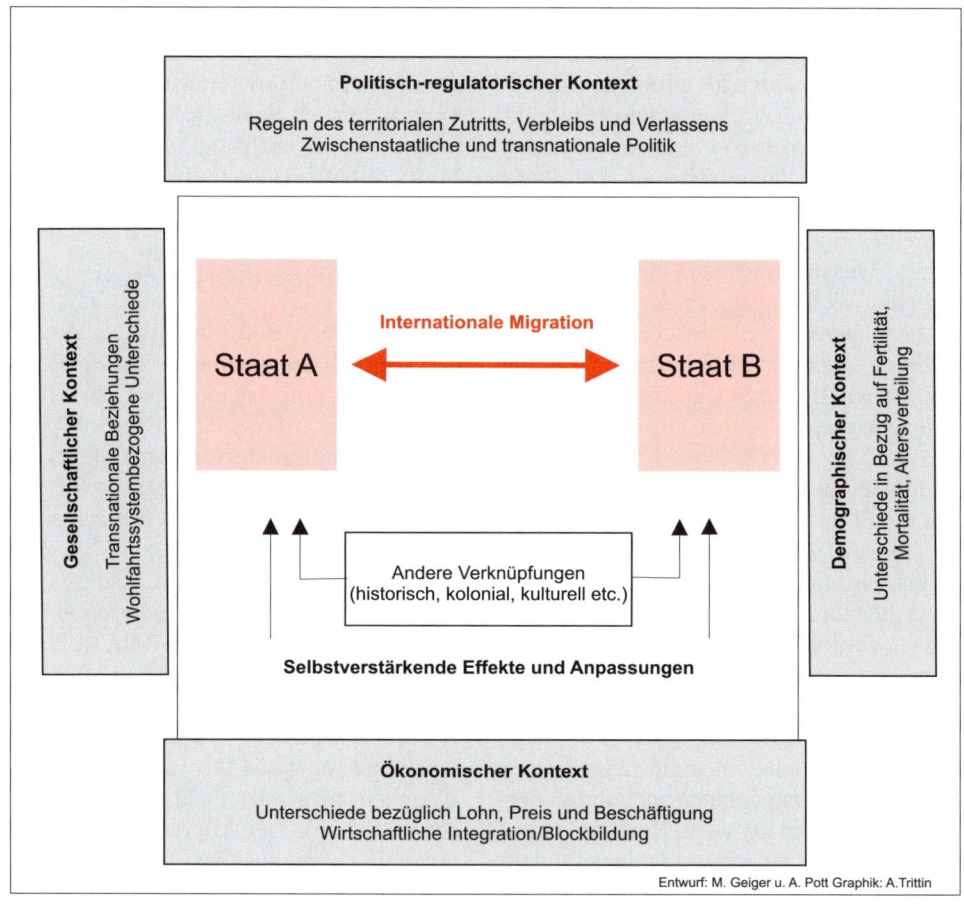

Abb. 6.12: Migrationssystem

Ende der „Gastarbeiter"-Anwerbepolitik bis in die Gegenwart fortgesetzt haben (durch Familienmigration, Kettenmigration, Fluchtmigration, Remigration, Bildungsmigration, zirkuläre Arbeits- und Familienmigration).

6.6 Die Pluralität der Erklärungsansätze

Die im Überblick dargestellte Vielzahl und Verschiedenartigkeit von Typologien und Erklärungsansätzen macht deutlich, dass es bisher keine allgemeingültige Theorie der Erklärung von Wanderungen gibt (vgl. MASSEY ET AL. 1993, S. 432). Das Fehlen einer „grand theory" ist auch der Tatsache geschuldet, dass Migration nicht nur ein ausgesprochen vielgestaltiger Prozess ist, sondern auch ein Phänomen, das quer zu vielen gesellschaftlichen Einteilungen steht. Migrationen und ihre Folgen überschreiten Grenzen, verbinden mehrere Staaten und Regionen und betreffen ganz unterschiedliche gesellschaftliche Bereiche – von Individuen über Familien und Gruppen zu Netzwerken und Organisationen, von der Politik über die Wirtschaft, die Massenmedien und das Erziehungssystem bis hin zu Städten, Krankenhäusern und Gerichten. Es ist daher notwendig und dem Gegenstand angemessen, die geographische Perspektive im interdisziplinären Austausch um ökonomische, politikwissenschaftliche, soziologische und andere Perspektiven auf (internationale) Migrationen zu ergänzen.

Weiterführende Literatur

BADE, K.J. ET AL. (Hg.) (2010): Enzyklopädie Migration in Europa vom 17. Jahrhundert bis zur Gegenwart. 3. Aufl. Paderborn: Schöningh
focus Migration, Länderprofile und Kurzdossiers, herausgegeben vom Institut für Migrationsforschung und Interkulturelle Studien (IMIS) der Universität Osnabrück und der Bundeszentrale für politische Bildung (bpb). Abrufbar unter: http://www.bpb.de/gesellschaft/migration/dossier-migration/
GANS, P. UND A. POTT (2011): Bevölkerungsgeographie (darin die Teilkapitel: „Migration" und „Geographische Migrationsforschung"). In: GEBHARDT, H. ET AL. (Hg.): Geographie. Physische Geographie und Humangeographie (2. Auflage). Heidelberg: Spektrum Akademischer Verlag, S. 715-743
GANS, P., LANG, C. UND A. POTT (2013): Bevölkerungsdynamik und Migration (darin: „Migration" und „Europäische Bevölkerungsstrukturen und Migrationsverhältnisse?"). In: GEBHARDT, H./GLASER, R./LENTZ, S. (Hg.) (2013): Europa – eine Geographie, Heidelberg: Springer Spektrum, S. 329-377
KING, R. (2011): Geography and migration studies: Retrospect and prospect. In: Population, Space and Place, Volume 18, Issue 2, S. 134-153
OLTMER, J. (2012): Globale Migration. Geschichte und Gegenwart. München: Beck
SAMERS, M. (2010): Migration. New York: Routledge

Abb. 7.01: Plakat im Fenster eines ehemaligen Kindergartens in der Großwohnsiedlung Hamburg-Mümmelmannsberg (Aufnahme de Lange, März 2008)

Bevölkerungen verändern sich kontinuierlich in ihrem Umfang, ihrem Altersaufbau, ihrer Reproduktionsdynamik, ihrer räumlichen Verteilung und ihrer sozialen Zusammensetzung nach verschiedenen sozial-strukturellen Merkmalen. Erst in der jüngeren Vergangenheit sind diese Transformationsprozesse wieder verstärkt ins öffentliche Bewusstsein getreten. Deutschland und andere Industrienationen sehen sich durch den demographischen Wandel, der auch als zweiter demographischer Übergang bezeichnet wird, gegenwärtig und in Zukunft in besonderer Weise herausgefordert. Der demographische Wandel bestimmt längst den gesellschaftlichen Diskurs. Die nicht mehr zu übersehenden Kennzeichen der demographischen Entwicklung werden mit den Schlagworten „weniger, älter, vereinzelter, bunter" beschrieben.

7.1 Modell des demographischen Übergangs

7.1.1 Entstehung und Kennzeichen des Modells

Das **Modell des demographischen Übergangs** bietet eine klassische Beschreibung und Erklärung demographischer Veränderungsprozesse. Es basiert auf empirischen Beobachtungen der Entwicklung der Geburtenhäufigkeit und Sterblichkeit in verschiedenen Ländern Europas vor dem Hintergrund sich wandelnder gesellschaftlicher Verhältnisse.

Das Modell des demographischen Übergangs beschreibt die Entwicklung von einem hohen zu einem niedrigen Bevölkerungsumsatz, also von hohen zu niedrigen Geburten- und Sterberaten (vgl. Abb. 7.02). Dieser demographische Veränderungsprozess wird häufig auch als Übergang von einer „traditionellen", agrarisch geprägten Gesellschaft mit niedrigem Industrialisierungs- und Urbanisierungsgrad hin zu einer „modernen", industriellen Gesellschaft bezeichnet.

Der Begriff des demographischen Übergangs (demographic transition) wurde Mitte der 1940er Jahre etwa zeitgleich von DAVIS (1945) und NOTESTEIN (1945, 1950) geprägt. Ausgangspunkt war die Suche nach Gemeinsamkeiten in der Abfolge demographischer Veränderungen, die sich in allen (europäischen) Ländern in ähnlicher Form beobachten lassen, und die Suche nach Erklärungsansätzen für diese Entwicklung.

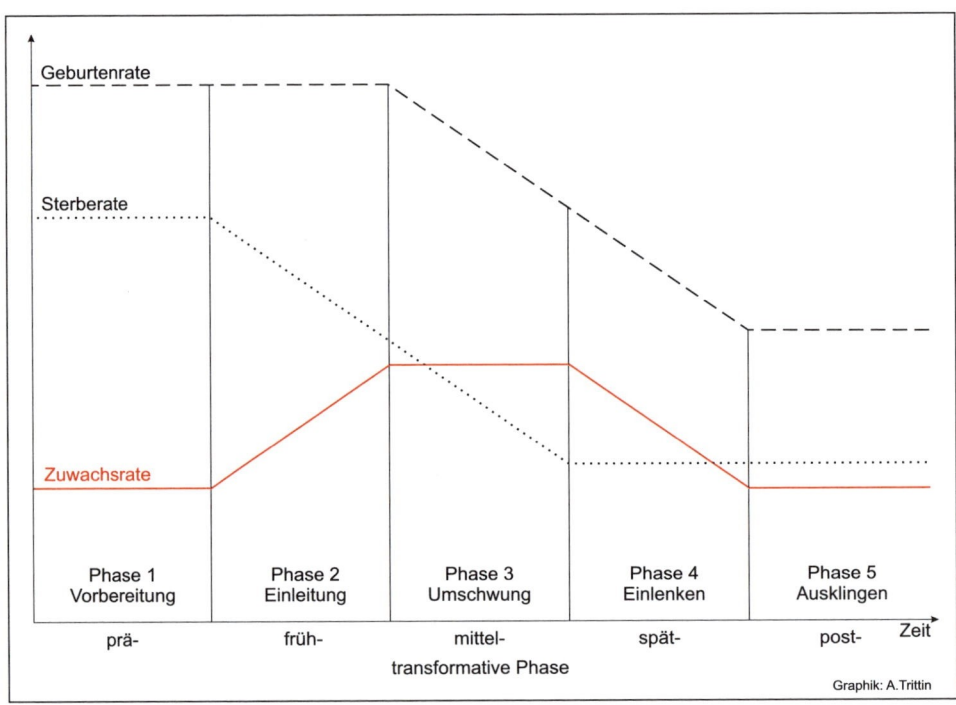

Abb. 7.02: Idealtypischer Verlauf des demographischen Übergangs

7.1.2 Phasengliederung

Idealtypisch wird der Verlauf des demographischen Übergangs heute in fünf Phasen dargestellt (vgl. Abb. 7.02).

1. **Prätransformative Phase (Phase der Vorbereitung)**: In der vorindustriellen Gesellschaft bestehen hohe Geburten- und Sterberaten. Besonders die Sterberaten weisen hohe Schwankungen auf. Sie liegen zum Teil sogar über den Geburtenraten. Die durchschnittliche Lebenserwartung ist gering. Insgesamt wächst die Bevölkerung nur sehr langsam.

2. **Frühtransformative Phase (Phase der Einleitung)**: Das Einsetzen gesellschaftlicher Modernisierungsprozesse führt zu einem (raschen) Absinken der Sterberate bei gleichzeitig steigender Lebenserwartung. Die Geburtenzahl bleibt zunächst weiterhin hoch und relativ konstant. Dadurch kommt es zu einem (starken) Anwachsen der Bevölkerungszahl. Ursächlich für das Absinken der Sterberate sind verbesserte hygienische und medizinische Verhältnisse, die zudem auch einen Anstieg der Geburtenrate zur Folge haben können (u.a. aufgrund einer geringeren Säuglingssterblichkeit und eines geringeren Sterberisikos der Mütter bei der Geburt ihrer Kinder sowie im Wochenbett). Entsprechend öffnet sich die Schere zwischen Sterbe- und Geburtenrate. Der hohe Geburtenüberschuss bewirkt also ein Anwachsen der Bevölkerungszahl.

3. **Mitteltransformative Phase (Phase des Umschwungs)**: Weitere Verbesserungen der Lebensbedingungen (z.B. medizinische und technische Fortschritte) lassen die Sterberate weiter absinken. Zudem setzt jetzt auch ein Rückgang der Fertilität ein, der sich auf Veränderungen im generativen Verhalten zurückführen lässt. Beide Entwicklungen bedingen eine Verlang-

samung des Bevölkerungswachstums. Der Abstand zwischen Sterbe- und Geburtenrate ist am größten. Insgesamt (Phasen 2 und 3) sinkt die Sterberate früher bzw. zeitlich schneller als die Geburtenziffer, denn während verbesserte Lebensbedingungen (z.B. durch technische und medizinische Fortschritte) einen direkten und sofortigen Einfluss auf die Sterblichkeit haben, ändert sich das generative Verhalten deutlich langsamer.

4. **Spättransformative Phase (Phase des Einlenkens)**: Während die Geburtenraten aufgrund einer inzwischen breit praktizierten Familien- bzw. Geburtenplanung weiterhin fallen, sinkt in der idealtypischen Darstellung die Sterblichkeit nicht mehr. Dadurch beginnt sich die Schere zwischen Geburten- und Sterberaten zu schließen. Das Bevölkerungswachstum stagniert.

5. **Posttransformative Phase (Phase des Ausklingens)**: Idealtypisch pendeln sich die Geburten- und Sterberaten in dieser Phase auf einem niedrigen Niveau ein und halten sich gegenseitig die Waage. Die Beobachtung demographischer Entwicklungen der letzten 30 Jahre in Europa und anderen entwickelten Weltregionen legt jedoch nahe, dass dieses Gleichgewicht nicht wirklich erreicht wird. So liegt die Geburtenrate in Deutschland wie auch in vielen anderen Industriestaaten niedriger als die Sterberate, weshalb die Bevölkerung schrumpft.

7.1.3 Unterschiede im Ablauf des demographischen Übergangs

Das Modell des demographischen Übergangs beschreibt die **idealtypische Entwicklung** von Geburten- und Sterberaten v.a. in europäischen Staaten. In der Realität weicht die Bevölkerungsentwicklung hinsichtlich Fertilität und Mortalität in vielen Industrieländern von diesem Verlauf ab, da verschiedene Faktoren, die Einfluss auf die Entwicklung von Geburten- und Sterberaten haben können (z.B. politische Entwicklungen, medizinisch-technische Fortschritte, zur Verfügung stehende Nahrungs- und finanzielle Ressourcen), von Land zu Land variieren.

Während die Abbildung 7.02 das Grundmodell des demographischen Übergangs zeigt, gibt die Abbildung 7.03 die tatsäch-

lichen Verlaufskurven von Geburten- und Sterberaten ausgewählter Länder schematisiert wieder. Herauszustellen ist, dass sich Geburten- und Sterberaten nicht linear entwickeln, sondern großen Schwankungen unterliegen können, die aber in der Abbildung aus Vereinfachungsgründen nicht aufgezeigt werden. So führten Seuchen und Epidemien wie z.B. mehrere Choleraepidemien in Europa um 1830, aber auch das sprunghafte Ansteigen der Geburten

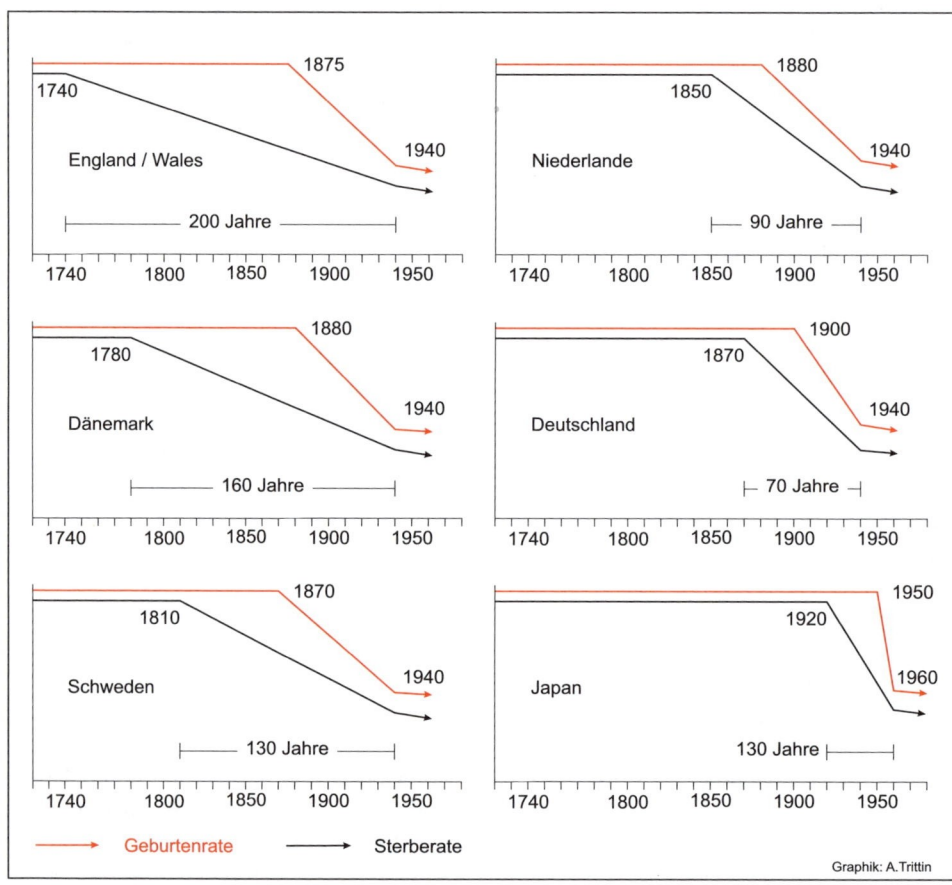

Abb. 7.03: Schematischer Verlauf des demographischen Übergangs in ausgewählten Ländern (Quelle: BÄHR 2010, Abb. 58)

nach einer Epidemie im 18. und 19. Jahrhundert zu erheblichen Schwankungen der Geburten- und Sterberaten. Abbildung 7.03 zeigt außerdem, dass der demographische Übergang in den dargestellten Ländern zu verschiedenen Zeitpunkten einsetzte und unterschiedlich lange dauerte. Allgemein lässt sich festhalten, dass die Transformation umso schneller verlief, je später sie einsetzte (England/Wales: ca. 200 Jahre; Deutschland: ca. 70 Jahre).

Länderspezifische Unterschiede hinsichtlich des demographischen Übergangs sollen hier am Beispiel von Japan und Deutschland erklärend aufgezeigt werden.

In Japan blieb die Bevölkerungszahl vom 18. Jahrhundert bis in die erste Hälfte des 19. Jahrhunderts relativ stabil. Der Meiji-Restauration in 1868 folgend begann sie parallel zur Entwicklung eines modernen Nationalstaates zu wachsen, was auf hohe Geburtenraten (CBR zwischen 1907 und 1929 schwankend um 35‰) und ständig sinkende Sterberaten zurückzuführen ist. Die Sterberate (CDR) sank von 25,8‰ im Jahre 1920 auf 6,0‰ im Jahre 1982, stieg allerdings aufgrund zunehmender Alterung der Bevölkerung wieder an und lag 2009 bei 9,0‰. Während die frühen Nachkriegsjahre noch hohe Geburtenraten aufwiesen (in Abb. 7.03 generalisiert), sackte sie ab etwa 1950 steil ab (CBR 1950 = 29,4‰, 1960: 17,4‰, 1970: 18,6‰, 1990: 10,0‰, 2009: 8,5‰; Ministry of International Affairs and Communication Japan 2013). Hintergrund für diese Entwicklung war die Durchsetzung des Modells der „Zwei-Kind-Familie" seit den 1950er Jahren. Die Beschränkung auf zwei Kinder pro Familie war dabei überwiegend ökonomisch induziert, konnte sich aber auch aufgrund einer liberalen Abtreibungsgesetzgebung durchsetzen. Ein ähnlich abrupter Geburtenabfall lässt sich in den westlichen Industrieländern erst seit den 1960er Jahren mit der Verfügbarkeit der Antibabypille beobachten (vgl. Schad-Seifert 2006, S. 11).

In Deutschland öffnete sich die Schere zwischen Geburten- und Sterberate um 1870: Einerseits nahm die Sterberate stetig ab. Andererseits blieb die Geburtenrate nach einem kurzzeitigen Anstieg in der Mitte der 1870er Jahre bis zur Jahrhundertwende auf einem relativ konstanten Niveau (in Abb. 7.03 schematisch dargestellt, zum tatsächlichen Verlauf vgl. Abb. 7.07). Ungefähr in den 1930er Jahren war der Übergang von hohen zu niedrigen Geburten- und Sterberaten abgeschlossen, wobei Auswirkungen der Weltwirtschaftskrise, die Bevölkerungspolitik des Dritten Reiches sowie v.a. der Zweite Weltkrieg eine exakte Datierung erschweren. Diese Ereignisse hatten einen starken Einfluss auf die Entwicklung von Fertilität und Mortalität. Die Veränderungen von Geburten- und Sterberaten sind in Deutschland in dieser Zeit daher nicht allein auf eine Änderung des generativen Verhaltens zurückzuführen.

7.1.4 Der demographische Übergang in globaler Perspektive

Bisher wurden die Geburten- und Sterberaten in ihrem zeitlichen Verlauf nur für einzelne Länder des globalen Nordens betrachtet und in entsprechenden Verlaufskurven dargestellt, um den demographischen Übergang in diesen Ländern zu veranschaulichen. Nachfolgend soll eine globale Perspektive eingenommen werden, um drei Fragen nachzugehen:
1. Lässt sich das an europäischen Beispielen entwickelte Modell verallgemeinern? Und wenn ja: Wie könnte ein globales Modell des demographischen Übergangs

aussehen, das von einer weltweiten Entwicklung von hohen zu niedrigen Geburten- und Sterberaten ausgeht?

2. Wie lassen sich die Großräume der Erde in dieses Modell einordnen?

3. Wie verändert sich der globale demographische Übergang im Zeitverlauf?

Ein globales Modell des demographischen Übergangs kann sich auf die empirisch belegbare Grundannahme stützen, dass weltweit eine Entwicklung von hohen zu niedrigen Geburten- und Sterberaten vonstattengeht (vgl. Kap. 5.2 u. 5.3). Darüber hinaus lassen sich weltweit weitere Regelhaftigkeiten beobachten, die die Modellierung des demographischen Übergangs in globaler Perspektive nahelegen.

Auf dieser Grundlage wurden in einem ersten Arbeitsschritt die realen Geburten- und Sterberaten, d.h. die senkrechten Linien, die die Geburtenüberschussziffer bedeuten, für die Großräume der Erde in ein Diagramm eingezeichnet (vgl. Abb. 7.04 u. 7.05). Die Abgrenzung der Regionen beruht dabei auf der verwendeten Datenquelle (vgl. POP. REFERENCE BUREAU, 1990 und 2012 World Population Data Sheet).

In einem zweiten Arbeitsschritt wurden graphisch Kurven konstruiert, die sich den Eintragungen der Geburten- und Sterberaten bestmöglich anpassten. Diese Ausgleichskurven sind in einem iterativen Prozess erstellt worden. Sie können als globales Modell interpretiert werden, das

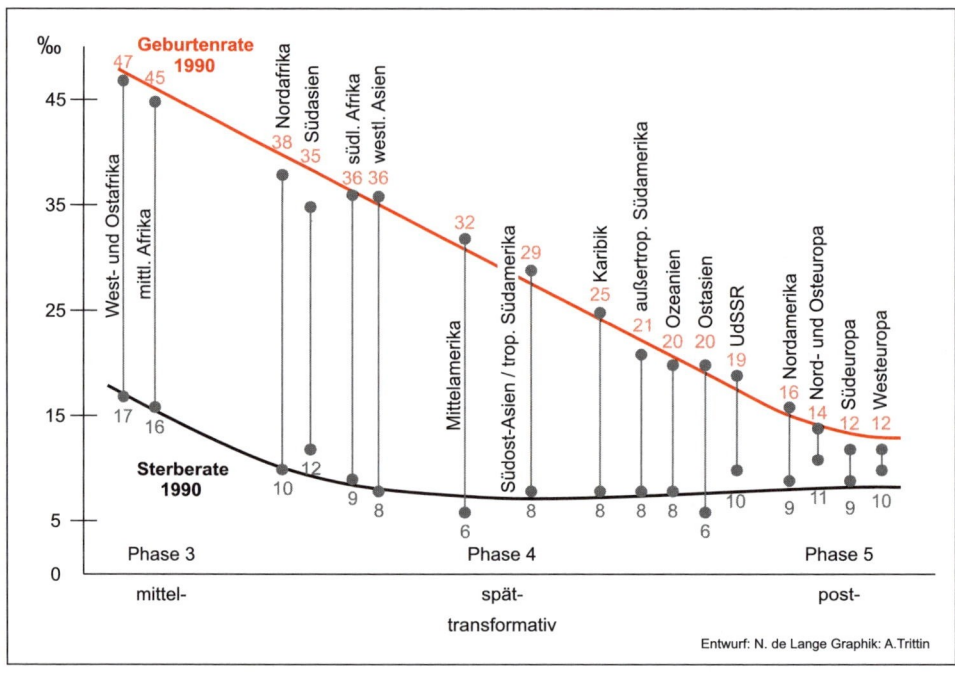

Abb. 7.04: Stand des demographischen Übergangs in verschiedenen Großräumen der Erde Ende der 1980er Jahre (Datenquelle: POP. REFERENCE BUREAU, 1990 World Population Data Sheet)

weltweit Geburten- und Sterberaten zu einem bestimmten Betrachtungszeitpunkt (d.h. nicht im Zeitverlauf) erfasst.

In einem dritten Arbeitsschritt konnten drei Phasen identifiziert werden, die dem klassischen Modell des demographischen Übergangs zu entsprechen scheinen: Phase 3 mit abnehmender Geburten- und Sterberate, Phase 4 mit abnehmender Geburtenrate bei schon konstanter Sterberate, Phase 5 mit niedrigen Geburten- und Sterberaten.

In das Diagramm wurden Grenzen der einzelnen Phasen bewusst nicht eingezeichnet, um deutlich zu machen, dass eine eindeutige Phasenabgrenzung bzw. -zuordnung nicht möglich ist, da es sich – wenn denn das Modell des demographischen Übergangs überhaupt weltweit anwendbar ist – um fließende Prozesse handelt. Auch die Lage der senkrechten Linien (=Geburtenüberschussziffern) ist nicht eindeutig festgelegt. Geringe Verschiebungen zu beiden Seiten sind möglich (vgl. die Einordnung des Großraums Südliches Afrika, der die Republik Südafrika, Botswana, Lesotho, Swasiland und Namibia umfasst).

Um 1990 ist ein fast linearer Abwärtstrend der Geburtenraten zu erkennen, einige Weltregionen befinden sich demnach bereits in der posttransformativen Phase. Die Sterberaten bewegten sich (global) schon früher als die Geburtenraten auf einem konstanten Niveau. Sie verzeichnen in einigen Weltregionen um 1990 bereits

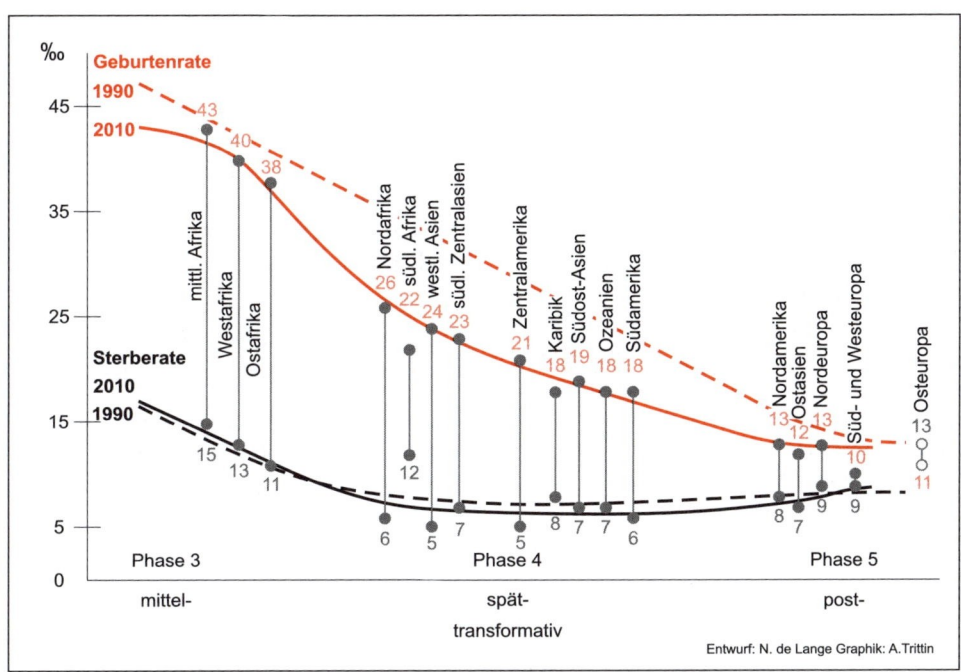

Abb. 7.05: Stand des demographischen Übergangs in verschiedenen Großräumen der Erde um 2010 (Datenquelle: Pop. Reference Bureau, 2012 World Population Data Sheet)

einen leichten Anstieg, der auf die Alterung der Bevölkerung in diesen Regionen und die damit einhergehende hohe natürliche Sterblichkeit zurückzuführen ist.

Die Darstellung für den Betrachtungszeitpunkt um 2010 zeigt Ähnlichkeiten, aber auch große Unterschiede. Wie zu erwarten, ist die Sterblichkeit weltweit in den 20 Jahren seit 1990 nur geringfügig zurückgegangen. Deutlicher als um 1990 zeigt sich 2010 ein Anstieg der Mortalität zwischen der vierten und der fünften Phase. Die Alterung der Bevölkerung in den Industrieländern und die dadurch bedingte höhere Sterberate erklären wie im Diagramm für das Jahr 1990 das leichte Ansteigen der Verlaufskurven.

Die globale Kurve der Geburtenrate fällt 2010 nicht mehr wie um 1990 linear ab. Stattdessen zeigt sie eine deutliche Delle zwischen der dritten und vierten Phase. Dies ist auf den wirksamen Einsatz von Maßnahmen zur Geburtenbeschränkung, d.h. zur gezielten Geburten- und Familienplanung, zurückzuführen. Die Ausbreitung und Verwendung von Verhütungsmitteln erfolgte aber nicht überall gleichermaßen, in einigen Regionen ist die Geburtenrate in einem deutlich stärkeren Ausmaß gesunken als in anderen Regionen. Die Region Ostasien, in der hier China, Japan, Nord- und Südkorea, die Mongolei und Taiwan zusammengefasst sind, hat in den zwanzig Jahren seit etwa 1990 die größte Transformation erlebt. Die Geburtenrate ist dramatisch gesunken, die Sterberate ist sogar leicht gestiegen (in der Region Ostasien Ende der 1980er Jahre: CBR = 20‰ und CDR = 6‰, und um 2010: CBR = 12‰ und CDR = 7‰; in China Ende der 1980er Jahre: CBR = 21‰ und CDR = 7‰, und um 2010: CBR = 12‰ und CDR = 7‰ (Datenquellen: POP. REFERENCE BUREAU, 1990 u. 2012 World Population Data Sheet)

Anhand der Geburten- und Sterberaten einzelner Großräume der Erde um 1990 und 2010 wurde für die beiden Betrachtungszeitpunkte auf empirischer Basis ein globales Modell des demographischen Übergangs entwickelt, das den weltweiten Trend von hohen zu niedrigen Geburten- und Sterberaten zeigt. Die Darstellungen dienen der Beschreibung und Klassifikation sowie dem Vergleich der demographischen Entwicklung in globaler Perspektive. Herauszustellen ist, dass aus dem Modell für den Zeitschnitt um 1990 nicht die Darstellung für den Zeitschnitt um 2010 hätte abgeleitet werden können. So wäre zu erwarten gewesen, dass sich lediglich die Lage der einzelnen Weltregionen, d.h. die senkrechten Striche (Geburtenüberschussziffern), verschieben würde. Das starke Absinken der Geburtenrate, d.h. das Ausmaß der Verringerung, war nicht abzusehen. Ob daraus allerdings in weltweiter Perspektive geschlossen werden darf, dass wirklich die demographischen Transformationsprozesse *aller* Länder – mit länderspezifischen Variationen (s. Kap. 7.1.3) – dem Modell des demographischen Übergangs folgen, wird freilich erst die Zukunft erweisen.

7.1.5 Bewertung des Modells des demographischen Übergangs

Das Modell des demographischen Übergangs besitzt wenigstens vier mögliche **Anwendungsbereiche** (vgl. BÄHR 2010, S. 209 u. WOODS 1979, S. 9). So wird es zur Beschreibung, Klassifikation, Erklärung und Prognose der Bevölkerungsentwicklung eines Landes herangezogen. Die ersten beiden dieser Funktionen sind unumstritten. Das Modell leistet eine idealtypische Beschreibung der zeitlichen Veränderung von Fertilität und Mortalität, die insbesondere für die westlichen Industrieländer gilt. Ferner gestattet es, verschiedene Länder nach dem Stand ihrer demographischen Entwicklung zu klassifizieren (vgl. Abb. 7.04 u. 7.05).

Hingegen ist der Wert des Modells für die Erklärung der Veränderungen und zur Prognose zukünftiger Bevölkerungsentwicklungen fraglich. Der Kern der Kritik an dieser Anwendung setzt daran an, dass das Modell beobachtete Einzelmerkmale europäischer Bevölkerungen abstrahiert und Entwicklungstrends idealtypisch zusammenfasst. Selbst für die europäischen Länder wird die demographische Entwicklung in ihrem jeweiligen historischen Verlauf nur stark vereinfacht dargestellt.

Daneben muss betont werden, dass die Mechanismen, die zum Übergang führen, nicht hinreichend geklärt sind. Mit Blick auf die Veränderung der Geburtenzahl ist beispielsweise eine Fülle von Faktoren denkbar, die oft unter dem Stichwort Modernisierung zusammengefasst werden. Dazu zählen der „Verlust traditioneller Verwandtschaftsbindungen, steigende Beschäftigungs- und Einkommenschancen, Karrieredenken und leichter Zugang zu Geburtenkontrollwissen und seiner Anwendung, dichte ärztliche Versorgung, hohe Bildungschancen und Bereitschaft zur Mobilität" (SCHMID 1984, S. 80) ebenso wie neue Produktions-, Arbeits- und Lebensweisen.

Entscheidend für den geringen Prognosewert des Modells ist auch, dass die zeitliche Dauer einzelner Teilprozesse nicht genau bestimmt werden kann. Nicht hinlänglich geklärt ist darüber hinaus, zu welchem Zeitpunkt Trendänderungen der Geburten- und Sterberaten einsetzen. Richtungsänderungen der Sterberate sind dabei noch relativ leicht zu prognostizieren. Medizinische, hygienische und ernährungstechnische Fortschritte führen beinahe zwangsläufig zur Verringerung der Morta-

lität, die aber – naturgemäß – nicht stetig weiter fallen kann, sondern letztlich ein relativ konstantes Niveau erreicht.

7.2 Der zweite demographische Übergang: der demographische Wandel

Seit dem Ende des Zweiten Weltkriegs ist in den westlichen Industrieländern ein Absinken der Geburtenraten unter das Bestandserhaltungsniveau (von durchschnittlich 2,1 Kindern je Frau) zu beobachten. Dieses geht mit einer Pluralisierung von Lebensstilen sowie einer fortschreitenden Individualisierung einher. Darüber hinaus steigt die Lebenserwartung, und der Anteil älterer Menschen an der Gesamtbevölkerung nimmt zu. Diese Entwicklung wird als **zweiter demographischer Übergang** bezeichnet. Das Konzept dazu wurde seit den 1980er Jahren von den beiden Demographen VAN DE KAA (1987) und LESTHAEGHE (1992, 2010) entwickelt. Beide sind der Ansicht, dass das Absinken der Geburtenraten in Europa unter das Bestandserhaltungsniveau (vgl. Abb. 5.03 u. 5.04) ohne den Blick auf den Wandel von Ehe und Familie nicht zu verstehen ist. Für den zweiten demographischen Übergang postulierte VAN DE KAA (1987, S. 11) daher vier einzelne Übergänge:

- den Übergang von der Ehe zum unverheirateten Zusammenleben,
- den Übergang vom Kind zum Paar als Mittelpunkt der Familie,
- den Übergang von präventiver Verhütung zu einem selbstverwirklichenden Lebenskonzept,
- den Übergang von einheitlichen zu pluralistischen Familien und Haushaltsformen.

VAN DE KAA beschrieb den zweiten demographischen Übergang zunächst als europäisches Phänomen. Später ging er dazu über, ihn als universelles Phänomen zu betrachten. Seiner Meinung nach folgt der zweite demographische Übergang dem ersten demographischen Übergang mit zeitlicher Verzögerung. Er tritt ein, sobald mit der ökonomischen Entwicklung eines Landes ein entsprechender Wertewandel von materialistischen zu postmaterialistischen und individualistischen Werten einsetzt. Die Tabelle 7.01 fasst die Merkmale des ersten und zweiten demographischen Übergangs im Vergleich zusammen.

Tab. 7.01: Erster und zweiter demographischer Übergang im Vergleich
(Quelle: GANS 2011, S. 107)

Erster demographischer Übergang	Zweiter demographischer Übergang
Merkmale bezogen auf die Ehe	
• steigende Heiratsrate, sinkendes Erstheiratsalter • geringe Bedeutung nicht ehelicher Lebensgemeinschaften • niedrige Scheidungsrate • hohe Wiederverheiratungsrate	• sinkende Heiratsrate, steigendes Erstheiratsalter • wachsende Bedeutung nicht ehelicher Lebensgemeinschaften vor und nach einer Heirat • steigende Scheidungsrate; Scheidungen kurz nach der Heirat • rückläufige Wiederverheiratungsquote sowohl nach Scheidung als auch nach Witwenstand
Merkmale bezogen auf die Fruchtbarkeit	
• Fruchtbarkeitsrückgang aufgrund weniger Geburten in höherem Alter, sinkendes Durchschnittsalter bei der ersten Elternschaft • keine sicheren Kontrazeptiva • Rückgang der außerehelichen Geburten • vernachlässigbare Kinderlosigkeit von verheirateten Paaren	• weiterer Fruchtbarkeitsrückgang aufgrund des Verschiebens von Geburten in ein höheres Alter • effiziente Kontrazeptiva • Anstieg der außerehelichen Geburten bei nicht ehelichen Partnerschaften • deutliche Zunahme der Kinderlosigkeit von Paaren
Merkmale der Gesellschaft	
• Normen zugunsten materialistischer Werte (z.B. Einkommen, Wohnbedingungen, Gesundheit) • Intensive soziale Kohäsion, Mitgliedschaft in Parteien und sozialen Netzwerken • klare geschlechtsspezifische Rollenverteilungen im gesellschaftlichen wie familiären Leben • Festlegung des Lebenslaufes durch Heirat	• Werte zugunsten Selbstverwirklichung und Autonomie • Individualismus, Rückzug aus sozialen Netzwerken • Rückzug des Staates aus dem alltäglichen Leben; zweite Säkularisierungswelle, sexuelle Revolution, Emanzipation • Lebenslauf wenig vorbestimmt, Offenhalten von Handlungsoptionen

Die Auflösung religiöser Bindungen, das Aufbrechen traditioneller Geschlechterrollen, die zunehmende Berufstätigkeit von Frauen, aber auch lange Ausbildungszeiten und ein dadurch verspäteter Eintritt ins Erwerbsleben sind **zentrale Gründe für den Funktionswandel von Ehe und Familie** (vgl. Kap. 4.3.2). Zugleich steigt die Lebenserwartung aufgrund medizinisch-technischer Fortschritte, veränderter Ernährungsgewohnheiten, eines wachsenden Gesundheitsbewusstseins sowie der Abnahme (körperlich) belastender Arbeitsbedingungen. In vielen Ländern – wie beispielsweise in Deutschland – geht der zweite demographische Übergang außer-

dem mit einer durch Migrationsprozesse hervorgerufenen „ethnischen" Pluralisierung und Internationalisierung der Bevölkerung einher.

Die skizzierten Merkmale des demographischen Wandels zeigt Abbildung 7.06. In einem qualitativen Kausalmodell ordnet sie den verschiedenen Dimensionen des demographischen Wandels, d.h. der „Individualisierung", „Alterung", Schrumpfung" und „Internationalisierung", Ursachen zu. Zu erkennen sind verstärkende Faktoren (z.B.: steigende Lebenserwartung führt zur Alterung der Bevölkerung) und auch abschwächende Faktoren (z.B.: Außenwanderungsgewinne reduzieren die

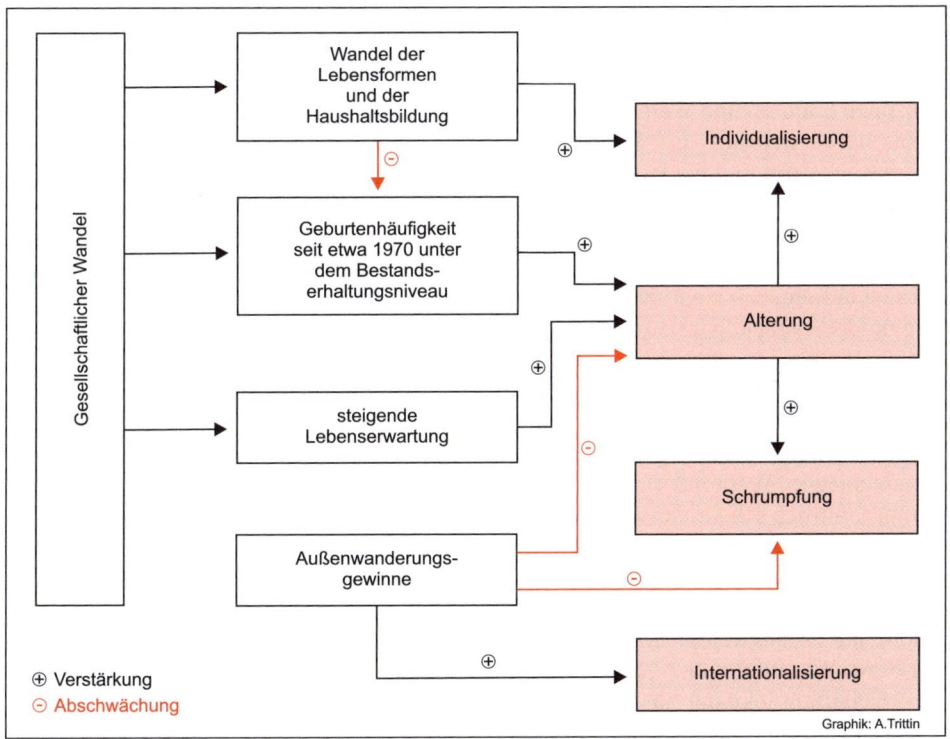

Abb. 7.06: Ursachen und Dimensionen des demographischen Wandels (Quelle: Laux 2012, S. 39)

Schrumpfung). Die verschiedenen Dimensionen des demographischen Wandels werden in Kapitel 7.4 am Beispiel Deutschlands näher erläutert.

7.3 Der demographische Wandel in globaler Perspektive

Hinsichtlich des zweiten demographischen Übergangs weisen die Länder Europas, aber auch Industrienationen und entwickelte Regionen außerhalb Europas – wie Japan, Südkorea oder Hongkong –, unterschiedliche Ausprägungen auf. Gemeinsam sind ihnen jedoch veränderte grundlegende Verhaltensmuster wie das Hinauszögern der Geburt des ersten Kindes, sinkende Geburtenraten, eine wachsende Kinderlosigkeit und ein Rückgang der Eheschließungen (GANS 2011, S. 116).

Der demographische Wandel, der sich in einzelnen Ländern und Weltregionen vollzieht, wirkt sich auf das **Weltbevölkerungswachstum** und die **räumliche Verteilung der Weltbevölkerung** aus. So hat sich das Weltbevölkerungswachstum in den letzten Jahren deutlich verlangsamt. Dies ist auf eine sinkende Kinderzahl seit Beginn der 1970er Jahre zurückzuführen. Hatten Frauen im weltweiten Durschnitt 1960 noch 6 Kinder, so sind es heute nur noch 2,5 Kinder je Frau. Wie bereits angedeutet, bestehen jedoch große regionale Unterschiede: Während Europäerinnen durchschnittlich 1,6 Kinder zur Welt bringen, gebären Afrikanerinnen derzeit etwa 4,7 Kinder. Experten nehmen an, dass die Kinderzahl auch in den Ländern des globalen Südens langfristig sinken wird (vgl. STIFTUNG WELTBEVÖLKERUNG 2011, S. 2). Der Geburtenrückgang in den ärmeren Ländern verläuft aber langsamer als in der Vergangenheit angenommen. Dies hängt auch damit zusammen, dass Formen ge-

zielter Familienplanung (traditionelle und moderne Verhütungsmethoden) regional sehr unterschiedlich verbreitet sind (vgl. Abb. 5.05).

Der größte Teil der Menschheit (ca. 4,260 Milliarden von 7,058 Milliarden Menschen) lebt heute in Asien (POP. REFERENCE BUREAU, 2012 World Population Data Sheet). Dies wird auch in Zukunft so sein. Bis 2050 wird diese bevölkerungsreichste Region der Erde um weitere 935 Millionen Menschen zunehmen. Es ist davon auszugehen, dass China im Jahr 2021 seinen Status als bevölkerungsreichstes Land der Erde an Indien verlieren wird (vgl. STIFTUNG WELTBEVÖLKERUNG 2011, S. 3). Eine der Hauptursachen für diese Entwicklung ist die in China praktizierte Ein-Kind-Politik, die als bevölkerungsplanerische Maßnahme massiv Einfluss auf die Bevölkerungsentwicklung des Landes nimmt. Eine solche staatlich gelenkte Bevölkerungs- und Geburtenkontrollpolitik wird in Indien nicht betrieben. So soll Prognosen der Vereinten Nationen zufolge die Bevölkerung Chinas ab ca. 2025 nicht mehr wachsen und ab 2050 sogar rapide sinken, während Indiens Bevölkerung noch etwa bis 2055 wachsen und erst im Anschluss in eine Stagnationsphase eintreten wird (vgl. UN DESA 2011).

Noch stärker als die Bevölkerung Asiens wird die Bevölkerung des afrikanischen Kontinents wachsen. Leben heute etwas mehr als eine Milliarde Menschen in Afrika, so könnten es 2050 bereits 2,2 Milliarden Menschen sein. Afrika wird dann 23,6% der Weltbevölkerung stellen (heute: 14,9%). Gegenüber diesen Wachstumsregionen wird die Bevölkerung Europas bis 2050 abnehmen. Der europäische Anteil an der Weltbevölkerung wird von aktuell 10,6% auf 7,7% im Jahr 2050

China – Bevölkerungspolitik und ihre Auswirkungen auf die demographische Entwicklung

Chinas Bevölkerung altert so schnell wie nie zuvor. Diese Entwicklung geht auch auf die seit Ende der 1970er Jahre praktizierte Ein-Kind-Politik und den damit verbundenen Rückgang der Geburtenrate zurück. Hatte jedes chinesische Ehepaar in den 1970er Jahren noch durchschnittlich 5,8 Kinder, so sind es heute nur noch 1,8 Kinder (Bundesministerium für Bildung und Forschung 2008). Entsprechend stehen den geburtenstarken Jahrgängen aus der Zeit vor der Einführung der Familienplanungspolitik deutlich kleinere jüngere Jahrgänge gegenüber. Es wird angenommen, dass sich der Anteil der über 65-Jährigen im Jahr 2050 auf 24% der Gesamtbevölkerung belaufen wird. Das Medianalter wird zwischen 2010 und 2050 von 34,2 auf 45,2 Jahre steigen (KRETH/ RATAZZI-FÖRSTER 2011, S. 3). Neben diesen signifikanten Veränderungen im Altersaufbau der chinesischen Bevölkerung hat die Ein-Kind-Politik auch zu einem deutlichen Ungleichgewicht im Hinblick auf die Geschlechterzusammensetzung der Bevölkerung geführt. In der chinesischen Gesellschaft gelten männliche Nachkommen als Garanten für die Altersversorgung. Da bei einem Verstoß gegen die Ein-Kind-Regel hohe Strafen drohen, kommt es häufig zur selektiven Abtreibung weiblicher Föten. Betrug das Verhältnis von weiblichen zu männlichen Neugeborenen im Jahr 1982 100 zu 108, so liegt es heute bei 100 zu 119. In einigen Regionen wie der Provinz Hainan ist der Männerüberschuss noch deutlicher ausgeprägt. Hier kommen 100 weibliche Neugeborene auf 136 Jungengeburten (Bundesministerium für Bildung und Forschung 2008). Schon im Jahr 2020 könnte es in China 24 Millionen Männer geben, die, statistisch gesehen, in China keine Frau finden (SIEREN 2010).

sinken (vgl. STIFTUNG WELTBEVÖLKERUNG 2011, S. 3). Festzuhalten bleibt also, dass eine Kluft (**demographic divide**) zwischen den einzelnen Staaten und Regionen der Erde besteht. Während einige, insbesondere ärmere Staaten weiterhin eine junge Altersstruktur und eine überdurchschnittliche Bevölkerungszunahme aufweisen, sehen sich v.a. die Industrieländer mit der Alterung und dem Rückgang ihrer Bevölkerungen konfrontiert.

Einen Erklärungsansatz für den Rückgang der Fruchtbarkeit in den Industrieländern bietet die so genannte **Wealth-Flow-Theorie** von CALDWELL (1982). Diese besagt, dass im Gegensatz zu früheren Zeiten die ökonomische Bedeutung von Kindern (für die Versorgung der Familie) abgenommen hat. Kinder dienen nicht mehr der sozialen Absicherung (der Elterngeneration) und als billige Arbeitskräfte (wie dies heute noch in manchen Gesellschaften der Fall ist). Stattdessen bedeuten sie hohe finanzielle Aufwendungen, da Eltern sich z.B. eine gute (und das heißt dann auch oft kostspielige) Ausbildung für ihre Kinder wünschen. Dies ist aber nur bei einer Reduzierung der Kinderzahl möglich. Dem Theorieansatz entsprechend fließen Reichtum und Ressourcen in modernen Familienstrukturen also nicht von den Kindern zu den Eltern, sondern in umgekehrter Richtung. Im Zusammenspiel mit dem sozialen Wandel kommt es daher zu einem signifikanten Fruchtbarkeitsrückgang.

7.4 Der demographische Wandel am Beispiel Deutschlands

In Deutschland vollzieht sich der demographische Wandel seit mehr als 100 Jahren. Veranschaulicht wird dieser Prozess durch die Bevölkerungspyramide, die sich von einer Dreiecks- zu einer Urnenform wandelt (vgl. Abb. 4.06). Allerdings lässt sich der demographische Wandel nicht auf die Abnahme der Geburten reduzieren. Er stellt sich weit vielschichtiger dar (vgl. Kap. 7.2) und geht mit tiefgreifenden gesellschaftlichen Veränderungen einher. Die Auswirkungen des demographischen Wandels auf die Bevölkerung Deutschlands können mit den Schlagworten „**weniger, älter, vereinzelter und bunter (bzw. internationaler)**" zusammengefasst werden.

7.4.1 Die negative natürliche Bevölkerungsbewegung in Deutschland seit 1840: „Wir werden weniger"

Der erste demographische Übergang erfolgte um 1900 (vgl. Abb. 7.07). Er war durch einen Rückgang der Geburten- und Sterberaten gekennzeichnet. Gebar eine Frau 1880 im Schnitt noch 4,7 Kinder, so fiel diese Zahl bis 1930 auf 1,96 (vgl. DOBRITZ 2008, S. 23). Geburteneinbrüche erfolgten auch während der Weltkriege und in Zeiten von Wirtschaftskrisen.

Nach dem Zweiten Weltkrieg, im so genannten **Golden Age of Marriage**, stieg die durchschnittliche Kinderzahl pro Frau in Westdeutschland auf 2,51 und im Osten des Landes auf 2,48 an (vgl. DOBRITZ 2008, S. 23). Dieses Geburtenhoch hielt bis Mitte der 1960er Jahre an. Die in diesen Jahren geborenen Jahrgänge werden auch

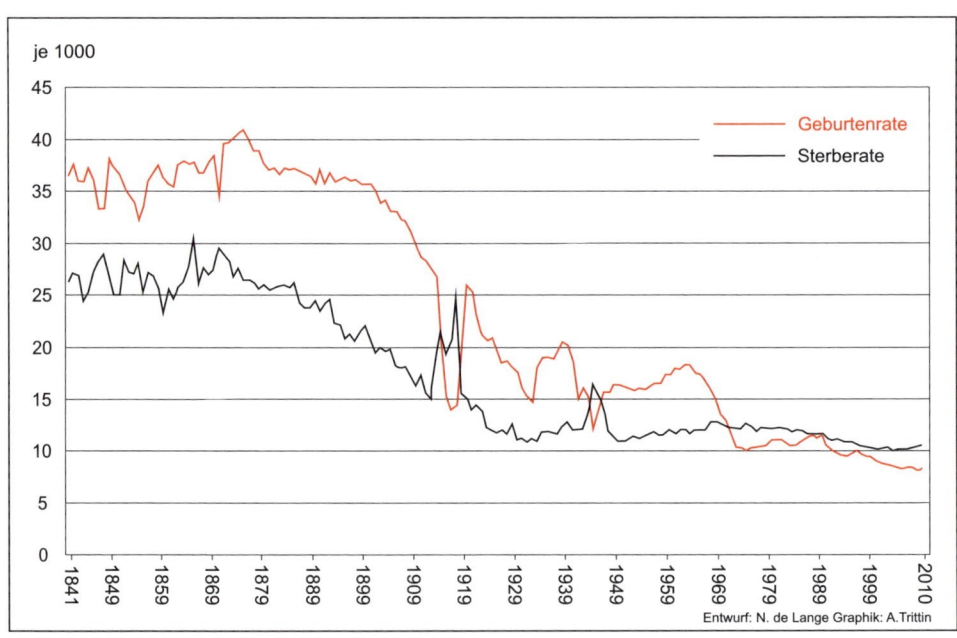

Abb. 7.07: Lebendgeborene und Gestorbene je 1000 Einwohner in Deutschland 1841 bis 2010 (nach: STAT. BUNDESAMT 2012A, S. 12)

als „Baby-Boomer" bezeichnet. Anschließend sank die Geburtenzahl („Pillenknick") und pendelte sich ab 1975 in Westdeutschland auf einem niedrigen Niveau ein. Durch diese Entwicklung entstand im Altersaufbau der Bevölkerung eine so genannte **demographische Delle**: Auf rund 15 geburtenstarke Jahrgänge folgen zahlenmäßig immer schwächere Jahrgänge. Die Elterngeneration wird also nicht vollständig durch eine nachrückende Kindergeneration ersetzt.

In Ostdeutschland stieg die Geburtenhäufigkeit aufgrund der **pronatalistischen Politik der DDR** bis Anfang der 1980er Jahre im Vergleich zu den westdeutschen Bundesländern noch einmal leicht an. Ab Mitte der 1980er Jahre war aber auch hier ein Geburtenrückgang zu verzeichnen (vgl.

STAT. BUNDESAMT 2012D, S. 7). Im Zuge der Wiedervereinigung brachen die Geburtenzahlen in den ostdeutschen Bundesländern dramatisch ein. 1994 erreichten sie mit einer zusammengefassten Geburtenziffer von 0,77 einen historischen Tiefstand („demographic shock"). Im Anschluss daran nahm die Geburtenzahl wieder zu. 2010 brachten Frauen in den neuen Ländern mit durchschnittlich 1,46 Kindern je Frau mehr Kinder zur Welt als Frauen im früheren Bundesgebiet mit 1,39 Kindern je Frau (vgl. STAT. BUNDESAMT 2012D, S. 18).

Insgesamt liegen die Geburtenzahlen in Deutschland deutlich unter dem Bestandserhaltungsniveau. Das Absinken der Geburtenzahlen weit unter das Reproduktionsniveau ist eine zentrale Ursache für das Schrumpfen der Bevölkerung Deutschlands.

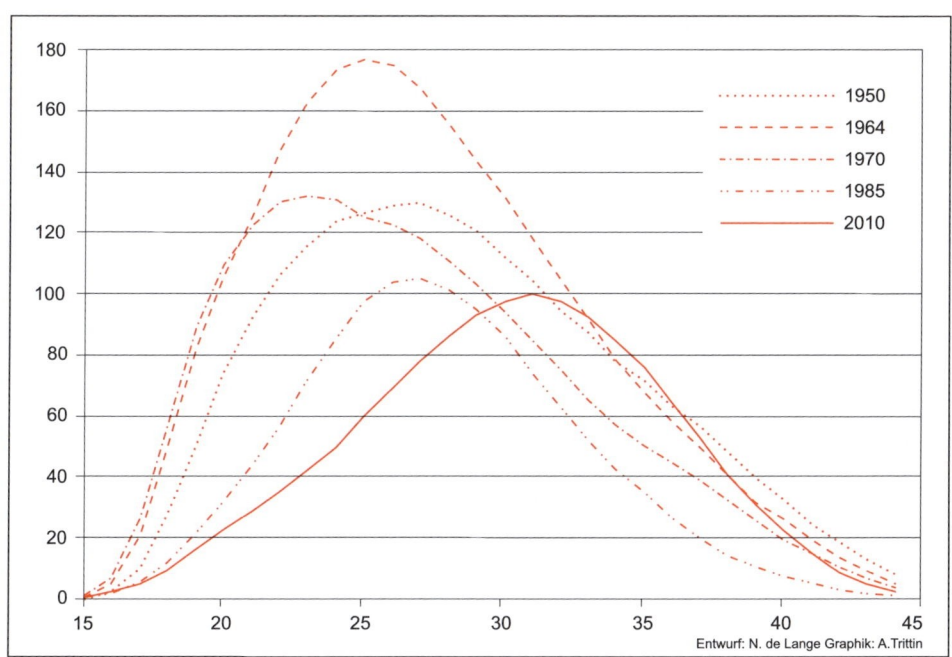

Entwurf: N. de Lange Graphik: A.Trittin

Abb. 7.08: Altersspezifische Fruchtbarkeitsraten in Deutschland seit 1950 (Datenquelle: STAT. BUNDESAMT, Stat. Jahrbuch 1987, Tab. 3.26; 2007, Tab. 2.25; 2012, Tab. 2.2.3)

Für das niedrige Niveau der Geburtenzahlen in Deutschland lassen sich verschiedene Gründe anführen (vgl. auch Kap. 5.2.4). So hängt das Absinken der Geburtenzahl beispielsweise mit dem Anstieg des durchschnittlichen Gebäralters zusammen, also mit dem Alter der Mütter bei der Geburt ihres ersten Kindes. Denn: Je später eine Frau ihr erstes Kind bekommt, desto kürzer wird die Lebensphase, in der es biologisch möglich ist, weitere Kinder zur Welt zu bringen. Entsprechend kann ein Aufschieben der Geburt des ersten Kindes auf ein höheres Lebensalter zur Abnahme der Gesamtkinderzahl beitragen. Im Jahr 2010 waren Mütter in Westdeutschland bei der Geburt ihres ersten Kindes durchschnittlich 29,2 Jahre alt

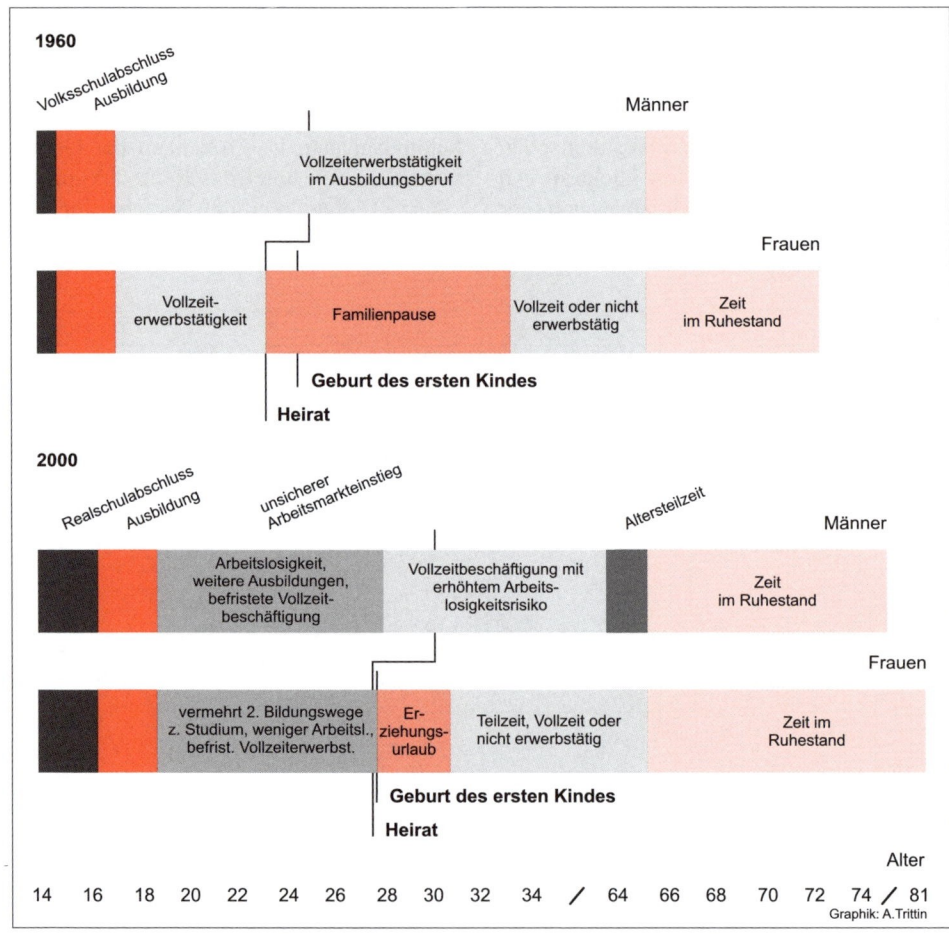

Abb. 7.09: Durchschnittliche Lebensläufe von Männern und Frauen 1960 und 2000 (Quelle: GANS/LEIBERT 2007, S. 10 nach BUNDESMINISTERIUM FÜR FAMILIE, SENIOREN, FRAUEN UND JUGEND 2006, S. 360, graphisch verändert)

und damit 5 Jahre älter als in den 1960er Jahren. In den ostdeutschen Bundesländern stieg das Gebäralter beim ersten Kind in den letzten 21 Jahren von 22,9 auf 27,4 Jahre an (vgl. STAT. BUNDESAMT 2012D, S. 11).

Abbildung 7.08 zeigt die altersspezifischen Fruchtbarkeitsraten in Deutschland seit 1950. Deutlich wird zum einen, dass sich die Fruchtbarkeitsraten insgesamt verringert haben, was in der Abbildung durch ein Abflachen der Kurven angezeigt wird. Zum anderen zeigt die Abbildung die bereits beschriebene Verschiebung der Geburten in ein höheres Lebensalter der Mütter. Während 1964, also zur Zeit des Baby-Booms, die höchsten Fruchtbarkeitsraten bei Frauen um das 25. Lebensjahr registriert wurden, waren es im Jahr 2010 Frauen um das 31. Lebensjahr, die die höchsten altersspezifischen Fruchtbarkeitsraten aufwiesen.

Das Hinauszögern der Geburt des ersten Kindes geht auf **veränderte Lebensentwürfe** bzw. **Lebenszyklen** zurück (vgl. Kap. 4.3.2). Diese werden exemplarisch in Abbildung 7.09 dargestellt.

In den 1960er Jahren herrschte in Deutschland noch das klassische Familienmodell eines verheirateten Paares mit Kindern vor (vgl. Abb. 4.12). Die Arbeitsteilung zwischen den Ehepartnern war häufig nach festen, traditionellen und geschlechtsbezogenen Rollenbildern geregelt. Der Ehemann war in diesem Modell der Haupternährer der Familie, während sich das Wirken der Frau auf den häuslichen Bereich und ihre Rolle als Ehefrau und Mutter beschränkte. Diese arbeitsteilige Familienstruktur brach ab Mitte der 1960er Jahre auf. Hintergrund für diese Entwicklung war zum einen eine zunehmende Erwerbsunsicherheit, Familien waren zunehmend auf ein zweites Gehalt angewiesen. Zum anderen erzielten immer mehr Frauen höhere Bildungsabschlüsse,

wodurch sich ihre Beschäftigungschancen deutlich verbesserten. Gleichzeitig setzten sich postmaterialistische Wertvorstellungen und Verhaltensweisen durch, die von familienzentrierten Orientierungen abrückten und stattdessen die Autonomie der Individuen in den Vordergrund rückten. Nicht-eheliche Partnerschaften wurden zunehmend gesellschaftlich akzeptiert. Die Gründung einer Familie ist heute kein selbstverständlicher Teil des Lebensentwurfs von Männern und Frauen mehr. Dies wirkt sich auch auf die Geburtenzahlen aus (zu Veränderungen der Lebensformen vgl. BUNDESMINISTERIUM FÜR FAMILIE, SENIOREN, FRAUEN UND JUGEND 2006, S. 17, LESTHAEGHE/NEELS 2002, S. 331, GANS/LEIBERT 2007, S. 8; vgl. auch Kap. 4.3.1 u. 4.3.2).

Abbildung 7.09 macht deutlich, dass v.a. längere Ausbildungszeiten und damit die Verschiebung des Berufseinstiegs und der wirtschaftlichen Unabhängigkeit in ein höheres Lebensalter sowohl bei Männern als auch bei Frauen dafür gesorgt haben, dass sich auch die Geburt des ersten Kindes in ein höheres Lebensalter verschoben hat. Immer mehr Männer und Frauen in Deutschland entscheiden sich außerdem vollständig gegen eine Familiengründung und Kinder. Man spricht in diesem Zusammenhang auch von **freiwilliger Kinderlosigkeit**.

Die sinkende Gesamtkinderzahl, die mit der totalen Fruchtbarkeitsrate (TFR, vgl. Kap. 5.2.1) gemessen wird, liegt also nicht hauptsächlich darin begründet, dass mehr Frauen nur ein einziges Kind zur Welt bringen, sich also gegen die Geburt eines weiteren oder mehrerer weiterer Kinder entscheiden. Vielmehr bekommen immer weniger Frauen überhaupt ein Kind. Die durchschnittliche Zahl der Kinder, die eine Frau zur Welt bringt, wenn sie und ihr Partner sich für Kinder entscheiden, liegt dagegen seit drei Jahrzehnten kontinuierlich bei etwa zwei Kindern (vgl. STAT. BUNDES-AMT 2012D, S. 26).

Die Ursachen für die zunehmende freiwillige Kinderlosigkeit sind vielfältig. Dazu zählen längere Ausbildungszeiten und unsichere berufliche Perspektiven, der Wunsch, Karriere zu machen und sich selbst zu verwirklichen, aber auch veränderte Rollenbilder und Lebensmodelle, die die Gründung einer Familie nicht mehr als zwangsläufigen oder selbstverständlichen Teil der eigenen Biographie verstehen. Frauen sind heute aufgrund ihrer Berufstätigkeit, die sie im Gegensatz zu ihren Müttern oder Großmüttern auch nach der Geburt von Kindern weiter verfolgen, ökonomisch unabhängig. Sie sind auf die Gründung einer Familie zur wirtschaftlichen Absicherung nicht mehr angewiesen und entscheiden selbst darüber, ob sie sich (ehelich) binden und/oder Kinder bekommen wollen.

Die Entscheidung für oder gegen Nachwuchs ist (zumindest in Westdeutschland) auch vom Bildungsstand abhängig. So bleiben besonders Akademikerinnen häufig kinderlos. 2008 war in Deutschland jede vierte Frau im Alter von 40 bis 49 Jahren mit hohem Bildungsstand kinderlos (25%), während in der Gruppe der gleichaltrigen Frauen mit mittlerem Bildungsstand 18% und in der Gruppe der Frauen mit niedrigem Bildungsstand nur 15% keine Kinder hatten (vgl. STAT. BUNDESAMT 2012D, S. 33). Da immer mehr Frauen in Deutschland einen hohen Bildungsabschluss erwerben, gilt ihnen in Bezug auf die Betrachtung der Geburtenentwicklung ein besonderes Interesse. Die Gründe für die verbreitete Kinderlosigkeit unter Akademikerinnen sind sicher vielfältig, besonders häufig wird aber auf die Schwierigkeit hingewiesen, Familie und Berufskarriere zu vereinbaren. In diesem Zwiespalt stehen Frauen immer noch häufiger als Männer. Kinder bedeuten für Frauen oftmals einen Wettbewerbsnachteil, der mit dem Schlagwort „Karriereknick" beschrieben wird. Damit sich Frauen (und Männer) nicht aus beruflichen Gründen gegen Kinder entscheiden (müssen), wird familienpolitisch jüngst verstärkt versucht, Unterstützungsstrukturen wie Betreuungsangebote für Kinder auszubauen.

Ein Blick über die Grenze: Der Fall Frankreich

Während sich Deutschland mit der Schrumpfung seiner Bevölkerung konfrontiert sieht, verzeichnet das Nachbarland Frankreich einen stetigen Bevölkerungszuwachs. Dieser ist nicht allein auf Zuwanderungsgewinne zurückzuführen, sondern auch auf eine hohe Fertilität. Seit dem Ende des Zweiten Weltkriegs lag die durchschnittliche Kinderzahl je Frau in Frankreich in jedem einzelnen Jahr höher als die zusammengefasste Geburtenziffer in Deutschland. Im Jahr 2010 beispielsweise verzeichnete Deutschland eine zusammengefasste Geburtenziffer von 1,39 Kindern je Frau. Deutlich höher fiel sie mit einem Wert von 2,01 in Frankreich aus. Auch im europäischen Vergleich weist Frankreich eine der höchsten Fertilitätsraten in Europa auf. Ein Grund dafür ist die französische Familienpolitik. Bereits seit 1939 existieren in Frankreich umfassende staatliche Maßnahmen zur Unterstützung von Familien. Seit den 1970er Jahren wird das Zwei-Verdiener-Modell unterstützt: Durch ein gutes Kinderbetreuungssystem bereits für Kleinstkinder soll die Vereinbarkeit von Familie und Beruf gewährleistet werden. Auch flexible Beschäftigungsmodelle werden explizit staatlich gefördert. In Deutschland sind ähnliche Maßnahmen erst sehr spät ergriffen worden (vgl. SIEVERT/KLINGHOLZ 2009, S. 5 u. 8).

Das **Geburtendefizit in Deutschland** führt zu einem Bevölkerungsrückgang. Seit den 1970er Jahren verzeichnet das Land einen Sterbefallüberschuss: Die Zahl der innerhalb eines Jahres gestorbenen Personen liegt über der Zahl der Lebendgeborenen (vgl. Abb. 7.07). Kann ein Sterbefallüberschuss nicht durch Zuwanderung ausgeglichen werden, so schrumpft die Bevölkerung. In Deutschland konnte der Bevölkerungsrückgang tatsächlich lange durch einen positiven Wanderungssaldo ausgeglichen werden. Zwischen 2003 und 2010 war dieser Ausgleich jedoch nicht mehr gegeben. Niedrige Zuwanderungszahlen sorgten in diesem Zeitraum für einen jährlichen Bevölkerungsrückgang. Dieser Bevölkerungstrend wurde 2011 erstmals wieder durchbrochen. Dank deutlich gestiegener Zuzugszahlen konnte in diesem Jahr ein Wanderungsüberschuss von 279.000 Personen erzielt werden, der das Geburtendefizit ausgleichen konnte, das sich auf rund 190.000 Menschen belief (vgl. STAT. BUNDESAMT 2012E).

Der **Bevölkerungsrückgang** ist regional sehr unterschiedlich ausgeprägt. Während die natürliche Bevölkerungsbilanz in den alten, westdeutschen Bundesländern bis zur Jahrtausendwende in etwa ausgeglichen war, ist der Bevölkerungssaldo in den neuen, ostdeutschen Bundesländern hingegen seit Anfang der 1990er Jahre negativ. Gründe für diese Entwicklung in Ostdeutschland sind zum einen die niedrigen Geburtenraten und der Sterbefallüberschuss, der nicht durch Zuwanderung ausgeglichen werden konnte. Zum anderen wurde der Bevölkerungsrückgang durch erhebliche Abwanderungsverluste verstärkt. Allein zwischen 1991 und 2011 wanderten 1,187 Millionen Personen mehr aus den neuen Bundesländern in das alte Bundesgebiet ab, als im selben Zeitraum

aus Westdeutschland zuzogen (BUNDESINSTITUT FÜR BEVÖLKERUNGSFORSCHUNG 2013e, S. 45; vgl. auch Abb. 6.03).

Dabei gestaltet sich die Abwanderung im Hinblick auf Region, Alter und Geschlecht sehr selektiv. V.a. ländliche und strukturschwache Regionen sind die Verlierer dieser Entwicklung. Hier zeigt sich der Einfluss der Abwanderung auf demographische Prozesse am deutlichsten. Diese Gegenden verzeichnen nicht nur eine abnehmende Einwohnerzahl. Auch die demographische Alterung (s.u.) verstärkt sich dadurch, dass gerade viele junge Menschen auf der Suche nach einem Ausbildungs- oder Arbeitsplatz ihre Heimatorte verlassen („passive Alterung"). Da mehr Frauen als Männer abwandern, verändert sich außerdem die Geschlechterzusammensetzung der Bevölkerung in den peripheren Regionen. Viele ostdeutsche Landkreise weisen für die Altersgruppen von 18 bis 24 Jahren und 25 bis 29 Jahren gegenwärtig über 25% mehr männliche als weibliche Einwohner auf (vgl. KÜHNTOPF/STEDTFELD 2012, S. 2). Das dadurch entstehende Geschlechterungleichgewicht ist auch im Vergleich zu anderen europäischen Ländern sehr stark ausgeprägt (vgl. KÜHNTOPF/STEDTFELD 2012, S. 74).

7.4.2 Demographische Alterung: „Wir werden älter"

Die deutsche Bevölkerung altert. Diese Alterung beruht auf einem niedrigen Geburtenniveau (Alterung von unten) und einer u.a. auf medizinischen Fortschritten basierenden steigenden Lebenserwartung (Alterung von oben). Die **Lebenserwartung** ist in den vergangenen Jahren deutlich angestiegen. Das Statistische Bundesamt beziffert die mittlere Lebenserwartung für die Modellrechnung 2008/10 mit 82

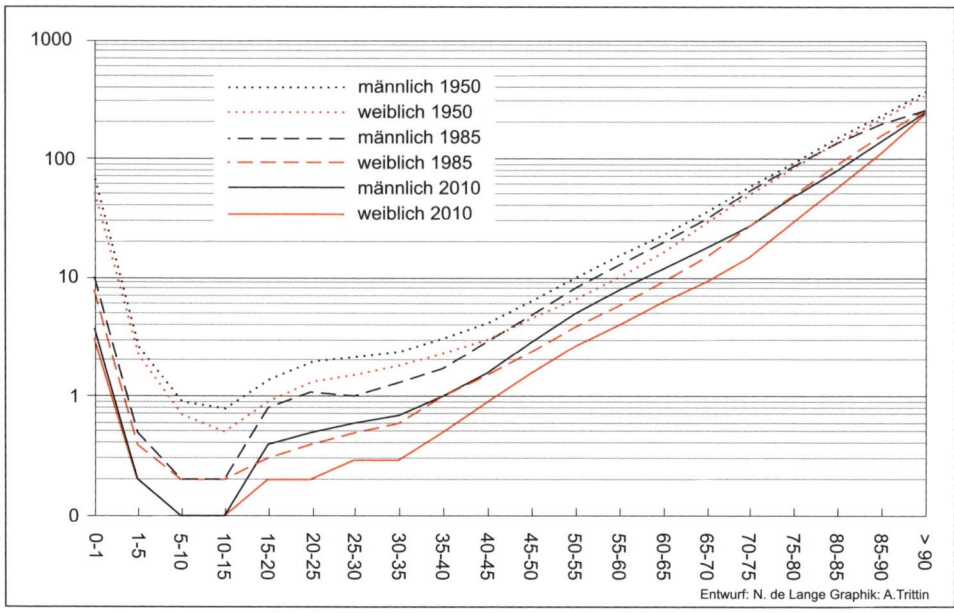

Entwurf: N. de Lange Graphik: A.Trittin

Abb. 7.10: Altersspezifische Sterberaten in Deutschland seit 1950 (Datenquelle: STAT. BUNDESAMT, Stat. Jahrbuch 1962, 1987, 2003 u. 2012)

Jahren und 7 Monaten für neugeborene Mädchen und 77 Jahren und 6 Monaten für neugeborene Jungen (vgl. Kap. 5.3.4). Auch wenn geschlechterspezifische Unterschiede weiterhin bestehen, so zeigt sich doch, dass sich die Differenzen in der Lebenserwartung von Männern und Frauen in den letzten Jahren deutlich verringert haben. Abbildung 7.10 zeigt die Veränderungen der altersspezifischen Sterberaten seit 1950. Zu erkennen ist, dass diese zum einen deutlich gesunken sind. Zum anderen haben sich die altersspezifischen Sterberaten von Männern und Frauen stark angeglichen, zumindest im Vergleich zu 1985 (vgl. Kap. 5.3.4).

Die **demographische Alterung der Bevölkerung Deutschlands** wird am Medianalter (vgl. Kap. 4.2.2) der Bevölkerung deutlich. Lag dieses mittlere (mediane)

Alter im Jahre 2008 bei 43 Jahren, so ist nach der 12. koordinierten Bevölkerungsprognose (Prognosevariante Untergrenze der „mittleren" Bevölkerung, vgl. Tab. 7.04) davon auszugehen, dass es bis Mitte der 2040er Jahre um 9 Jahre gestiegen sein wird. Die Hälfte der Einwohner Deutschlands wird dann älter als 52 Jahre sein (vgl. STAT. BUNDESAMT 2009A, S. 16). Durch das Vorrücken der geburtenstarken Jahrgänge der 1950er und 1960er Jahre (so genannte „Baby-Boomer") in ein höheres Lebensalter wird der Alterungsprozess der deutschen Bevölkerung noch beschleunigt. Er wird um das Jahr 2035 seinen Höhepunkt erreichen, wenn die Baby-Boomer in das Rentenalter eintreten. Anschließend wird der Alterungsprozess bis 2050 an Dynamik verlieren, da sich die Zahl der Baby-Boomer, die dann 80 bis 90 Jahre alt sein werden, aufgrund einer hohen altersbedingten Sterblichkeit verringern wird (vgl. BUNDESINSTITUT FÜR BEVÖLKERUNGSFORSCHUNG 2009, S. 25).

Die skizzierten Veränderungen im Altersaufbau der Bevölkerung führen trotz der insgesamt steigenden Lebenserwartung zu einem Anstieg der Sterbefälle, da es immer mehr ältere Menschen gibt, deren Sterbewahrscheinlichkeit höher liegt als in den jüngeren Jahrgängen.

Diese Entwicklung kann kurzfristig weder durch Zuwanderung junger Menschen noch durch Veränderungen im demographischen Verhalten, also höhere Geburtenzahlen, geändert werden, da der zukünftige Altersaufbau bereits in der heutigen Bevölkerungsstruktur angelegt ist (so genannte demographische Trägheit, vgl. Kap. 4.2). Damit wird die Alterung der Bevölkerung zum bestimmenden demographischen Trend. Lag der Anteil der unter 20-Jährigen an der Gesamtbevölkerung 1955 noch bei 29,8%, so stellte diese Altersgruppe im Jahr 2009 nur noch 18,8% der Bevölkerung Deutschlands. Gleichzeitig stieg im selben Zeitraum der Anteil der so genannten Hochbetagten, also der Personen über 80 Jahre, von 1,3 auf 5,1% (vgl. STAT. BUNDESAMT 2011C, S. 14). Hält diese Entwicklung an, so ist nach der 12. koordinierten Bevölkerungsprognose (Prognosevariante Untergrenze der „mittleren" Bevölkerung, vgl. Tab. 7.04) davon auszugehen, dass um 2060 jeder Siebte (14% der Bevölkerung) 80 Jahre oder älter sein wird (vgl. STAT. BUNDESAMT 2009A, S. 5; vgl. Tab. 7.02).

Tabelle 7.02 veranschaulicht diese Veränderungen in der Altersstruktur der Bevölkerung Deutschlands (zu den Annahmen der Bevölkerungsvorausberechnung vgl. Tab. 7.04). Der Trend der demographischen Alterung ist hier deutlich erkennbar. Die Alterung der Bevölkerung wird also in Zukunft von den **Hochbetagten** dominiert. Diese Entwicklung ist bedeutsam, da es v.a. diese Altersgruppe ist, die in verstärktem Maße Hilfe- und Pflegeleistungen in Anspruch nimmt. Dadurch, dass Männer in Bezug auf die Lebenserwartung gegenüber dem weiblichen Geschlecht etwas aufholen, wird sich auch das Geschlechterverhältnis dieser Altersgruppe in Zukunft verändern. Die Betrachtung der Gruppe der Hochbetagten über 85 Jahre zeigt dabei folgenden Trend: Waren 2009 nur 27% der zur Generation „85+" zählenden Personen Männer, so wird sich ihr Anteil bis 2060 auf 40% erhöhen (vgl. STAT. BUNDESAMT 2011D, S. 12).

Tab. 7.02 Bevölkerungsanteile Deutschlands nach Altersgruppen (12. koordinierte Bevölkerungsvorausberechnung, Untergrenze der „mittleren" Bevölkerung; Datenquelle: STAT. BUNDESAMT 2009A, S. 16)

	2008	2060
0 bis unter 20	19%	16%
20 bis unter 65	61%	50%
65 bis unter 80	15%	20%
80 und älter	5%	14%

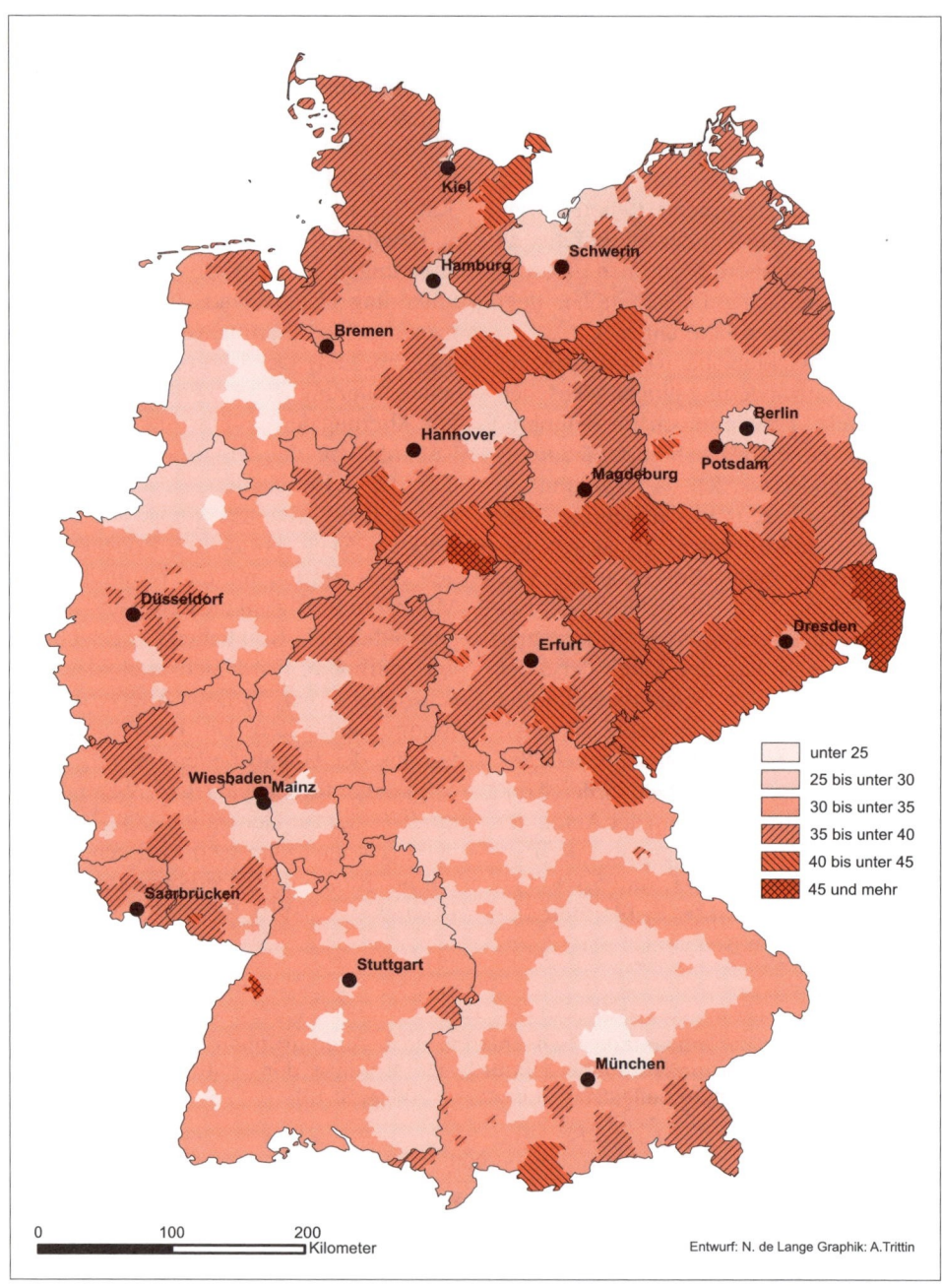

Legend:
- unter 25
- 25 bis unter 30
- 30 bis unter 35
- 35 bis unter 40
- 40 bis unter 45
- 45 und mehr

0   100   200
Kilometer

Entwurf: N. de Lange Graphik: A.Trittin

Abb. 7.11: Altenquotient in Kreisen und kreisfreien Städten der Bundesrepublik Deutschland nach dem Zensus 2011 (Datenquelle: STAT. BUNDESAMT 2013H)

Der Alterungsprozess der Bevölkerung Deutschlands verläuft regional mit **unterschiedlicher Geschwindigkeit**. In den ostdeutschen Bundesländern vollzieht sich die demographische Alterung schneller als im früheren Bundesgebiet. Dazu haben v.a. das Geburtentief in der ersten Hälfte der 1990er Jahre, die Abwanderung junger Menschen sowie der Anstieg der Lebenserwartung beigetragen. Beispielhaft für diese Entwicklung steht Mecklenburg-Vorpommern. Es weist im Bundesländervergleich den schnellsten Alterungsprozess auf. Hatte dieses Bundesland 1991 noch die jüngste Bevölkerung, so wird es 2030 voraussichtlich zu den Bundesländern mit der ältesten Bevölkerung zählen (vgl. Bundesinstitut für Bevölkerungsforschung 2009, S. 27).

Die regional sehr unterschiedliche Altersstruktur der Bevölkerung Deutschlands zeigt Abbildung 7.11 anhand des **Altenquotienten** (vgl. Abb. 4.11 u. Kap. 4.2.2) für die verschiedenen Regionen Deutschlands im Jahr 2011. Daran lässt sich die regionale Polarisierung sehr gut ablesen. So weist in Niedersachsen der Landkreis Vechta mit einem Altenquotienten unter 25 eine vergleichsweise junge Bevölkerung auf. Dem stehen die ebenfalls in Niedersachsen liegenden Landkreise Goslar und Osterrode am Harz mit einem Altenquotienten von 44 bzw. 46 diametral gegenüber. Insgesamt veranschaulicht die Abbildung, dass im bundesweiten Vergleich v.a. die Bevölkerung in zahlreichen Regionen Ostdeutschlands stark vom Prozess der Alterung betroffen ist. So ergibt sich – mit Ausnahmen – ein Ost-West-, aber auch ein Nord-Süd-Gefälle im Hinblick auf die Altersstruktur der Bevölkerung (vgl. zur regionalen Altersdifferenzierung auch Kap. 4.2.5).

7.4.3 Neue Haushalts- und Lebensformen: „Wir leben häufiger allein"

Die **Haushaltsgrößen** in Deutschland werden kleiner. Immer mehr Menschen leben allein. Auch das ist ein Merkmal des demographischen Wandels. Seit 1991 ist die Zahl der Alleinlebenden um 4 Millionen gestiegen, was einem Zuwachs von 40% entspricht. Lag die Zahl der Alleinlebenden in jenem Jahr noch bei 11,4 Millionen (14% der Gesamtbevölkerung), so lebten im Jahr 2011 bereits 15,9 Millionen Menschen und damit etwa jeder Fünfte in Einpersonenhaushalten (auch Singlehaushalte genannt). 2030 werden es nach der 12. koordinierten Bevölkerungsprognose (Prognosevariante Untergrenze der „mittleren" Bevölkerung, vgl. Tab. 7.04) voraussichtlich 23% der Bevölkerung Deutschlands sein (vgl. Stat. Bundesamt 2012f, S. 8).

Im europäischen Vergleich weist Deutschland eine der höchsten **Alleinlebendenquoten** innerhalb der EU auf. Sowohl in Deutschland als auch in Dänemark und Finnland lag die Alleinlebendenquote 2010 bei 19%. Nur Schweden verzeichnete mit 24% eine noch höhere Alleinlebendenquote. Der Anteil der Alleinlebenden in der EU-27 belief sich auf 13%. Deutschland lag damit deutlich über dem Durchschnitt. Die niedrigste Alleinlebendenquote in der EU wiesen Malta und Zypern mit je 6% auf (vgl. Stat. Bundesamt 2012f, S. 9).

Die Haushalte der Alleinlebenden sind regional sehr unterschiedlich verteilt. Ihr Anteil ist v.a. in den Stadtstaaten überproportional hoch. So lebten 2011 31% der Einwohner Berlins und 28% der Einwohner Bremens und Hamburgs allein. In Bezug auf die Flächenländer wiesen v.a. Sachsen (23%) und Mecklenburg-Vorpommern (21%) eine hohe Alleinlebendenquote auf. Die niedrigste Alleinlebendenquote hatten Rheinland-Pfalz (16%) und Baden-Württemberg (17%, vgl. jeweils STAT. BUNDESAMT 2012F, S. 9). Allgemein gilt: Je größer die Gemeinde, desto höher die Alleinlebendenquote.

Die Entwicklung der Haushaltsgrößen verweist auf sich verändernde Lebensformen. Die klassische Familie, bestehend aus einem verheirateten Paar mit mindestens einem Kind, hat ihren Status als normatives bzw. einzig akzeptiertes Modell des Zusammenlebens verloren. Stattdessen hat sich eine große **Vielfalt unterschiedlicher Haushalts-, Familien- und Partnerschaftsmodelle** herausgebildet (vgl. auch Tab. 4.06 u. Abb. 7.09). Dazu zählt beispielsweise die Form des „living apart together", wie Partnerschaften mit getrennter Haushaltsführung bezeichnet werden. Solche Lebensformen erklären auch, warum der oben dargestellte allgemeine Bevölkerungsrückgang nicht zwangsläufig einen geringeren Wohnraumbedarf nach sich zieht.

7.4.4 Zuwanderung: „Wir werden bunter"

Deutschland ist ein Einwanderungsland: Zwischen 1950 und 2010 betrug die Nettozuwanderung insgesamt 10,639 Millionen Menschen (vgl. Abb. 6.07). Ohne diese Zuzüge aus dem Ausland wäre die Bevölkerung Deutschlands bereits 2010 deutlich älter und hätte weniger als 70 Millionen Einwohner betragen (Mailauskunft des STAT. BUNDESAMTES 2013). Insgesamt hat inzwischen fast jede fünfte in Deutschland lebende Person einen Migrationshintergrund (vgl. Kap. 4.6.3). Die Zuwanderung aus dem Ausland hat Auswirkungen auf die Zusammensetzung der Bevölkerung des Landes, die zunehmend heterogener wird.

Während die einheimische Bevölkerung zwischen 2005 und 2009 um 1,3 Millionen Menschen abgenommen hat, wuchs die Bevölkerung mit Migrationshintergrund um 715.000 Personen bzw. 4,7% (vgl. STAT. BUNDESAMT 2011C, S. 188; Hier und im Folgenden Ergebnisse des Mikrozensus. Ergebnisse aus dem Zensus 2011 lagen noch nicht vor.). Für diesen Zuwachs war die Gruppe der „Personen ohne eigene Migrationserfahrung", also die zweite und dritte Migrantengeneration, verantwortlich. Sie nahm allein zwischen 2009 und 2010 um 113.000 Personen auf insgesamt 3,6 Millionen bzw. 4,4% der Bevölkerung zu. Diese Entwicklung macht sich besonders in den jüngeren Kohorten bemerkbar. Personen mit Migrationshintergrund stellten 2010 34,9% der unter 5-Jährigen (vgl. STAT. BUNDESAMT 2011B, S. 8).

Der Altersdurchschnitt der Bevölkerung mit Migrationshintergrund liegt mit 35,2 Jahren noch deutlich unter jenem der Bevölkerung ohne Migrationshintergrund (46,1 Jahre) (Zahlen für 2011; vgl. STAT. BUNDESAMT 2012B, S. 8). Auch der Altersaufbau der Bevölkerung mit Migrationshintergrund (vgl. Tab. 7.03) zeigt, dass es sich um eine vergleichsweise junge Teilgruppe handelt, die den Alterungsprozess der Gesamtbevölkerung etwas verlangsamt.

Im Allgemeinen sind Haushalte von Personen mit Migrationshintergrund mit durchschnittlich 2,4 Personen etwas größer als Haushalte von Personen ohne Migrationshintergrund, in denen durchschnittlich 2,0 Personen leben (Zahlen für 2010; vgl. jeweils STAT. BUNDESAMT 2011B, S. 8). Auch leben Personen mit Migrationshintergrund seltener allein (12,8% gegenüber 21,2%) und dafür häufiger in einer klassischen Familie mit Eltern und Kindern (57,8% gegenüber 37,8%). Entsprechend gibt es unter ihnen weniger Ehe-

Tab. 7.03: Altersaufbau der Bevölkerung mit Migrationshintergrund nach dem Zensus 2011 (Datenquelle: Statistische Ämter des Bundes und der Länder 2013c)

Land	gesamt (in 1000)	unter 18	18-29	30-49	50-64	65 und älter
Bund	15.017	23,5	18,6	32,8	16,1	9,0
Schleswig-Holstein	325	24,3	17,6	33,0	16,3	8,8
Hamburg	465	22,9	19,6	33,7	16,0	7,8
Niedersachsen	1.274	25,4	18,7	30,7	16,4	8,7
Bremen	162	22,8	20,9	31,0	16,5	8,9
Nordrhein-Westfalen	4.215	23,8	18,7	32,4	15,9	9,2
Hessen	1.481	23,0	18,7	33,6	15,9	8,7
Rheinland-Pfalz	744	24,3	18,9	32,1	16,2	8,6
Baden-Württemberg	2.627	22,8	18,4	32,7	16,5	9,6
Bayern	2.294	22,9	17,5	33,8	16,5	9,4
Saarland	161	21,9	19,5	31,9	17,2	9,5
Berlin	781	23,4	20,3	35,1	14,2	7,1
Brandenburg	108	24,3	15,9	32,5	17,6	9,6
Mecklenburg-Vorpommern	59	22,6	18,2	33,1	16,3	9,8
Sachsen	171	24,7	19,5	31,9	15,2	8,7
Sachsen-Anhalt	79	25,1	18,0	32,4	15,5	9,0
Thüringen	71	22,7	20,6	31,9	16,4	8,4

paare ohne Kinder, Alleinerziehende oder alternative Lebensformen.

Die Zuwanderung wirft u.a. die Frage der **gesellschaftlichen Integration** der neuen Bevölkerungsgruppen auf. Nicht nur, aber in besonderem Maße begreifen viele westdeutsche Großstädte, die einen sehr hohen Anteil an Einwohnern mit Migrationshintergrund haben, die erfolgreiche Integration ihrer migrantischen Bevölkerung als bedeutsame und zukunftssichernde Aufgabe. Versteht man Integration als chancengleichen Zugang zu Infrastrukturen und gesellschaftlicher Teilhabe, ist die strukturelle

Integration in das Bildungssystem und den Arbeitsmarkt von zentraler Bedeutung. Denn über diese beiden Bereiche werden Ressourcen verteilt, die die Zugangsmöglichkeiten zu anderen gesellschaftlichen Teilbereichen vorstrukturieren.

Die **qualifizierte (Aus-)Bildung** und die **Integration in die lokalen und regionalen Arbeitsmärkte** sind auch im Hinblick auf den oben beschriebenen Rückgang der Erwerbsbevölkerung und die befürchtete Verstärkung des Fachkräftemangels essentiell. Wissen wird zu einer immer wichtigeren Ressource für

Innovation und Wirtschaftswachstum. Es wird daher von einem steigenden Bedarf an Hochqualifizierten ausgegangen. Dies stellt das Bildungssystem vor große Herausforderungen. Wiederholt zeigen internationale Vergleichsstudien wie PISA (Programme for International Student Assessment) und IGLU (Internationale Grundschul-Lese-Untersuchung), dass Bildungschancen und Bildungserfolg in Deutschland stark von der sozialen Herkunft der Schülerinnen und Schüler abhängen. Von der Bildungsbenachteiligung sind Kinder und Jugendliche aus Zuwandererfamilien in besonderem Maße betroffen. Ihre Zugangschancen zu Bildung und Arbeitsmarkt nachhaltig und vor Ort zu verbessern, gehört vor dem Hintergrund des demographischen Wandels zu einer der wichtigsten gesellschaftspolitischen Aufgaben.

7.4.5 Die zukünftige Bevölkerungsentwicklung in Deutschland

Nach Zensusangaben bestand die Bevölkerung Deutschlands 2011 aus 80,2 Millionen Menschen, das sind 1,5 Millionen weniger als in der Bevölkerungsfortschreibung vom April 2011 angenommen (vgl. STAT. BUNDESAMT 2013K). Bevölkerungsvorausberechnungen gehen davon aus, dass die Bevölkerung Deutschlands 2060 nur zwischen 65 Millionen (bei einem angenommenen Wanderungsüberschuss von jährlich 100.000 Personen; Variante Untergrenze der „mittleren" Bevölkerung) und 70 Millionen Einwohner umfassen wird (bei einem jährlichen Wanderungsüberschuss von 200.000 Personen; Variante Obergrenze der „mittleren" Bevölkerung, vgl. Tab. 7.04).

Bevölkerungsprognosen sollen es außerdem ermöglichen, Aussagen über die

Tab. 7.04: Übersicht ausgewählter Varianten der 12. koordinierten Bevölkerungsvorausberechnung (Quelle: STAT. BUNDESAMT 2009A, S. 11)

Variante	Annahmen		
	Geburtenhäufigkeit (Kinder je Frau)	Lebenserwartung bei Geburt in 2060	Wanderungssaldo (Personen/Jahr)
„Mittlere" Bevölkerung, Untergrenze	Annähernde Konstanz bei 1,4	Basisannahme: Anstieg bei Jungen um 8 und bei Mädchen um 7 Jahre	100.000 ab 2014
„Mittlere" Bevölkerung, Obergrenze			200.000 ab 2020
„Relativ junge" Bevölkerung	Leichter Anstieg auf 1,6	Basisannahme: Anstieg bei Jungen um 8 und bei Mädchen um 7 Jahre	200.000 ab 2020
„Relativ alte" Bevölkerung	Langfristiger Rückgang auf 1,2	starker Anstieg: bei Jungen um 11 und bei Mädchen um 9 Jahre	100.000 ab 2014

zukünftige Entwicklung des Altersaufbaus der Bevölkerung zu treffen. Ausgehend vom aktuellen Altersaufbau der Bevölkerung wird die Entwicklung unter Berücksichtigung der Einflussfaktoren Sterblichkeit, Geburtenhäufigkeit und Wanderungen berechnet. Dabei werden in Bezug auf diese Einflussfaktoren unterschiedliche Annahmen getroffen, die in verschiedenen Entwicklungsvarianten resultieren. Tabelle 7.04 gibt einen Überblick über ausgewählte Varianten der 12. koordinierten Bevölkerungsvorausberechnung des Statistischen Bundesamtes der BRD.

Die Raumordnungsprognose 2030 des BUNDESINSTITUTS FÜR BAU-, STADT- UND RAUMORDNUNG (BBSR) veranschaulicht die zu erwartende regionale Bevölkerungsentwicklung Deutschlands (vgl. Abb. 7.12). Sie schreibt die derzeitige regionale Differenzierung der Altersstruktur (vgl. Abb. 4.09 u. 4.10), Fertilität (vgl. Abb. 5.07) und Mortalität (vgl. Abb. 5.13) bzw. Lebenserwartung (vgl. Abb. 5.14) sowie der Wanderungsvorgänge fort. Demnach zeichnen sich Ost- und auch Westdeutschland als **demographische Schrumpfungsräume** ab **mit** einzelnen, unterschiedlich großen **Wachstumsinseln**. Hinter der plakativen Überschrift „Bevölkerungsentwicklung – Schrumpfung auch im Westen angekommen" von HERFERT und OSTERHAGE steht eine vergleichbare Deutung der Bevölkerungsentwicklung in Deutschland in den Jahren 2004 bis 2008 (vgl. HERFERT/OSTERHAGE 2011). Der Schrumpfungsprozess wird sich weiter fortsetzen, neben einzelnen prosperierenden Metropolregionen (v.a. München mit seinem Umland) bestehen viele Räume, in denen die Bevölkerung zurückgeht. Räume, in denen die Bevölkerungszahl

schrumpft, finden sich v.a. in den neuen Bundesländern. Aber auch in Westdeutschland sind Stagnationsräume und Schrumpfungsräume auszumachen: im Saarland und im nördlichen Rheinland-Pfalz, in Hessen, im südlichen Nordrhein-Westfalen und in Niedersachsen.

Demgegenüber nimmt die Bevölkerung in den **prosperierenden metropolitanen Regionen** nicht ab. Dies ist v.a. auf die Attraktivität der größeren Städte zurückzuführen, in denen positive Bevölkerungs- und Beschäftigungsentwicklungen zusammenhängen. Ursächlich dafür ist eine Fülle von Faktoren: „Es sind zum einen neue Lebensbiographien, die, getragen von neuen Wohnleitbildern, auf das urbane Leben, auf die Vereinbarkeit von Beruf und Familie gerichtet sind. Es ist zum anderen die Neuprofilierung stadtregionaler Arbeitsmärkte durch Cluster von Wissenschaft/ Forschung und von wirtschaftlichen Zukunftsfeldern, die Entstehung neuer, insbesondere wissensbasierter Dienstleistungen mit größerer Affinität zu städtischen Standorten. Die neue Attraktivität der größeren Städte hat die starke Zuwanderung junger Bevölkerungsgruppen und ihr Bleiben im urbanen Milieu verstärkt" (HERFERT/OSTERHAGE 2011).

Die in diesem Kapitel skizzierten Entwicklungen zeigen, dass unterschiedliche Räume in unterschiedlichem Maße von demographischen Prozessen betroffen sein können. Dadurch können sich Disparitäten auch im Hinblick auf Lebensbedingungen verstärken. Schrumpfungsregionen stehen Wachstumsregionen gegenüber. Der demographische Wandel stellt die einzelnen Regionen Deutschlands also vor sehr unterschiedliche politische, wirtschaftliche und gesellschaftliche Herausforderungen.

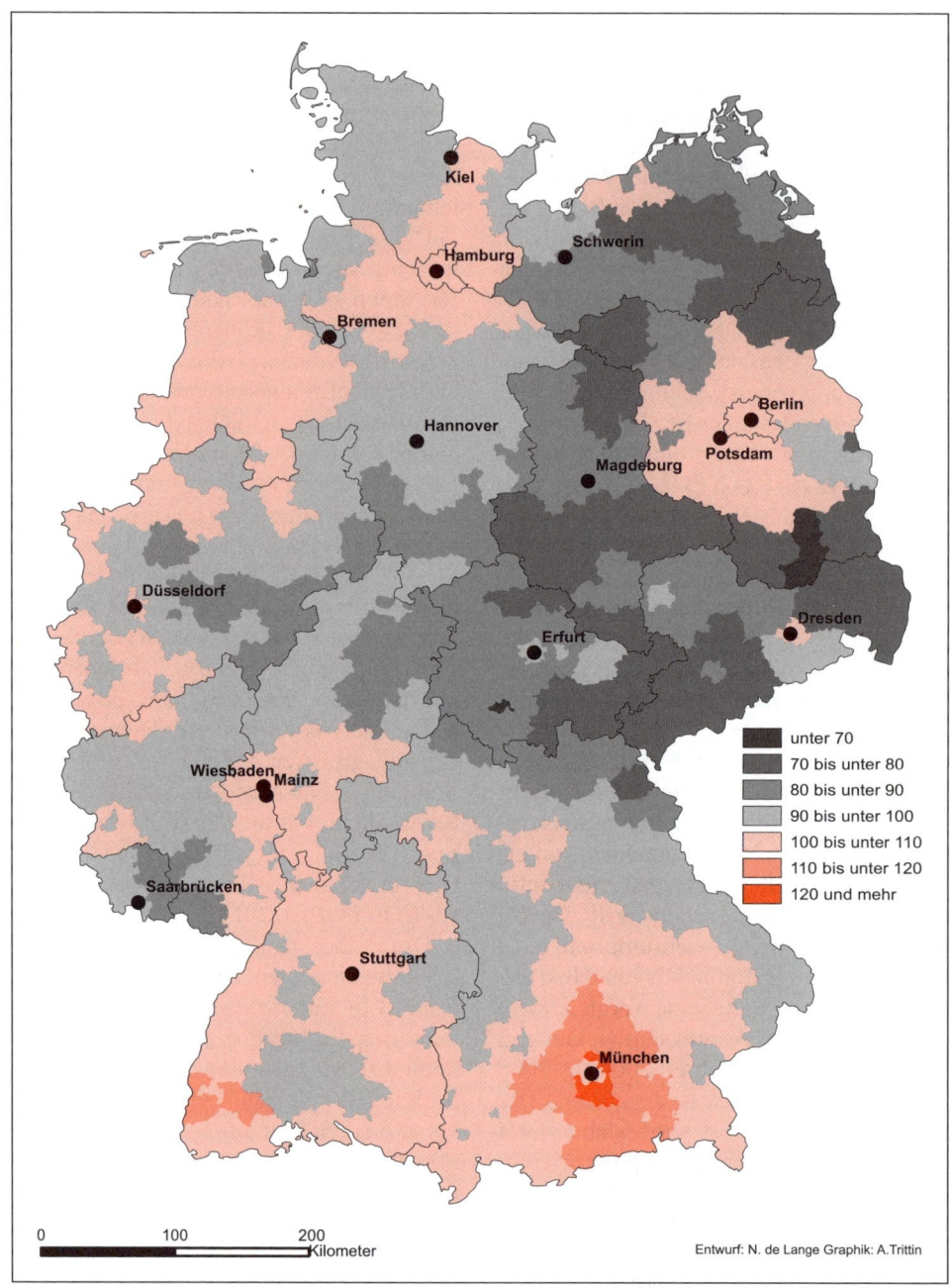

Abb. 7.12: Bevölkerungsentwicklung 2030 (Bevölkerungsindex 2002 = 100) in den Kreisen und kreisfreien Städten der Bundesrepublik Deutschland (Datenquelle: BUNDES-INSTITUT FÜR BAU-, STADT- UND RAUMFORSCHUNG, INKAR 2012)

7.4.6 Gesellschaftliche Herausforderungen des Bevölkerungsrückgangs und der demographischen Alterung

Die Veränderungen in der Größe und der Altersstruktur der Bevölkerung stellen die Gesellschaft vor große Herausforderungen. Zu beobachten ist dies besonders gut an der Entwicklung der **Bevölkerung im Erwerbsalter**, also im Alter von 18 bis 65 Jahren. Diese Altersgruppe zählt in Deutschland nach dem Zensus von 2011 rund 50,6 Millionen Menschen (vgl. STAT. BUNDESAMT 2013H). Nach 2020 wird ihre Zahl sehr deutlich zurückgehen, da dann die geburtenstarken Jahrgänge der 1950er und 1960er Jahre das Rentenalter erreichen werden. Nach der 12. koordinierten Bevölkerungsprognose (vgl. Tab. 7.04) wird 2030 die Bevölkerung im Erwerbsalter nur noch etwa zwischen 42 und 43 Millionen Personen umfassen. Die Größe der Erwerbsbevölkerung hängt neben der Entwicklung der Geburtenzahl auch von der Zuwanderung aus dem Ausland ab. Wandern ab 2020 jährlich netto rund 200.000 Personen zu (Prognosevariante: „mittlere" Bevölkerung, Obergrenze, vgl. Tab. 7.04), so ist davon auszugehen, dass die Erwerbsbevölkerung 2060 noch rund 36 Millionen Menschen umfassen wird. Liegt die jährliche Zuwanderung dagegen nur bei 100.000 Personen, so ergibt sich für 2060 ein Erwerbspersonenpotenzial von lediglich 33 Millionen Personen. Zuwanderung kann den Rückgang des Erwerbspersonenpotenzials und damit einen potenziellen Arbeitskräftemangel also abfedern. Ausgleichen kann sie diesen Prozess allerdings nicht, denn auch die Zuwanderer werden älter und treten, sofern sie nicht in ihre Herkunftsländer zurückkehren, im Zielland in das Rentenalter ein.

Den Personen im Erwerbsalter stehen zukünftig immer mehr **Seniorinnen und Senioren** gegenüber. Entfielen im Jahr 2008 auf 100 Personen im Erwerbsalter 34 Personen im Rentenalter (65 Jahre oder älter), so werden 2060 etwa doppelt so viele Personen im Rentenalter sein (vgl. STAT. BUNDESAMT 2009A, S. 20). Der Altenquotient nimmt also stark zu. Genau diese Entwicklung wird in der Diskussion um den demographischen Wandel mit besonderer Sorge betrachtet. Denn neben Folgen für den Arbeitsmarkt, die Wirtschaftsleistung und verschiedene technische und soziale Infrastrukturen hat die Alterung offensichtliche **Konsequenzen für die sozialen Sicherungssysteme** in Deutschland.

Große Herausforderungen hinsichtlich der **Daseinsvorsorge** bestehen besonders in dünn besiedelten ländlichen Regionen und selbst in Städten. Infrastrukturen wie Bildungseinrichtungen (v.a. Grundschulen), Gesundheitsversorgung (Krankenhäuser, Arztpraxen etc.), der öffentliche Nahverkehr, aber auch Strom- und Wassernetze bedürfen einer Mindestzahl von Nutzern. Bei erheblichen Auslastungsdefiziten können sie nicht mehr aufrecht erhalten werden. Ein Wegfall dieser Infrastruktur führt dazu, dass die entsprechenden Siedlungsgebiete immer unattraktiver werden, mit der Folge, dass sich weitere Einwohner zur Abwanderung entschließen. Das beeinflusst auch den **Wohnungsmarkt**. Während in strukturschwachen Regionen ein Rückgang der Nachfrage nach Wohnungen, Preisverfall und Wohnungsleerstand zu beobachten sind, besteht in wirtschaftsdynamischen Regionen derzeit noch eine starke, teilweise sogar steigende Wohnungsnachfrage. Allerdings führen Veränderungen in der Altersstruktur der Bevölkerung und der Haushaltsstruktur auch hier zu einer veränderten Wohnungsnachfrage. So haben Einbis Zweipersonenhaushalte andere Bedürfnisse und Ansprüche an Wohnraum als Drei- und Mehrpersonenhaushalte, deren Zahl abnimmt. Es ist zu vermuten, dass Einfamilienhäuser im Stadtumland zukünftig weniger nachgefragt werden als kleinere, innerstädtische Wohnungen. Der Bedarf an gut angebundenen Wohnstandorten und altersgerechten Wohnungen steigt. Dies erklärt den Trend zur Reurbanisierung. Die Kommunen stehen vor der Herausforderung, strategische Stadtumbaukonzepte zu entwickeln. Während sich einige Städte derzeit noch mit einer angespannten Situation auf dem Wohnungsmarkt und der Schaffung von Wohnraum konfrontiert sehen, haben andere bereits mit dem Rückbau von Wohnungen und sogar ganzen Quartieren begonnen.

Diese **soziale Sicherung in Deutschland** basiert im Wesentlichen auf vier Säulen: der Renten-, Kranken-, Pflege- und Arbeitslosenversicherung. Sie beruhen alle auf dem „Generationenvertrag", also dem Umlageverfahren (oder Solidarprinzip). Die sozialen Sicherungssysteme funktionieren nur so lange, es genug Personen gibt, die im Erwerbsleben stehen und sie durch Abgaben finanzieren. Die skizzierte Entwicklung deutet jedoch darauf hin, dass in wenigen Jahren immer weniger Beitragszahlern immer mehr Leistungsempfänger gegenüber stehen werden.

In Bezug auf die **Rentenversicherung** stellt nicht nur die zunehmende Zahl der Seniorinnen und Senioren eine Herausforderung dar. Der Anstieg der Lebenserwartung führt darüber hinaus zu längeren Rentenbezugszeiten. Bislang ist auf die Frage, wie das Rentensystem in Zukunft aufrecht erhalten werden kann und soll, noch keine überzeugende Antwort gefunden worden. Die Anhebung des Renteneintrittsalters, die Verringerung der Rentenhöhe oder die

Steigerung der Beitragssätze stellen mögliche Lösungsansätze dar. Auch die Mobilisierung der „stillen Reserve" wird angestrebt. Dabei handelt es sich um Personen im Erwerbsalter, die keiner Erwerbsbeschäftigung nachgehen, die aber auch nicht als arbeitslos registriert sind (z.B. Hausfrauen). Versucht wird, einen möglichst hohen Beschäftigungsgrad in sozialversicherungspflichtigen Arbeitsverhältnissen zu erzielen. Auch der Ausbau der Kinderbetreuungsangebote wird in diesen Kontext gestellt. Frauen in Deutschland, die immer noch einen Großteil der Kindererziehung und -betreuung übernehmen, arbeiten derzeit noch deutlich seltener in Vollzeit als andere Europäerinnen. Nur 41% der 25-59-Jährigen haben hierzulande eine Ganztagsstelle. Im EU-Durchschnitt sind es 48% (BUNDESINSTITUT FÜR BEVÖLKERUNGSFORSCHUNG 2013F). Der Ausbau der Kinderbetreuungsangebote könnte dazu beitragen, dass in Zukunft mehr Frauen Vollzeitstellen bekleiden.

Bundestag und Bundesrat haben im März 2007 beschlossen, das Renteneintrittsalter ab 2012 schrittweise von 65 auf 67 Jahre anzuheben. Damit sollen v.a. der Beitragssatz der gesetzlichen Rentenversicherung stabil gehalten und das Absinken des Rentenniveaus verhindert werden. Durch die Erhöhung des Renteneintrittsalters auf 67 Jahre soll das Erwerbspersonenpotenzial 2060 um 1 bis 2 Millionen Personen höher liegen, als es ohne diese Maßnahme der Fall wäre (vgl. STAT. BUNDESAMT 2009A, S. 18).

Die **gestiegene Lebenserwartung** der Bevölkerung stellt auch die Krankenkassen vor große Herausforderungen: Menschen in hohem Lebensalter nehmen kostenintensivere Leistungen in Anspruch. Darüber hinaus steigt die Pflegebedürftigkeit mit zunehmendem Alter, hier ist insbesondere an die Gruppe der **Hochbetagten** zu denken. Der Geburtenrückgang bedeutet in diesem Zusammenhang, dass weniger junge Menschen für die Pflege vieler alter Menschen verantwortlich sind. Eine steigende Kinderlosigkeit führt dazu, dass immer weniger Menschen auf familiäre Pflegeunterstützung bauen können und immer mehr Menschen institutionelle Dienste in Anspruch nehmen müssen. Vor diesem Hintergrund wurde 1994 die gesetzliche Pflegeversicherung ins Leben gerufen und wird 2014 politisch erwogen, gezielt Pflege-Arbeitsmigranten anzuwerben.

Nicht nur die sozialen Sicherungssysteme sind von den Folgen der demographischen Alterung betroffen. Auch auf Wirtschaft, Arbeitsmarkt und Bildungssystem wirkt sich diese Entwicklung aus: Neben der Verringerung des Erwerbspersonenpotenzials verändert sich auch die Altersstruktur der Erwerbsbevölkerung. In Zukunft wird ein erheblicher Anteil der Arbeitnehmerinnen und Arbeitnehmer über 50 Jahre alt sein. Es ist also notwendig, Arbeitsplätze zu schaffen, die den Bedürfnissen dieser Altersgruppe entsprechen. Gleichzeitig müssen die Bereitschaft und die institutionellen Voraussetzungen zur ständigen Weiterqualifizierung, zum lebenslangen Lernen sowie zur verstärkten internationalen Fachkräfte-Migration gefördert werden. Die Wirtschaft beginnt bereits, sich auf eine veränderte Nachfrage nach Dienstleistungen, Gütern und Arbeitskräften einzustellen.

Weiterführende Literatur

BUNDESINSTITUT FÜR BEVÖLKERUNGSFORSCHUNG (2013): Bevölkerungsentwicklung 2013. Daten, Fakten, Trends zum demografischen Wandel. Wiesbaden.
BUNDESMINISTERIUM FÜR FAMILIE, SENIOREN, FRAUEN UND JUGEND (2006): Familie zwischen Flexibilität und Verlässlichkeit. Perspektiven für eine lebenslaufbezogene Familienpolitik. Siebter Familienbericht. Berlin (Deutscher Bundestag – 16. Wahlperiode, Drucksache 16/1360)
EUROPÄISCHE KOMMISSION / EUROSTAT (2011): Demography Report 2010. Older, more numerous and diverse Europeans. Luxembourg
FRIEDRICH, K. U. C. SCHLÖMER (2013): Demographischer Wandel. Zur erstaunlich späten Konjunktur eines lang bekannten Phänomens. Geographische Rundschau 65, Heft 1, S. 50-55
GANS, P. U. T. LEIBERT (2007): Zweiter demographischer Wandel in den EU-15-Staaten. In: Geographische Rundschau 59, Heft 2, S. 4-13
HERFERT, G. U. F. OSTERHAGE (2011): Bevölkerungsentwicklung – Schrumpfung auch im Westen angekommen. In: Nationalatlas aktuell 5. Leipzig: Leibniz-Institut für Länderkunde

Literatur

ARMSTRONG, M. (1998): Basic linear Geostatistics. Berlin: Springer

BADE, K. (Hg.) (1996): Die multikulturelle Herausforderung. Menschen über Grenzen – Grenzen über Menschen. C.H. Beck Verlag: München

BÄHR, J. (1988): Bevölkerungsgeographie: Entwicklung, Aufgaben und theoretischer Bezugsrahmen. In: Geographische Rundschau, Jg. 40, H. 2, S. 6-13

BÄHR, J., JENTSCH, C. U. W. KULS (1992): Bevölkerungsgeographie. Berlin: de Gruyter

BÄHR, J. (1995): Internationale Wanderungen in Vergangenheit und Gegenwart. In: Geographische Rundschau 47, H. 7-8, S. 398-404

BÄHR, J. (2010): Bevölkerungsgeographie. Verteilung und Dynamik der Bevölkerung in globaler, nationaler und regionaler Sicht (unter Mitarbeit von P. Gans; 5. völlig neubearbeitete Auflage). Stuttgart: Verlag Eugen Ulmer

BAHRENBERG, G., GIESE, E. U. J. NIPPER (1985): Statistische Methoden in der Geographie 1. Stuttgart: Teubner

BASCH, L. ET AL. (1993): Nations Unbound. Transnational Projects, Postcolonial Predicaments, and Deterritorialized Nation-States. New York: Routledge

BEHR, A. U. G. ROHWER (2012): Wirtschafts- und Bevölkerungsstatistik. Konstanz.UVK: Lucius

BOMMES, M. (2003): Der Mythos des transnationalen Raumes. Oder: Worin besteht die Herausforderung des Transnationalismus für die Migrationsforschung? In: Thränhardt, D. und U. Hunger (Hg.): Migration im Spannungsfeld von Globalisierung und Nationalstaat. Leviathan-Sonderheft 22. Wiesbaden, S. 90-116

BOMMES, M. u. J. HALFMANN (1998): Einführung. Migration, Nationalstaat, Wohlfahrtsstaat – eine theoretische Herausforderung für die Migrationsforschung. In: Bommes, M. und J. Halfmann (Hg.): Migration in nationalen Wohlfahrtsstaaten, Schriften den Instituts für Migrationsforschung und Interkulturelle Studien (IMIS). Osnabrück: IMIS, S. 9-45

BORJAS, G. J. (1989): Economic Theory and International Migration. In: International Migration Review 23, H. 3, S. 457-485

BOUSTEDT, O. (1975): Grundriss der empirischen Regionalforschung Teil II: Bevölkerungsstrukturen. Hannover: Schroedel

BRAY, D. (1984): Economic Development: The Middle Class and International Migration in the Dominican Republic. In: International Migration Review 18, S. 217-236

BUNDESAGENTUR FÜR ARBEIT (2013): Berechnung von Arbeitslosenquoten und Bezugsgrößen. http://statistik.arbeitsagentur.de/Navigation/Statistik/Grundlagen/Berechnung-der-Arbeitslosenquote/Berechnung-der-Arbeitslosenquote-Nav.html (30.10.2013)

BUNDESAMT FÜR BAUWESEN UND RAUMORDNUNG (2000): Raumordnungsbericht 2000. Bonn: Selbstverlag

BUNDESAMT FÜR MIGRATION UND FLÜCHTLINGE (2013): Migrationsbericht des Bundesamtes für Migration und Flüchtlinge im Auftrag der Bundesregierung. Migrationsbericht 2011. Nürnberg: Bundesamt für Migration und Flüchtlinge

BUNDESINSTITUT FÜR BAU-, STADT- UND RAUMFORSCHUNG (2012): Indikatoren und Karten zur Raum- und Stadtentwicklung. INKAR. Ausgabe 2012. Bonn. - CD-ROM

BUNDESINSTITUT FÜR BAU-, STADT- UND RAUMFORSCHUNG (2013): Laufende Raumbeobachtung – Raumabgrenzungen. http://www.bbsr.bund.de/BBSR/DE/Raumbeobachtung/Raumabgrenzungen/Verdichtungsraeume/verdichtungsraeume.html (5.9.2013)

BUNDESINSTITUT FÜR BEVÖLKERUNGSFORSCHUNG (2009): 1973 – 2008. 35 Jahre bevölkerungswissenschaftliche Forschung am BiB. Ein öffentlicher Tätigkeitsbericht. Wiesbaden http://www.bib-demografie.de/SharedDocs/Publikationen/DE/Download/Broschueren/35_jahre_bericht_2009.pdf (16.9.2013)

BUNDESINSTITUT FÜR BEVÖLKERUNGSFORSCHUNG (2013A): Altersaufbau der Bevölkerung in Deutschland am 31.12.2010. http://www.bib-demografie.de/SharedDocs/Bilder/DE/Zahlen_und_Fakten/02_Bevoelkerungsbilanz_und_Altersstruktur/Abbildungen/a_02_06_pyr_d_2010_beschriftet.html; Datenbezug vom BiB (27.3.2013)

BUNDESINSTITUT FÜR BEVÖLKERUNGSFORSCHUNG (2013B): Anteile der Altersgruppen unter 20, ab 65 und ab 80 Jahren in Deutschland 1871 bis 2060 http://www.bib-demografie.de/DE/ZahlenundFakten/02/Abbildungen/a_02_12_ag_20_65_80_d_1871_2060.html (08.09.2013)

BUNDESINSTITUT FÜR BEVÖLKERUNGSFORSCHUNG (2013C): Rohe Eheschließungsziffer in europäischen Ländern, 1970 und 2011 http://www.bib-demografie.de/DE/ZahlenundFakten/04/Abbildungen/a_04_16_eheschl_ziffer_europlaender_1970u2011.html (08.08.2013)

BUNDESINSTITUT FÜR BEVÖLKERUNGSFORSCHUNG (2013D): Bevölkerungsentwicklung 2013. Daten, Fakten, Trends zum demografischen Wandel. http://www.bib-demografie.de/SharedDocs/Publikationen/DE/Download/Broschueren/bevoelkerung_2013.pdf (10.9.2013)

BUNDESINSTITUT FÜR BEVÖLKERUNGSFORSCHUNG (2013E): Bevölkerungsentwicklung. Daten, Fakten, Trends zum demografischen Wandel. Wiesbaden: Selbstverlag http://www.bib-demografie.de/SharedDocs/Publikationen/DE/Download/Broschueren/bevoelkerung_2013.pdf (10.9.2013)

BUNDESINSTITUT FÜR BEVÖLKERUNGSFORSCHUNG (2013F): Frauen in Deutschland arbeiten seltener Vollzeit als andere Europäerinnen. Pressemitteilung Nr. 6/2013. http://www.bib-demografie.de/SharedDocs/Publikationen/DE/Download/Grafik_des_Monats/2013_05_erwerbstaetigkeit_frauen.pdf

BUNDESMINISTERIUM DES INNERN (2011): Nationale Minderheiten in Deutschland. 3. Aufl. Berlin. http://www.bmi.bund.de/SharedDocs/Downloads/DE/Broschueren/2010/natmin.pdf (26.8.2013)

BUNDESMINISTERIUM FÜR BILDUNG UND FORSCHUNG (2008): Ein-Kind-Politik, Überalterung, Geschlechterungleichgewicht und Arbeitskräftemangel: Wachsende demographische Herausforderungen in China. www.kooperation-international.de (26.8.2013)

BUNDESMINISTERIUM FÜR FAMILIE, SENIOREN, FRAUEN UND JUGEND (2006): Familienbericht. Familie zwischen Flexibilität und Verlässlichkeit. Perspektiven für eine lebenslaufbezogene Familienpolitik. Siebter Familienbericht. Berlin. http://www.bmfsfj.de/doku/Publikationen/familienbericht/download/familienbericht_gesamt.pdf (26.8.2013)

CADWALLADER, M. (1989): A Synthesis of Macro and Micro Approaches to Explaining Migration. In: Geografiska Annaler 71 B, S. 85-94

CALDWELL, J.C. (1982): Theory of Fertility Decline. London: Academic Press

CASTLES, S. U. MILLER, M. J. (2009): The Age of Migration. International Population Movements in the Modern World. 4. Aufl. Basingstoke: Palgrave Macmillan

CENTRAL INTELLIGENCE AGENCY (2013): The World Factbook 2013-14. https://www.cia.gov/library/publications/the-world-factbook (26.8.2013)

CHAN, K. W. (2008): Internal Labor Migration in China. Trends, Geographical Distribution and Policies. http://www.un.org/esa/population/meetings/EGM_PopDist/Chan.pdf (20.9.2013)

CROSBY, A. (2006): The Boundaries of Belonging. Reflections on Migration Policies into the 21st Century. Ottawa: Inter Pares

DAVIS, K. (1945): The world demographic transition. In: The Annals of the American Academy of Political and Social Science, Jg. 237, H. 1, S. 1-11

DE HAAS, H. (2010): The Internal Dynamics of Migration Processes: A Theoretical Inquiry. In: Journal of Ethnic and Migration Studies 36, Heft 10, S. 1587 – 1617

DICKENS, W. T. u. K. LANG (1985): A Test of Dual Labor Market Theory. In: American Economic Review 75, S. 792-805

DOBRITZ, J. (2008): Alternde Gesellschaft – der demographische Wandel in Deutschland. Ursachen, Verläufe und Herausforderungen. In: Jahrbuch für Christliche Sozialwissenschaften, Bd. 49, S. 15-53

EBDON, D. (1977): Statistics in Geography. A Practical Approach. Oxford: Blackwell

EICHENBAUM, J. (1975): A Matrix of Human Movement. In: International Migration 13, S. 21-41

EISENMENGER, M. U. D. EMMERLING (2011): Amtliche Sterbetafeln und Entwicklung der Sterblichkeit. In: Wirtschaft und Statistik 3/2011, S. 219-238

ENGLER, M. u. V. HANEWINKEL (2013): Die aktuelle Entwicklung der Zuwanderung nach Deutschland. In: focus Migration, Kurzdossier Nr. 20, S.16-19

ESENWEIN-ROTHE, I. (1982): Einführung in die Demographie. Bevölkerungsstruktur und Bevölkerungsprozeß aus der Sicht der Statistik. Wiesbaden: Steiner

EUROPÄISCHE KOMMISION / EUROSTAT (2011): Demography Report 2010. Older, more numerous and diverse Europeans. Luxemourg. http://epp.eurostat.ec.europa.eu/cache/ITY_OFFPUB/KE-ET-10-001/EN/KE-ET-10-001-EN.PDF (28.10.2013)

EUROSTAT (2012): Eurostat newsrelease 105/2012 - 11 Juli 2012: Foreign citizens and foreign-born population.http://epp.eurostat.ec.europa.eu/cache/ITY_PUBLIC/3-11072012-AP/EN/3-11072012-AP-EN.PDF (24.9.2013)

FAIST, T. (2000): Transstaatliche Räume. Politik, Wirtschaft und Kultur in und zwischen Deutschland und der Türkei. Bielefeld: transcript

FEICHTINGER, G. (1973): Bevölkerungsstatistik. Berlin: de Gruyter

FLASKÄMPER 1962, P. (1962): Bevölkerungsstatistik. Hamburg: Meiner

FAO (= FOOD AND AGRICULTURE ORGANIZATION OF THE UNITED NATIONS) (2012): FAO Statistical Yearbook 2012. World Food and Agriculture. Rome http://www.fao.org/docrep/015/i2490e/i2490e00.htm (27.8.2013)

FRÖBEL, F. ET AL. (1977): Die neue internationale Arbeitsteilung. Strukturelle Arbeitslosigkeit in den Industrieländern und die Industrialisierung der Entwicklungsländer. Reinbek: Rowohlt

GANS, P. (2001): Weltweite Entwicklung der Geburtenhäufigkeit von 1970-2000. In: Geographische Rundschau 53, 2, S. 10-17

GANS, P. (2008): Lebenserwartung. Klare regionale Unterschiede der Lebenserwartung. In: Nationalatlas aktuell 11 (10/2008), Leipzig: Leibniz-Institut für Länderkunde. http://aktuell.nationalatlas.de/wp-content/uploads/08_11_Lebenserwartung.pdf (26.8.2013)

GANS, P. (2011): Bevölkerung. Entwicklung und Demographie unserer Gesellschaft. Darmstadt: Primus

GANS, P. U. A. POTT (2011): Bevölkerungsgeographie. In: Gebhardt, H. et al. (Hg.): Geographie. Physische Geographie und Humangeographie. 2. Aufl. Heidelberg: Spektrum Akademischer Verlag

GANS, P., LANG, C. u. A. POTT (2013): Bevölkerungsdynamik und Migration (darin: „Migration" und „Europäische Bevölkerungsstrukturen und Migrationsverhältnisse?"). In: Gebhardt, H./Glaser, R./Lentz, S. (Hg.): Europa – eine Geographie, Heidelberg, S. 329-377

GANS, P. U. T. LEIBERT (2007): Zweiter demographischer Wandel in den EU-15-Staaten. In: Geographische Rundschau 59, 2, S. 4-13

GANS, P., SCHMITZ-VELTIN, A. UND C. WEST (2009): Bevölkerungsgeographie. Braunschweig: Westermann

GATZWEILER, H.-P. (1975): Zur Selektivität interregionaler Wanderungen. In: Forschungen zur Raumentwicklung 1

GEIGER, M. (2011): Europäische Migrationspolitik und Raumproduktion. Internationale Regierungsorganisationen im Management von Migration in Albanien, Bosnien-Herzegowina und der Ukraine. Baden-Baden: Nomos

GEIGER, M. U. M. STEINBRINK (2012): Migration und Entwicklung. Merging Fields in Geographie. In: IMIS-Beiträge 42, S. 7-36

GENOSKO, J. (1995): Interregionale Migration zwischen Ost- und Westdeutschland. In: Genosko, J. et al. (Hg.): Mobilität und Migration in Deutschland. Erfurter Geographische Studien. Band 3. Erfurt: Selbstverlag des Instituts für Geographie der Pädagogischen Hochschule, S. 19-28

GERSS, W. (Hg.) (2010): Bevölkerungsentwicklung in Zeit und Raum. Datenquellen und Methoden zur quantitativen Analyse. Wiesbaden: VS Verlag für Sozialwissenschaften

GLICK-SCHILLER, N. ET AL. (1997): Transnationalismus. Ein neuer analytischer Rahmen zum Verständnis von Migration. In: Kleger, H. (Hg.): Transnationale Staatsbürgerschaft. Frankfurt am Main/New York: Campus, S. 81-107

HÄGERSTRAND, T. (1957): Migration and Area. In: Hannerberg, D., Hägerstrand, T. und B. Odeving (Hg.): Migration in Sweden: a symposium. Lund Studies in Geography, Series B, 13. Lund: Gleerup Publishers, S. 27-158

HAGGETT, P., CLIFF, A.D. U. A. FREY (1977): Locational Analysis in Human Geography II. Locational Methods. 2. Aufl. London: Arnold

HAMBLOCH, H. (1982): Allgemeine Anthropogeographie. Eine Einführung. Wiesbaden: Steiner

HANEWINKEL, CH. (2012): Wo liegt die Mitte Deutschlands? Nationalatlas aktuell. Leipzig: Leibniz-Institut für Länderkunde. http://aktuell.nationalatlas.de/Mittelpunkte.7_07-2012.0.html (26.8.2013)

HEILIG, G. U. T. BÜTTNER (1990): Selected Demographic Aspects of a United Germany. Laxenburg International Institute for Applied Systems Analysis Working Paper 90-33

HEINEBERG, H. (2014): Stadtgeographie. 4. Aufl. Paderborn: Schöningh

HERFERT, G. U. F. OSTERHAGE (2011): Bevölkerungsentwicklung – Schrumpfung auch im Westen angekommen. In: Nationalatlas aktuell 5. Leipzig: Leibniz-Institut für Länderkunde http://aktuell.nationalatlas.de/wp-content/uploads/11_01_Bevoelkerungsentwicklung.pdf (26.8.2013)

HOFFMAN-NOWOTNY, H.-J. (1970): Migration. Ein Beitrag zu einer soziologischen Erklärung. Stuttgart: Juris Druck und Verlag

HUGO, G. (1981): Village Community Ties, Village Norms, and Ethnic and Social Networks. A Review of Evidence from the Third World. In: De Jong, G. F. und R. W. Gardner (Hg.): Migration Decision Making. New York: Pergamon, S. 186-224

HUMES, K.R., JONES, N.A. U. RAMIREZ, R.R. (2011): Overview of Race and Hispanic Origin: 2010. 2010 Census Briefs. http://www.census.gov/prod/cen2010/briefs/c2010br-02.pdf (26.8.2013)

INFORMATION UND TECHNIK NORDRHEIN-WESTFALEN (2013): NRW-Statistik. Begriffsdefinition Mittlere Bevölkerung. http://www.it.nrw.de/statistik/a/daten/Textdateien/r511text_bev1.html#Begriffsdefinition (26.8.2013)

IOM (= INTERNATIONAL ORGANIZATION FOR MIGRATION) (2000): World Migration Report 2000. Geneva

IOM (= INTERNATIONAL ORGANIZATION FOR MIGRATION) (2008): World Migration Report 2008. Geneva

IOM (= INTERNATIONAL ORGANIZATION FOR MIGRATION) (2011): World Migration Report 2011. Geneva

KEMPER, F.-J. (1997): Ausländer in Deutschland, Ethnische Vielfalt und regionale Schwerpunkte. In: Geographische Rundschau 49, H. 7-8, S. 392-398

KEMPER, F.-J. (1985): Die Bedeutung des Lebenszykluskonzepts für die Analyse intraregionaler Wanderungen. In: Kemper, F.-J. et al. (Hg.): Geographie als Sozialwissenschaft. Beiträge zu ausgewählten Problemen kulturgeographischer Forschung. Wolfgang Kuls zum 65. Geburtstag. Bonn: Dümmler, S. 180-212

KLAGGE, B. (2008): Armut. In: Knox, P.L. u. S.A. Marston: Humangeographie (Hg. Gebhardt, H., Meusburger, P. u. D. Wastl-Walter). Heidelberg: Spektrum Akademischer Verlag, S. 294-297

KLÜSENER, S. (2013): Geburtenraten und Geburtsalter der Mütter im regionalen Vergleich. In: Nationalatlas aktuell 7. Leipzig: Leibniz-Institut für Länderkunde (IfL). http://aktuell.nationalatlas.de/Geburten.4_04-2013.0.html

KNODEL, E.J. (1974): The Decline of Fertility in Germany 1871-1939. Princeton, N.J.: Princeton University Press

KOCKS, M. (2007): Konsequenzen des demographischen Wandels für die Infrastruktur im ländlichen Raum. In: Geographische Rundschau, Jg. 59, H. 2, S. 24-31

KRETH, J. U. B. RATAZZI-FÖRSTER (2011): Zukunftsmarkt 50plus: Länderprofil China. http://www.rkw-kompetenzzentrum.de/nc/print/publikationen/details/rkw/publikationen/-zukunftsmarkt-50plus-510/ (26.8.2013)

KRITZ, M. M. ET AL. (1992): International Migration Systems. A Global Approach. Oxford: Oxford University Press

KÜHNTOPF, S. U. S. STEDTFELD (2012): Weniger junge Frauen im ländlichen Raum: Ursachen und Folgen der selektiven Abwanderung aus Ostdeutschland. Abschlussbericht. Hg. v. Bundesinstitut für Bevölkerungsforschung. Wiesbaden. http://www.bib-demografie.de/SharedDocs/Publikationen/DE/Download/Aktuell/Abschlussbericht_Kue_St.pdf (26.8.2013)

KULS, W. U. F.-J. KEMPER (1993): Bevölkerungsgeographie. Eine Einführung (2. Auflage). Stuttgart/Leipzig: Teubner

LAUX, H.-D. (2001): Bevölkerungsverteilung. In: Institut für Länderkunde (Hg.): Nationalatlas der Bundesrepublik Deutschland. Bd. 4: Bevölkerung. Heidelberg/Berlin: Spektrum Akademischer Verlag, S. 32-35

LAUX, H.-D. (2005): Bevölkerungsgeographie. In: Schenk, W. u. K. Schliephake (Hg.): Allgemeine Anthropogeographie. Gotha/Stuttgart: Klett-Perthes, S. 86-144

LAUX, H.-D. (2012): Deutschland im demographischen Wandel. Prozesse, Ursachen, Herausforderungen. In: Geographische Rundschau 64,Heft 7-8: Geographie Deutschlands, S. 38-44

LEE, E. S. (1966): A Theory of Migration. In: Demography 3, S. 47-57

LEIBERT, T. U. K. WIEST (2011): Unausgewogene Geschlechterproportionen in Europa. In: Nationalatlas aktuell 10/2011. Leipzig: Leibniz-Institut für Länderkunde. http://aktuell.nationalatlas.de/Sexualproportion.10_10-2011.0.html (26.8.2013)

LESTHAEGHE, R. (1992): Der zweite demographische Übergang in den westlichen Ländern: Eine Deutung. In: Zeitschrift für Bevölkerungswissenschaft, Jg. 18, H. 3, S. 313-354

LESTHAEGHE, R. (2010): The Unfolding Story of the Second Demographic Transition. In: Population and Development Review, Jg. 36, H. 2, S. 211-251

LESTHAEGHE, R. U. K. NEELS (2002): From the First to the Second Demographic Transition: An Interpretation of the Spatial Continuity of Demographic Innovation in France, Belgium and Switzerland. European Journal of Population, Jg. 18, S. 325-360

LESTHAEGHE, R. U. L. NEIDERT (2007): Der „Zweite Demographische Übergang" in den USA: Ausnahme von der Regel oder Lehrbuchbeispiel? In: Zeitschrift für Bevölkerungswissenschaft, Jg. 32, 3-4/2007, S. 381-428

LEWIS, W. A. (1954): Economic Development with Unlimited Supplies of Labor. In: The Manchester School of Economic and Social Studies 22, S. 139-191

LINDNER, R. (2008): Russlands defekte Demographie. SWP-Studie. Berlin. http://www.swp-berlin.org/fileadmin/contents/products/studien/2008_S11_ldr_ks.pdf (26.8.2013)

MABOGUNJE, A. L. (1970): A Systems Approach to a Theory of Rural-Urban Migration. In: Geographical Review 2, H. 1, S. 1-18

MACDONALD, J. S. u. L. D. MACDONALD (1964): Chain Migration, Ethnic Neighborhood Formation and Social Networks. In: The Milbank Memorial Fund Quarterly 42, S. 82-97

MAMMEY, U. (2001): Europa im Fokus internationaler Migration. In: Geographische Rundschau 53, H. 2, S. 32-36

MASSEY, D. S. ET AL. (1993): Theories of International Migration. A Review and Appraisal. In: Population and Development Review 19, H. 3, S. 431-466

MINISTRY OF INTERNATIONAL AFFAIRS AND COMMUNICATION JAPAN (2013): Historical Statistics of Japan. http://www.stat.go.jp/english/data/chouki/ (27.8.2013)

MÜLLER-MAHN, D. (1999): Migrationskorridore und transnationale soziale Räume. Eine empirische Skizze zur Süd-Nord-Migration am Beispiel ägyptischer 'Sans-Papiers' in Paris. In: Abhandlungen Anthropogeographie 60, S. 167-200

NATIONAL BUREAU OF STATISTICS OF CHINA (2012): Statistical Communiqué of the People's Republic of China on the 2012 National Economic and Social Development. http://www.stats.gov.cn/english/newsandcomingevents/t20130222_402874607.htm (26.8.2013)

NATIONALATLAS.GOV™ (2008): Nighttime lights of North America. http://www.nationalatlas.gov/mld/nitelti.html (29.4.2008)

NATIONALATLAS.GOV™ (2013A): Mean Center of Population for the United States: 1790 to 2010. http://www.census.gov/geo/reference/pdfs/cenpop2010/centerpop_mean2010.pdf (26.8.2013)

NATIONALATLAS.GOV™ (2013B): 2000 U.S. Population Centered in Missouri. http://nationalatlas.gov/articles/history/a_popcenter.html#one (26.8.2013)

NIPPER, J. (1975): Mobilität der Bevölkerung im engeren Informationsfeld einer Solitärstadt. Gießener Geographische Schriften 33. Gießen: Universität Gießen

NOTESTEIN, F.W. (1945): Population – The Long View. In: Schultz, T.W. (Hg.): Food for the World. Chicago: University of Chicago Press, S. 36-57

NOTESTEIN, F.W. (1950): The Population of the World in the Year 2000. Journal of the American Statistical Association 45, 335-345

OECD (= ORGANIZATION FOR ECONOMIC DEVELOPMENT AND CO-OPERATION) (2008): International Migration Outlook. Paris: OECD

OECD (= ORGANIZATION FOR ECONOMIC DEVELOPMENT AND CO-OPERATION) (2013): International Migration Outlook. Paris: OECD

OLTMER, J. (2012): Globale Migration. Geschichte und Gegenwart. München: Beck

ÖSTERREICHISCHES INSTITUT FÜR FAMILIENFORSCHUNG (2005): Ein Kind für China? Chinas Ein-Kind-Politik ist im Umbruch. http://www.oif.ac.at/service/zeitschrift_beziehungsweise/detail/?tx_ttnews[tt_news]=351&cHash=2f2ab6c9637aa7708b9d95a80682c1e0 (26.8.2013)

PASSEL, J., LIVINGSTON, G. U. D'VERA COHN (2012): Explaining why Minority Births now Outnumber White Births. Pew Social&Demographic Trends: Pew Research Center. http://unm2020.unm.edu/knowledgebase/demographics-2020/5-explaining-why-minority-births-now-outnumber-white-births-pew-research-12-05-17.pdf (26.8.2013)

PETERSEN, W. (1958): A General Typology of Migration. In: American Sociological Review 23, S. 256-266

PETERSEN, W. (1972): Eine allgemeine Typologie der Wanderung. In: Széll, G. (Hg.): Regionale Mobilität. Nymphenburger Texte zur Wissenschaft 10. München, S. 96-114

PIORE, M. J. (1979): Birds of Passage. Migrant Labor in Industrial Societies. Cambridge: Cambridge University Press

PLA, A. U. C. BEAUMEL (2012): Bilan démographique 2011. La fécondité reste élevée. INSEE Première, Nr. 1385. http://www.insee.fr/fr/ffc/ipweb/ip1385/ip1385.pdf (26.8.2013)

POP. REFERENCE BUREAU, World Population Data Sheet, verschiedene Jahrgänge (www.prb.org):
1980 World Population Data Sheet. Washington
1990 World Population Data Sheet. Washington
1993 World Population Data Sheet. Washington
2000 World Population Data Sheet. Washington
2008 World Population Data Sheet. http://www.prb.org/Publications/Datasheets/2008/2008wpds.aspx (5.9.2013)
2012 World Population Data Sheet. http://www.prb.org/pdf12/2012-population-data-sheet_eng.pdf (26.8.2013)

PORTES, A. u. L. E. GUARNIZO (1990): Tropical Capitalists. U.S.-Bound Immigration and Small Enterprise Development in the Dominican Republic. In: Díaz-Briquets, S. und S. Weintraub (Hg.): Migration, Remittances, and Business Development. Boulder: Westview Press, S. 37-59

PORTES. A. (1996): Global Villagers. The Rise of Transnational Communities. In: American Prospect 25, S. 74-77

PRICE, C. (1969): The Study of Assimilation. In: Jackson, J. (Hg.): Migration. Cambridge: Cambridge University Press, S. 181-237

PRIES, L. (2000): Transnationalisierung der Migrationsforschung und Entnationalisierung der Migrationspolitik. In: IMIS-Beiträge 15, S. 55-77

PRIES, L. (2001): Internationale Migration. Bielefeld: Transcript

RANIS, G. u. FEI, J. (1961): A Theory of Economic Development. In: American Economic Review 51, S. 533-565

RAVENSTEIN, E. G. (1885): The Laws of Migration. In: Journal of the Statistical Society of London 48, H. 2, S. 167-235

REGIONALSTATISTISCHER ONLINE-ATLAS NRW (2013): Bevölkerungs- und Siedlungsdichte. http://www.statlas.nrw.de/Statlas/viewer.htm (26.8.2013)

RICHMOND, A. H. (1988): Sociological Theories of International Migration. The Case of Refugees. In: Current Sociology 36, H. 2, S. 7-25

RODGERS, R.H. (1977): The family life cycle concept: post, present, and future. In: Cuisenier, J. u. M. Segalen (Hg.): The family life cycle in European societies. Le cycle de la vie familiale dans les sociétés Européennes. Berlin, Boston: De Gruyter Mouton, S. 39-57

ROSEMAN, C. (1971): Migration as a Spatial and Temporal Process. In: Annals of the Association of American Geographers 61, S. 589-598

SASSEN, S. (1991): The Global City. New York, London, Tokyo. Princeton: Princeton University Press

SCHAD-SEIFERT, A. (2006): Japans kinderarme Gesellschaft. Die niedrige Geburtenrate und das Gender-Problem. Deutsches Institut für Japanstudien Working Paper 06/1. Tokio

SCHMID, J. (1984): Bevölkerung und soziale Entwicklung. Der demographische Übergang als soziologische und politische Konzeption. Boppard a. Rhein: Boldt = Schriftenreihe Des Bundesinstituts für Bevölkerungsforschung 13

SCHWARZ, K. (1982): Bericht 1982 über die demographische Lage in der Bundesrepublik Deutschland. In: Zeitschrift für Bevölkerungswissenschaft, Jg. 8, H. 2, S. 121-223

SENGENBERGER, W. (1978): Der gespaltene Arbeitsmarkt. Frankfurt am Main/New York: Campus Verlag

SIEREN, F. (2010): Demographie: Chinesen ohne Chinesinnen. Der Männerüberschuss in China wächst. In: Zeit Online, 1.2.2010.http://www.zeit.de/2010/05/WOS-Chinesinnen (27.9.2013)

SIEVERT, S. U. R. KLINGHOLZ (2009): Ungleiche Nachbarn. Die demographische Entwicklung in Deutschland und Frankreich verläuft gegensätzlich – mit enormen Langzeitfolgen. Discussion Paper Nr. 2, hg. v. Berlin-Institut für Bevölkerung und Entwicklung. Berlin. http://www.berlin-institut.org/fileadmin/user_upload/Veroeffentlichungen/Frankreich/Ungleiche_Nachbarn_online_NEU.pdf (27.8.2013)

SJAASTAD, L. A. (1962): The Costs and Returns of Human Migration. In: Journal of Political Economy 70, S. 80-93

STADT FRANKFURT AM MAIN (2011): Statistisches Jahrbuch Frankfurt am Main. Bevölkerung. http://www.frankfurt.de/sixcms/media.php/678/J2011K02x.pdf (27.8.2013)

STADT FRANKFURT AM MAIN (2012): Hohe Auslastung der Kindertageseinrichtungen in allen Frankfurter Stadtteilen 2011. In: Statistik aktuell Nr. 12/2012

STARK, O. (1991): The Migration of Labor. Cambridge: Basil Blackwell

STARK, O. u. D. E. BLOOM (1985): The New Economics of Labor Migration. In: American Economic Review 75, S. 173-178

STARK, O. u. TAYLOR, J. E. (1991): Migration Incentives, Migration Types: The Role of Relative Deprivation. In: The Economic Journal 101, S. 1163-1178

STATISTISCHE ÄMTER DES BUNDES UND DER LÄNDER (2013A): Datenangebot. Mikrozensus. http://www.forschungsdatenzentrum.de/bestand/mikrozensus/index.asp (2.9.2013)

STATISTISCHE ÄMTER DES BUNDES UND DER LÄNDER (2013B): Haushaltefragung. https://www.zensus2011.de/SharedDocs/Downloads/DE/Fragebogen/Fragebogen_Haushaltebefragung.pdf (27.8.2013)

STATISTISCHE ÄMTER DER BUNDES UND DER LÄNDER (2013C): Bevölkerung mit Migrationshintergrund in Deutschland nach Staatsangehörigkeit und regionaler Herkunft. Zensusdatenbank. https://ergebnisse.zensus2011.de/#StaticContent:00,BEV_2_2_8_2,m,table (08.09.2013)

STATISTISCHES BUNDESAMT (2009A): Bevölkerung Deutschlands bis 2060. 12. Koordinierte Bevölkerungsvorausberechnung. Begleitmaterial zur Pressekonferenz am 18. November 2009 in Berlin. Wiesbaden. https://www.destatis.de/DE/Publikationen/Thematisch/Bevoelkerung/VorausberechnungBevoelkerung/BevoelkerungDeutschland2060Presse5124204099004.pdf (27.8.2013)

STATISTISCHES BUNDESAMT (2009B): Wanderungssaldo von Ost- nach Westdeutschland ändert sich wenig. Pressemitteilung Nr. 375 vom 1.10.2009. https://www.destatis.de/DE/PresseService/Presse/Pressemitteilungen/2009/10/PD09_375_12711.html (23.9.2013)

STATISTISCHES BUNDESAMT (2011A): Das registergestützte Verfahren beim Zensus 2011. https://www.zensus2011.de/SharedDocs/Downloads/DE/Publikationen/Aufsaetze_Archiv/2011_03_Destatis_Das_registergestuetzte_Verfahren_beim_Zensus_2011.pdf (20.9.2013)

STATISTISCHES BUNDESAMT (2011B): Bevölkerung und Erwerbstätigkeit. Bevölkerung mit Migrationshintergrund – Ergebnisse des Mikrozensus 2010. Fachserie 1, Reihe 2.2. Wiesbaden. https://www.destatis.de/DE/Publikationen/Thematisch/Bevoelkerung/MigrationIntegration/Migrationshintergrund2010220107004.pdf (27.8.2013)

STATISTISCHES BUNDESAMT (2011C): Datenreport 2011. Der Sozialbericht für die Bundesrepublik Deutschland. Band 1. Bonn. https://www.destatis.de/DE/Publikationen/Datenreport/Downloads/Datenreport2011.pdf (27.8.2013)

STATISTISCHES BUNDESAMT DEUTSCHLAND (2011D): Im Blickpunkt: Ältere Menschen in Deutschland und der EU. Wiesbaden. https://www.destatis.de/DE/Publikationen/Thematisch/Bevoelkerung/Bevoelkerungsstand/BlickpunktAeltereMenschen1021221119004.pdf (27.9.2013)

STATISTISCHES BUNDESAMT (2012A): Bevölkerung und Erwerbstätigkeit. Natürliche Bevölkerungsbewegung. Fachserie 1, Reihe 1.1. Wiesbaden. https://www.destatis.de/DE/Publikationen/Thematisch/Bevoelkerung/Bevoelkerungsbewegung/Bevoelkerungsbewegung2010110107004.pdf (27.8.2013)

STATISTISCHES BUNDESAMT (2012B): Bevölkerung und Erwerbstätigkeit. Bevölkerung mit Migrationshintergrund – Ergebnisse des Mikrozensus 2011. Wiesbaden. https://www.destatis.de/DE/Publikationen/Thematisch/Bevoelkerung/MigrationIntegration/Migrationshintergrund2010220117004.pdf (20.9.2013)

STATISTISCHES BUNDESAMT (2012C): Bevölkerung und Erwerbstätigkeit. Ausländische Bevölkerung. Ergebnisse des Ausländerzentralregisters 2011. Fachserie 1 Reihe 2. Wiesbaden. https://www.destatis.de/DE/Publikationen/Thematisch/Bevoelkerung/MigrationIntegration/AuslaendBevoelkerung2010200117004.pdf (23.9.2013)

STATISTISCHES BUNDESAMT (2012D): Geburten in Deutschland. Ausgabe 2012. Wiesbaden. https://www.destatis.de/DE/Publikationen/Thematisch/Bevoelkerung/Bevoelkerungsbewegung/BroschuereGeburtenDeutschland0120007129004.pdf (27.8.2013)

STATISTISCHES BUNDESAMT (2012E): Einwohnerzahl Deutschlands im Jahr 2011 erstmals seit 2002 wieder gestiegen. Pressemitteilung Nr. 255 vom 25.07.2012. https://www.destatis.de/DE/PresseService/Presse/Pressemitteilungen/2012/07/PD12_255_12411.html (27.8.2013)

STATISTISCHES BUNDESAMT (2012F): Alleinlebende in Deutschland. Ergebnisse des Mikrozensus 2011. Begleitmaterial zur Pressekonferenz am 11. Juli 2012 in Berlin. Wiesbaden. https://www.destatis.de/DE/PresseService/Presse/Pressekonferenzen/2012/Alleinlebende/begleitmaterial_PDF.pdf (27.8.2013)

STATISTISCHES BUNDESAMT (2013A): Wanderungen: Zuzüge 2012: erstmals seit 1995 über 1 Million. https://www.destatis.de/DE/ZahlenFakten/GesellschaftStaat/Bevoelkerung/Wanderungen/Wanderungen.html (10.10.2013)

STATISTISCHES BUNDESAMT (2013B): Bevölkerung und Erwerbstätigkeit. Vorläufige Wanderungsergebnisse 2012. Wiesbaden. https://www.destatis.de/DE/Publikationen/Thematisch/Bevoelkerung/Wanderungen/vorlaeufigeWanderungen5127101127004.pdf (10.10.2013)

STATISTISCHES BUNDESAMT (2013C): Homepage und Datenportal. https://www.destatis.de/DE/ZahlenFakten/GesellschaftStaat/Bevoelkerung/Bevoelkerungsstand/Bevoelkerungsstand.html (26.6.2013)

STATISTISCHES BUNDESAMT (2013D): https://www.destatis.de/DE/ZahlenFakten/GesellschaftStaat/Bevoelkerung/Bevoelkerungsstand/Tabellen/GeschlechtStaatsangehoerigkeit.html (2.9.2013)

STATISTISCHES BUNDESAMT (2013E): https://www.destatis.de/DE/ZahlenFakten/GesellschaftStaat/Bevoelkerung/Bevoelkerungsstand/Tabellen/Zensus_Geschlecht_Staatsangehoerigkeit.html (2.9.2013)

STATISTISCHES BUNDESAMT (2013F): Zahlen und Fakten. https://www.destatis.de/DE/ZahlenFakten/GesellschaftStaat/Bevoelkerung/Bevoelkerung.html (2.9.2013)

STATISTISCHES BUNDESAMT (2013G): Glossar. https://www.destatis.de/DE/Service/Glossar/Glossar.html (2.9.2013)

STATISTISCHES BUNDESAMT (2013H): Zensus 2011 – Fakten zur Bevölkerung in Deutschland. Kernmerkmale Bevölkerung (Geschlecht, Deutsche/Ausländerinnen und Ausländer, fünf Altersgruppen). https://www.destatis.de/DE/PresseService/Presse/Pressekonferenzen/2013/Zensus2011/demo_zip.zip (6.9.2013)

STATISTISCHES BUNDESAMT (2013I): Zensus 2011 – Fakten zur Bevölkerung in Deutschland. Ausgewählte sozio-demographische Daten (Erwerbstätigkeit, Bildung, Migration, Religion). https://www.destatis.de/DE/PresseService/Presse/Pressekonferenzen/2013/Zensus2011/soziodemo_zip.zip (6.9.2013)

STATISTISCHES BUNDESAMT (2013J): Bevölkerung und Erwerbstätigkeit. Wanderungen. Fachserie 1 Reihe 1.2. Wiesbaden. https://www.destatis.de/DE/Publikationen/Thematisch/Bevoelkerung/Wanderungen/Wanderungen2010120117004.pdf (23.9.2013)

STATISTISCHES BUNDESAMT (2013K): Zensus 2011: 1,5 Millionen Einwohner weniger. https://www.destatis.de/DE/Methoden/Zensus_/Zensus_AktuellBevoelkerung.html (16.9.2013)

STAT. BUNDESAMT, Stat. Jahrbuch, verschiedene Jahrgänge:
Statistisches Jahrbuch 1987 für die Bundesrepublik Deutschland. Stuttgart: Kohlhammer
Statistisches Jahrbuch 1989 für die Bundesrepublik Deutschland. Stuttgart: Kohlhammer
Statistisches Jahrbuch 2006. Für die Bundesrepublik Deutschland. https://www.destatis.de/DE/Publikationen/StatistischesJahrbuch/Jahrbuch2006.pdf
Statistisches Jahrbuch 2007. Für die Bundesrepublik Deutschland. https://www.destatis.de/DE/Publikationen/StatistischesJahrbuch/Jahrbuch2007.pdf (27.8.2013)
Statistisches Jahrbuch 2011. Für die Bundesrepublik Deutschland mit Internationalen Übersichten. Wiesbaden. https://www.destatis.de/DE/Publikationen/StatistischesJahrbuch/StatistischesJahrbuch2011.pdf (27.8.2013)
Statistisches Jahrbuch 2012. Deutschland und Internationales. Wiesbaden. https://www.destatis.de/DE/Publikationen/StatistischesJahrbuch/StatistischesJahrbuch2012.pdf (27.8.2013)

STIFTUNG WELTBEVÖLKERUNG (Hg.) (2011): Wie viele Menschen werden in Zukunft auf der Erde leben? Info Weltbevölkerung, Entwicklung und Projektionen http://www.weltbevoelkerung.de/fileadmin/user_upload/PDF/Infoblaetter/infoblatt-entwicklung-und-projektionen.pdf (27.8.2013)

TAYLOR, J. E. (1986): Differential Migration, Networks, Information and Risk. In: Stark, O. (Hg.):

Research in Human Capital and Development Volume 4: Migration, Human Capital, and Development. Greenwich: JAI Press, S. 147-171

TODARO, M. P. (1969): A Model of Labor Migration and Urban Unemployment in Less-Developed Countries. In: The American Economic Review 59, S. 138-148

TREIBEL, A. (1999): Migration in modernen Gesellschaften. Soziale Folgen von Einwanderung, Gastarbeit und Flucht. Weinheim/München: Juventa

ULRICH, R.E. (2001): Bevölkerungspolitik. In Geographische Rundschau 53, 2, S. 51-54

UNAIDS (Hg.) (2007): AIDS epidemic update. http://data.unaids.org/pub/EPISlides/2007/2007_epiupdate_en.pdf (27.8.2013)

UNAIDS (2013): UNAIDS Report on the Global AIDS Epidemic 2013. New York. http://www.unaids.org/en/media/unaids/contentassets/documents/epidemiology/2013/gr2013/UNAIDS_Global_Report_2013_en.pdf (7.10.2013)

UN DESA (= United Nations Department of Economic and Social Affairs) (1998): Recommendations on Statistics of International Migration. Statistical Papers Series M, No. 58, Rev. 1. New York

UN DESA (= United Nations Department of Economic and Social Affairs) (2002): International Migration Report 2002. Table 3: Estimates of Migrant Stock by Region, Proportion in the World Migrant Stock and Proportion of Women in Migrant Stock, 1960, 1970, 1980, 1990, 2000. New York. http://www.un.org/esa/population/publications/ittmig2002/2002ITTMIGTEXT22-11.pdf

UN DESA (= United Nations Department of Economic and Social Affairs) (2008): Principles and Recommendations for Population and Housing Censuses. Rev. 2. Statistical Papers Series M67/2. New York. http://unstats.un.org/unsd/demographic/sources/census/census3.htm (20.9.2013)

UN DESA (= United Nations Department of Economic and Social Affairs) (2011): World Population Prospects. The 2010 Revision. http://esa.un.org/unpd/ppp/Figures-Output/Population/PPP_Total-Population.htm (27.8.2013)

UN DESA (= United Nations Department of Economic and Social Affairs) (2012): World Urbanization Prospects: The 2011 Revision. New York. http://esa.un.org/unup/ (27.8.2013)

UN DESA (= United Nations Department of Economic and Social Affairs) (2013A): Trends in International Migrant Stock: Migrants by Destination and Origin Table 7: Total Migrant Stock at Mid-Year by Origin and Major Area, Region, Country or Area of Destination 2010. http://esa.un.org/unmigration/data/UN_MigrantStockByOriginAndDestination_2013.xls (29.9.2013) (29.9.2013)

UN DESA (= United Nations Department of Economic and Social Affairs) (2013B): Trends in International Migrant Stock: Migrants by Destination and Origin. Tables 1, 4 and 7: Total Migrant Stock at Mid-Year by Origin and Major Area, Region, Country or Area of Destination 1990, 2000, 2010. http://esa.un.org/unmigration/data/UN_MigrantStockByOriginAndDestination_2013.xls (29.9.2013)

UN DESA (= United Nations Department of Economic and Social Affairs) (2013C): Cross-National Comparisons of Internal Migration: An Update on Global Patterns and Trends. UN Population Division Technical Paper No. 2013/1. New York.http://www.un.org/en/development/desa/population/publications/pdf/technical/TP2013-1.pdf (20.9.2013)

UN DESA (= United Nations Department of Economic and Social Affairs) (2013D): Population Facts No. 2013/s. The number of international migrants worldwide reaches 232 million. http://esa.un.org/unmigration/wallchart2013.htm (29.9.2013)

UN DESA (= United Nations Department of Economic and Social Affairs) (2005): Demographic Yearbook 2005. New York

UN DESA (= United Nations Department of Economic and Social Affairs) (2012): Demographic Yearbook 2011. New York. http://unstats.un.org/unsd/demographic/products/dyb/dybsets/2011.pdf (27.8.2013)

UNEP (=United Nations Environment Programme) (2011): Livelihood Security. Climate change, migration and conflict in the Sahel. Geneva.http://www.unep.org/disastersandconflicts/Introduction/EnvironmentalCooperationforPeacebuilding/EnvironmentalDiplomacy/SahelReport/tabid/55812/Default.aspx (7.10.2013) zitiert nach: http://klimawandel-bekaempfen.dgvn.de/meldung/sahel-zone-flucht-vor-den-folgen-des-klimawandels/

UNESCO (=United Nations Educational, Scientific and Cultural Organization) (2012A): Education for All Global Monitoring Report 2012. Annex, Table 2 Adult and youth literacy. Paris. http://unesdoc.unesco.org/images/0021/002180/218003e.pdf (27.8.2013)

UNESCO (=United Nations Educational, Scientific and Cultural Organization) (2012B): Education for All Global Monitoring Report 2012. Paris. http://unesdoc.unesco.org/images/0021/002180/218003e.pdf (27.8.2013)

UNESCO (=United Nations Educational, Scientific and Cultural Organization, Institute for Statistics) (2013): General metadata on national literacy data. http://stats.uis.unesco.org/unesco/ReportFolders/ReportFolders.aspx?IF_ActivePath=P,55&IF_Language=eng (8.9.2013)

UNHCR (=United Nations High Commissioner for Refugees) (2012): Global Trends Report 2012. Displacement. The new 21st century challenge. http://unhcr.org/globaltrendsjune2013/UNHCR%20GLOBAL%20TRENDS%202012_V08_web.pdf (15.10.2013)

UNWTO (= UN World Tourism Organization) (2006): Tourism Market Trends, 2006 Edition. Annex 3: International Tourist Arrivals. Madrid: UNWTO

UNWTO (= UN World Tourism Organization) (2012): News: International Tourism to Reach one Billion in 2012. Madrid: UNWTO, http://media.unwto.org/en/press-release/2012-01-16/international-tourism-reach-one-billion-2012

US CENSUS BUREAU (2010): United States Census 2010. Census Form. http://www.census.gov/2010census/pdf/2010_Questionnaire_Info.pdf (27.8.2013)

US CENSUS BUREAU (2012): The 2012 Statistical Abstract. The National Data Book. http://www.census.gov/compendia/statab/ (6.9.2013)

US Census Bureau (2013): International Data Base, Mid-year Population by Five Year Age 2010. http://www.census.gov/population/international/data/idb/region.php (08.09.2013)

Van de Kaa, D.J. (1987): Europe's Second Demographic Transition. The Population Bulletin, Jg. 42, H. 1. Washington, D.C.

van den Berg, L. et al. (1982): A Study of Growth and Decline. Oxford u.a.: Pergamon Press

Veyret-Verner, G. (1971): Population Vieillies. Rev. Géogr. Alpine 59, S. 433-456

Wackernagel, H. (2001): Multivariate Geostatistics. 3. Aufl. Berlin: Springer

Wagner, M. (1989): Räumliche Mobilität im Lebensverlauf. Stuttgart: Enke

Wallerstein, I. (1979): The Capitalist World Economy. Cambridge: Cambridge University Press

Witthauer, K. (1956): Eine graphische Darstellung von Flächen- und Bevölkerungszahlen. In: Petermanns Geographische Mitteilungen 100, S. 225-234

Witthauer, K. (1969): Verteilung und Dynamik der Erdbevölkerung. In: Petermanns Geographische Mitteilungen. Ergänzungsheft 272. Gotha: Haack

Woods, R.I. (1979): Population Analysis in Geography. London: Longman

World Bank (2013): List of economies (July 2012). http://librarians.acm.org/sites/default/files/world%20bank%20List%20of%20Economies%20%28as%20of%20July%202012%29.pdf (23.9.2013)

World Health Organization (2013): The top 10 causes of death. http://www.who.int/mediacentre/factsheets/fs310/en/index.html (23.9.2013)

Zelinski, W. (1971): The Hypothesis of the Mobility Transition. In: Geographical Review 61, H. 2, S. 219-249

Sachregister